Gymnasium Bayern

Fokus Biologie 12

Cornelsen

Fokus Biologie
Gymnasium Bayern
Jahrgangsstufe 12

Herausgegeben von
Prof. Ulrich Weber, Süßen

Autoren:
Dr. Stefanie Esders
Gabriele Gräbe
Dr. Walter Kleesattel
Tobias Linzmaier
Dr. Frank Scholz
Prof. Ulrich Weber
Dr. Karl Wilhelm

Berater:
Hilmar Dirauf, Bamberg
Rainer Dieckmann, Spardorf
Thomas Freiman, Bayreuth
Winfried Schnorrer, Bayreuth

Redaktion:
Jutta Waldow, Heike Antvogel, Dr. Ute Döring
Kathrin Kretschmer (Bildbeschaffung)

Umschlaggestaltung:
Kerstin Baarmann, Berlin

Gestaltung und technische Umsetzung:
Miriam Bussmann, Berlin

www.cornelsen.de

1. Auflage, 1. Druck 2010

Alle Drucke dieser Auflage sind inhaltlich unverändert
und können im Unterricht nebeneinander verwendet werden.

Druck: Firmengruppe APPL, aprinta druck, Wemding

ISBN 978-3-464-17136-3

Inhalt gedruckt auf säurefreiem Papier aus nachhaltiger Forstwirtschaft.

Einbandfoto: Okapia/NAS/S. Bahrt

Männliche Fregattvögel blasen ihren roten Kehlsack während der Balz ballonartig auf.

Fregattvögel sind in den Tropen und Subtropen verbreitete Hochseevögel. Bekannt sind sie für den aufblasbaren roten Kehlsack der Männchen sowie ihre Fähigkeit, andere Vögel zu attackieren und ihnen die Beute abzujagen. Von diesem Verhalten haben sie auch ihren Namen, mit dem die Benenner an Überfälle auf Fregatten anknüpfen wollten.
Anders als die meisten Vertreter der Ruderfüßer, die eher an eine schwimmende und tauchende Lebensweise angepasst sind, sind Fregattvögel sehr gute Flieger. Sie haben lange, schmale Flügel mit einer Spannweite von bis zu 244 cm und verbringen die meiste Zeit ihres Lebens in der Luft.
Fregattvögel sind gesellig. Sie brüten in Kolonien, und außerhalb der Brutzeit sieht man sie in Gruppen fliegen oder ruhen. Nur die Männchen haben einen stark vergrößerten Kehlsack, der zur Brutzeit leuchtend rot gefärbt ist und durch ballonartiges Aufblasen nochmals erheblich anwachsen kann. Die Balz ist spektakulär: Männliche Fregattvögel finden sich an den Küsten zur Gruppenbalz zusammen und werben gemeinsam. Dabei legen sie den Kopf in den Nacken und blähen ihren scharlachroten Kehlsack auf. Zugleich breiten sie die Flügel aus und präsentieren deren silbrigweiße Unterseiten. Ist ein Weibchen in der Nähe, beginnen die Männchen mit zitternden Kopfbewegungen, bei denen der Schnabel in schnellem Takt auf den Kehlsack trifft und so ein trommelndes Geräusch erzeugt. Dieses Balzritual ist Teil der innerartlichen Kommunikation und sexuellen Selektion. Es lockt Weibchen an und fördert ihre Paarungbereitschaft. Gleichzeitig enthält es Signale, aufgrund derer sich die Weibchen schließlich für einen Partner entscheiden.

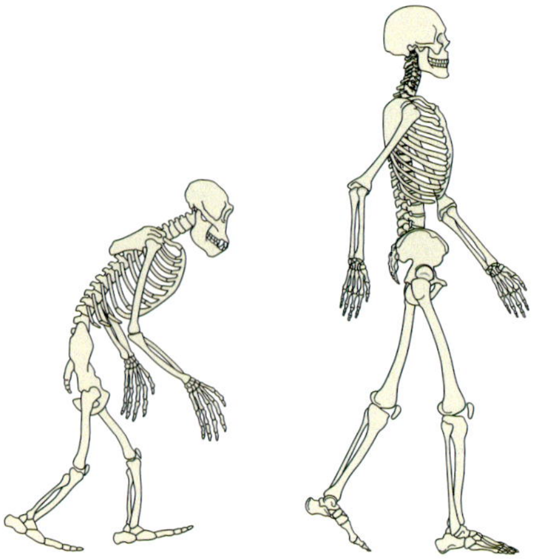

EVOLUTION

ÖKOLOGIE

VERHALTENSBIOLOGIE

[Z*] Das Symbol verweist auf Zusatzthemen des Lehrplans (Addita),
[Z] auf sonstige Zusatzthemen.

Evolutionsforschung

1 Schmetterlinge in einem Schwarm aus zahlreichen Arten am Ufer eines Flusses im brasilianischen Regenwald

„Am Dienstag sammelte ich 46 Stück von 39 Species; Mittwoch 37 Stück von 33 Species, von denen 27 der des vorhergehenden Tages verschieden waren ...", schreibt HENRY W. BATES im Jahr 1848 in sein Tagebuch. Wie viele andere europäische Gelehrte seiner Zeit ist der Insektenkenner überwältigt von der Fülle unbekannter Arten, die er im Amazonasgebiet Brasiliens findet. Als er elf Jahre später mit Präparaten von 14000 Schmetterlingsarten, darunter 8000 unbekannten, 1859 nach England zurückkehrt, erscheint gerade ein Buch, das nicht nur für die Artenvielfalt, sondern auch für seine Entdeckung der Mimikry eine überzeugende Erklärung bietet. Sein Titel: „On the Origin of Species", sein Autor: CHARLES DARWIN ...

Im Blickpunkt

- Vielfalt als biologisches Phänomen
- Fossilien – Dokumente der Evolution
- Entwicklung des Evolutionsgedankens – von den Ursprüngen bis zur synthetischen Theorie
- Auswirkungen der Evolutionstheorie – Artbegriff und Ordnungssysteme
- Homologie: biologische Ähnlichkeit aufgrund gemeinsamen Ursprungs
- Analogie: biologische Ähnlichkeit trotz verschiedenen Ursprungs

GRUNDLAGEN Eines der auffälligsten Kennzeichen des Lebens ist die ungeheure Artenvielfalt, in der es sich auf der Erde verwirklicht. Beim Versuch, die Fülle der Arten zu katalogisieren, zu ordnen und einzelne Arten voneinander abzugrenzen, stellte sich die Frage nach der Ursache der Artenvielfalt. Schließlich ergab sich daraus auch der entscheidende Ansatz, die Artenvielfalt durch Evolution zu erklären.

Alle Veränderungen, durch die das Leben auf der Erde zu seiner heutigen Form und Vielfalt gelangt ist, nennt man Evolution. Dazu gehören die Entstehung des Lebens, die Bildung, die Umwandlung und die Weiterentwicklung von Arten. Sie alle beruhen auf dem Vorhandensein von biologischer Information und ihrer Weitergabe. Dabei können Varietäten entstehen, die sich in der Umwelt mit unterschiedlichem Erfolg durchsetzen und die sich schließlich auch zu neuen Arten entwickeln. Das Ergebnis dieser stammesgeschichtlichen Entwicklung ist die Formenvielfalt der Lebewesen.

Mit der Vielfalt fossil erhaltener Lebewesen, also mit den Dokumenten der Evolution, beschäftigt sich die Paläontologie. Die Evolutionsforschung versucht die Gesetzmäßigkeiten zu erfassen, die der Evolution zugrunde liegen, und ist deshalb von zentraler Bedeutung für die gesamte Biologie. THEODOSIUS DOBZHANSKY, einer der Begründer der modernen Evolutionsbiologie, vertrat sogar die Meinung, dass nichts in der Biologie einen Sinn ergebe, außer im Licht der Evolution.

Phänomen Vielfalt

Niemand kann sagen, wie viele Arten es heute auf der Erde gibt; wissenschaftlich beschrieben sind rund 1,5 Millionen. Anfangs fanden nur wenige Gruppen wie Säugetiere, Vögel und Insekten wissenschaftliche Beachtung. Bei anderen Gruppen wie den Fadenwürmern, Milben oder Einzellern weiß man, dass die Zahl ihrer benannten Arten in keinem Verhältnis zu den wahrscheinlich existierenden, heute noch unbeschriebenen Arten steht. Biologische Vielfalt oder *Biodiversität* umfasst die genetische Verschiedenheit der Organismen, die Vielfalt der Arten und Ökosysteme sowie die Wechselwirkungen zwischen ihnen. Damit ist die Erforschung der Biodiversität zum einen Gegenstand der Ökologie, zum anderen Gegenstand der Evolutionsforschung.

Erforschung der Vielfalt. Obwohl die Erde heute scheinbar keine unbekannten Flecke mehr aufweist, ist die Mehrzahl ihrer Lebewesen noch unerforscht. Mit Sicherheit sind bei den Tieren die Gliederfüßer die umfangeichste Gruppe, bei den Pflanzen sind es die Samenpflanzen mit über 250 000 Arten. Die Zahl der Insektenarten wird mit über 750 000 angegeben. Die meisten von ihnen leben in den Tropen. Insbesondere im Bereich der Baumkronen der tropischen Regenwälder gibt es wahrscheinlich mehr Arten, als bis vor Kurzem noch vorstellbar war. Schätzungen der Gesamtzahl an Arten auf der Erde, die aus dem Vergleich der Zahl bekannter und neu entdeckter Arten abgeleitet sind, reichen von 5 bis 100 Millionen. Wie groß die Zahl der heute lebenden (=rezenten) Arten auch sein mag, sie umfasst mit Sicherheit weniger als 1 % aller jemals auf der Erde existierenden Arten. Das lässt sich aus der beobachteten Vielfalt fossil erhaltener Lebensformen schließen, wenn man berücksichtigt, dass nur ein Bruchteil der jemals existierenden Lebewesen als Fossilien erhalten wurde. Bisher geht man davon aus, dass alle fossilen und rezenten Arten aus einer einzigen Wurzel in einem Evolutionsprozess entstanden sind, der seit über 3,5 Milliarden Jahren andauert.

Vielfalt, Verwandtschaft und System. Bereits seit ARISTOTELES (384–322 v. Chr.) gab es zahlreiche Versuche, die Vielfalt der Lebewesen in einem System übersichtlich und logisch zu ordnen. Das Teilgebiet der Biologie, das sich mit dem Beschreiben, Benennen und Ordnen der Lebewesen beschäftigt, ist die *Systematik*. Als ihr Begründer gilt der schwedische Arzt und Naturforscher CARL VON LINNÉ. Um eine Art zu bezeichnen, führte er das Prinzip der Doppelbenennung ein, die *binäre Nomenklatur.* Jede Art trägt seither zwei latinisierte Namen, wobei der erste Name die *Gattung*, der zweite die *Art* bezeichnet. Nach dem Grad ihrer Ähnlichkeit sortierte LINNÉ die Lebewesen in die heute noch so benannten Gruppen wie Klasse, Ordnung und später auch Familie.

Eine zufriedenstellende Ordnung der Lebewesen gelang allerdings erst, als man die abgestufte Ähnlichkeit zwischen den Arten als abgestufte Verwandtschaft interpretierte. Ein solches System, wie es heute in der Biologie allgemein verwendet wird, bezeichnet man als natürliches System. Ein gemeinsamer Ursprung der Arten bedeutet, dass alle Lebewesen miteinander verwandt sind, also gemeinsame Vorfahren haben. Deshalb kann die Verwandtschaft von Fossilien mit rezenten Formen so bestimmt werden, dass auch ausgestorbene Arten in dieses natürliche System integriert werden können. Je weiter man im Verlauf der Evolutionsgeschichte zurückgehen muss, um einen gemeinsamen Vorfahren zu finden, desto größer sind in der Regel die inzwischen eingetretenen Veränderungen und umso weniger eng sind die verwandtschaftlichen Beziehungen heute existierender Arten und Gruppen.

❶ Nennen Sie die Ihnen bekannten Mechanismen, die zur Entstehung der Vielfalt des Lebendigen beitragen.

❷ Geben Sie an, in welchen Merkmalen sich eine alternative Lebensform von den uns bekannten Lebewesen unterscheiden müsste, wenn sie auf einen anderen Ursprung zurückginge.

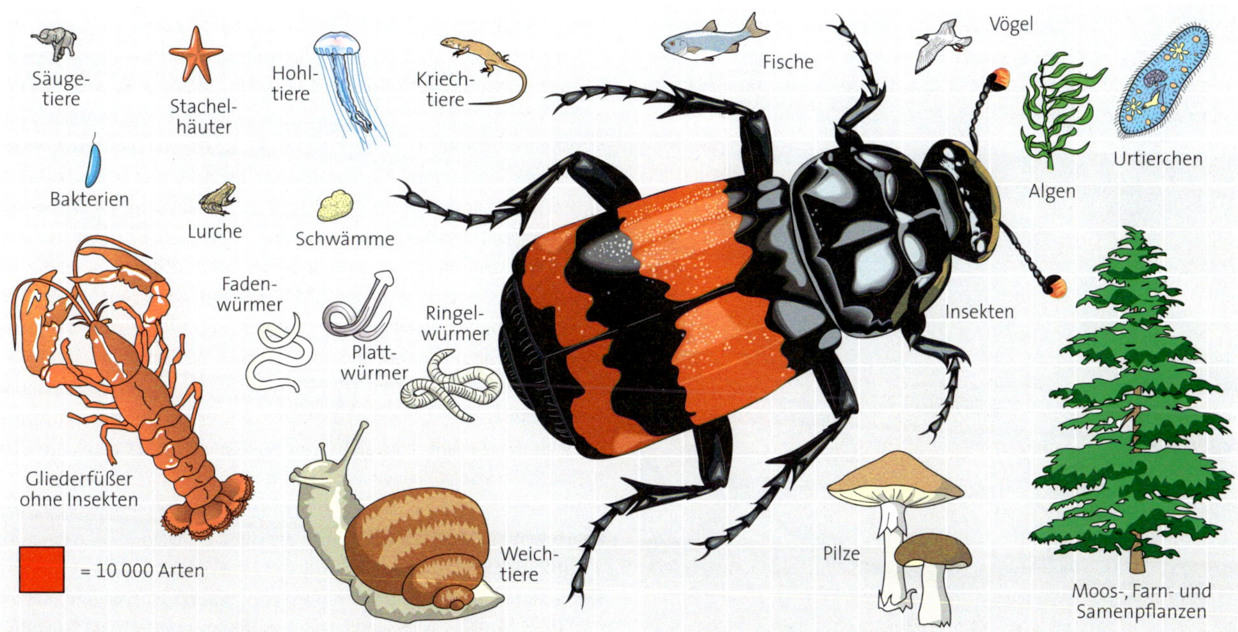

1 Biologische Vielfalt – Artenzahl verschiedener Gruppen des biologischen Systems als Größenmaßstab

Fossilien – Dokumente der Evolution

Das Auffinden eines Fossils ist eher Glückssache; genauso wie der eigentliche Erhalt der Lebewesen in Form eines Fossils oder als Abdruck immer von Zufällen abhängig ist. Es ist daher unwahrscheinlich, aus der Analyse von Fossilien ein vollständiges Bild des Evolutionsgeschehens zu erhalten. Vergleicht man jedoch die bisher gefundenen Fossilien mit rezenten Organismen, so stellt man teilweise verblüffende Ähnlichkeit, aber auch charakteristische Unterschiede fest. In der Evolutionsforschung kommt den Fossilien deshalb eine besondere Bedeutung zu: Sie liefern wichtige Hinweise auf Verwandtschaftsbeziehungen heutiger Lebewesen und dokumentieren als deren Ahnenformen – wenngleich lückenhaft – den Verlauf stammesgeschichtlicher Entwicklungen und Veränderungen. Unter Mitverwendung biochemischer und genetischer Analyseverfahren ermöglicht die Forschung an Fossilien somit die Rekonstruktion von Stammbäumen. Die Aufklärung des zeitlichen Ablaufs der Evolution gelingt umso präziser, je genauer das Alter der vorliegenden Fossilien bestimmt werden kann (► S. 29).

Ergebnisse der Forschung an Fossilien:

- Fast alle Fossilien können mithilfe der Homologiekriterien (► S. 14) rezenten Tier- und Pflanzengruppen zugeordnet werden.
- Sehr alte, also aus frühen erdgeschichtlichen Epochen stammende Fossilien unterscheiden sich in der Regel stark von rezenten Organismen, solche aus jüngeren Gesteinsschichten gleichen ihnen weit mehr. In etwa 700 Millionen Jahre alten Schichten aus dem Präkambrium fand man die bisher ältesten Fossilien von Tieren, darunter sehr flach gebaute Formen. Nach dem ersten Fundort spricht man von *Ediacara-Tieren* (► Bild 1). Ihre systematische Zuordnung ist unklar. Einige könnten frühe Hohltiere und Ringelwürmer sein, andere zeigen keine Ähnlichkeit mit heutigen Tiergruppen. Daher sehen manche Wissenschaftler in ihnen einen Seitenzweig der Evolution.
- Viele Formen zeigen im Verlauf der Zeit eine zunehmende Komplexität. Beispielsweise lässt sich innerhalb der Fische eine Entwicklung des Kieferapparats feststellen: Ursprüngliche Fische besaßen gar keine Kiefer, ihre Nachfahren hingegen teils sehr leistungsfähige, spezialisierte Kiefer und Zähne.

1 Fossil des Ediacara-Tiers Dickinsonia

2 Quastenflosser Latimeria, letzter Nachfahr einer sonst ausgestorbenen Fischgruppe

- Als Fossilfunde treten die systematischen Gruppen nacheinander auf. So erscheinen beispielsweise die Lurche erst lange nach den Fischen, die Reptilien folgen später, danach die Säugetiere und schließlich die Vögel (► S. 44, Bild 1).
- Für manche Fossilien lassen sich Entwicklungsreihen abgestufter Ähnlichkeit aufstellen, bei denen sich eine Entwicklung in kleinsten Schritten nachvollziehen lässt, zum Beispiel beim Stammbaum der Pferde (► S. 19).
- Merkmale ausgestorbener Arten treten nicht wieder in gleicher Weise auf, das heißt, Evolutionsvorgänge sind nicht umkehrbar. So haben zum Wasserleben übergegangene Säugetiere niemals wieder Kiemen ausgebildet, obwohl solche sogar embryonal angelegt werden (► S. 14, Bild 2).
- Als Mosaikformen („Brückenformen") bezeichnet man Lebewesen, die Merkmale von zwei verschiedenen verwandtschaftlichen Gruppen besitzen. Solche Formen sind für die Evolutionsforschung von besonderer Bedeutung, weil sie Indizien für die Existenz gemeinsamer Ahnenformen darstellen. So weist der Urvogel *Archaeopteryx*, den man in 150 Millionen Jahre alten Schichten des Juras fand, Merkmale von Reptilien und Vögeln auf (► S. 22). Das „Uramphibium" *Ichthyostega* besitzt ursprüngliche Fischmerkmale wie Schwanzflosse und Schuppen, aber auch mehrzehige Beine und Lungen als typische Amphibienmerkmale. Auch andere Großgruppen sind durch Mosaikformen als stammesgeschichtliche „Kronzeugen" verknüpft. Eine rezente Mosaikform stellt das australische Schnabeltier dar, das Merkmale von Reptilien (eierlegend, unvollkommene Warmblütigkeit) und Säugetieren (Haarkleid, Milchdrüsen) aufweist.
- Die meisten Pflanzen- und Tierarten sind auf eine bestimmte geologische Epoche beschränkt und sterben danach aus. Nur sehr wenige Formen konnten lange Perioden unverändert überdauern und einmal erworbene Organisationsformen sowie Lebensweisen bewahren. Beispiele für solche „lebenden Fossilien" sind der Quastenflosser *Latimeria* (► Bild 2) oder der Palmfarn *Cycas*. Sie lassen vergleichsweise sichere Rückschlüsse auf die Situation vor Millionen von Jahren zu.

---

1 **Stellen Sie die Bedeutung von Fossilien als Dokumente der Evolution dar.**

2 **Recherchieren Sie Eigenschaften von „lebenden Fossilien", die es ihnen ermöglichen, Millionen von Jahren weitgehend unverändert zu überdauern.**

Entstehung von Fossilien

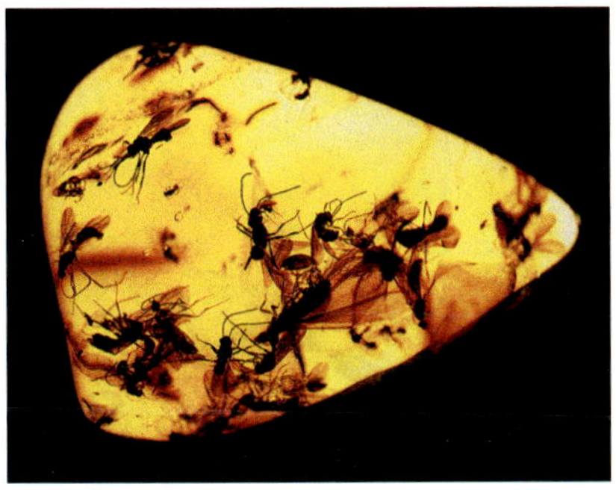

1–3 Beispiele für Fossilien: Bernsteineinschluss, Ammonitensteinkerne, versteinerte Baumstämme

Die Wissenschaft, die sich mit dem Leben vergangener Erdzeitalter befasst, heißt *Paläontologie*. Um Fossilien wissenschaftlich auswerten zu können, muss man die Bedingungen kennen, unter denen sie entstehen, und über Methoden zur Altersbestimmung verfügen. Meist versteht man unter dem Begriff *Fossilien* versteinerte Reste von Lebewesen, die in den Schichten der geologischen Epochen zu finden sind. Dazu gehören auch Lebensspuren wie Abdrücke, Verfärbungen oder Fraßspuren, die ebenfalls fossil erhalten sein können. Fossile Bakterien, Pollenkörner oder Einzeller bezeichnet man als *Mikrofossilien*. Am häufigsten bleiben widerstandsfähige Hartteile wie Knochen, Schuppen, Zähne, Chitinpanzer oder Schalen als Fossilien erhalten; diese Strukturen überdauern den von vielen Umständen abhängigen Prozess der Fossilisation am besten.

Fossilisation. Lebende Substanz wird nach dem Absterben in der Regel schnell biochemisch (durch Selbstverdau von Zellen und Huminsäuren im Erdboden), biologisch (durch Bakterien und andere Zersetzer) und mechanisch (durch Verwitterung) zerstört. Für die Bildung von Fossilien, die *Fossilisation*, ist daher entscheidend, dass die Überreste der Lebewesen rasch in Sedimente (darunter versteht man von Wind oder Wasser abgelagerte Verwitterungsprodukte der Erdkruste) eingebettet werden, die sich schnell verfestigen und so den Zutritt von Sauerstoff verhindern. So ist der Überrest im erhärteten Sediment vor weiterer biologischer Zersetzung und mechanischer Zerstörung zumindest weitgehend geschützt. Während oder nach der Einbettung in Sedimentschichten können mineralhaltige Lösungen in das Fossil eindringen und das ursprünglich organische Material ersetzen.

Diesen Prozess bezeichnet man als Mineralisation. Bei versteinerten Baumstämmen (▶ Bild 3) ist beispielsweise Kieselsäure in das Gewebe des toten Baums eingedrungen und hat das organische Material ersetzt. Steinkerne entstehen, wenn sich Hohlräume (meist von Schalen) mit eindringendem Sediment füllen und dieses erhärtet. Der Steinkern zeigt dann den Abdruck der Schale.

4 Im Permafrostboden konserviertes Mammutbaby

---

❶ **Begründen Sie, warum man Fossilien häufig in Flachmeeren, Sümpfen, Wüstengebieten und Dauerfrostböden (▶ Bild 4) findet.**

❷ **Auch bei in Bernstein eingeschlossenen Insekten handelt es sich um Fossilien (▶ Bild 1). Recherchieren Sie, was man unter Bernstein versteht, und stellen Sie eine Vermutung auf, wie es zu dieser Art von Fossilisation kommen kann.**

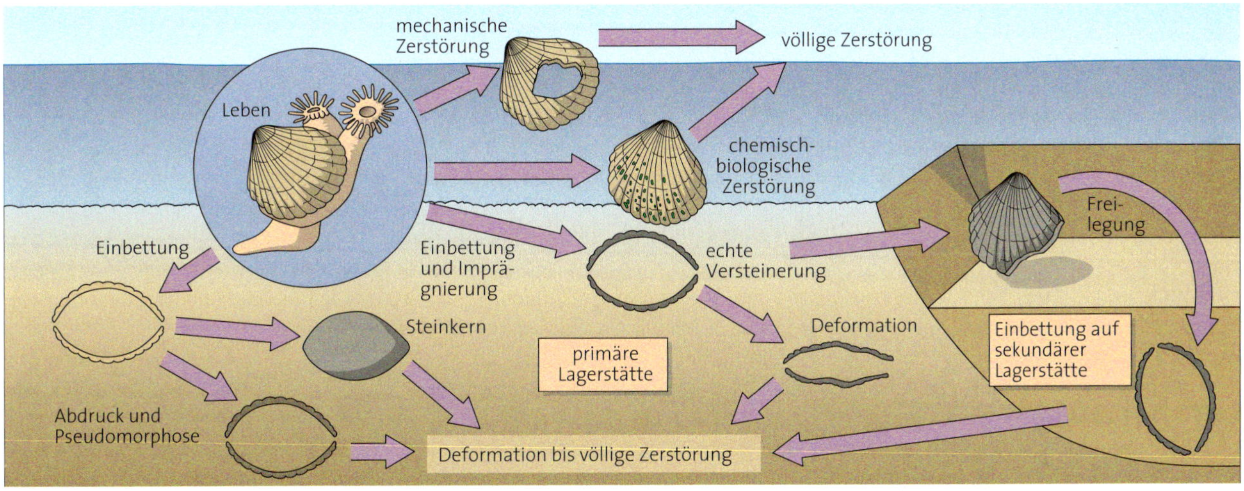

5 Schematische Darstellung der Fossilisation

Entwicklung des Evolutionsgedankens

1 CARL VON LINNÉ (1707–1778)

2 GEORGES DE CUVIER (1767–1832)

3 JEAN-BAPTISTE DE LAMARCK (1744–1829)

4 CHARLES DARWIN (1809–1882)

Bis zum Ende des 18. Jahrhunderts sah man keinen Grund, an der Unveränderlichkeit der Arten zu zweifeln. Das lag zum einen daran, dass ein Mensch im Zeitrahmen seines Lebens einen Wandel von Arten kaum feststellen kann – außer bei Züchtungsversuchen. Zum anderen wurde der biblische Schöpfungsbericht als naturwissenschaftliche Beschreibung der Entstehung der Arten interpretiert – einmal geschaffene Arten sollten sich nicht mehr verändern.

CARL VON LINNÉ, der Begründer der Systematik (► S. 7), vertrat wie die meisten seiner Zeitgenossen die Lehre von der Artkonstanz. Sein Ordnungssystem zur Gruppierung von Arten nach Ähnlichkeit – Pflanzen teilte er nach den Blütenorganen und Tiere nach anatomischen und physiologischen Merkmalen ein – wird aber später der Ausgangspunkt für die Aufstellung eines natürlichen Systems der Arten, das die abgestufte Ähnlichkeit als Folge abgestufter Verwandtschaft interpretiert (► S. 12).

GEORGES DE CUVIER. Die Entdeckung, dass fossilienhaltige Gesteine stets in einer bestimmten Schichtenfolge auftreten und sich das Artenspektrum in den verschiedenen geologischen Schichten unterscheidet, legte einen erdgeschichtlichen Zeitablauf und damit eine allmähliche Entwicklung des Lebens nahe. CUVIER brachte mit seiner *Katastrophentheorie* die geologischen Erkenntnisse mit der auch von ihm angenommenen Konstanz der Arten in Einklang. Nach seiner Auffassung vernichteten Naturkatastrophen das Leben in größeren Zeitabständen. Anschließend wurden die betroffenen Regionen durch Neuschöpfung und Zuwanderung wieder besiedelt.

LAMARCK. Immer mehr Berichte über die Vielfalt der Flora und Fauna, besonders in Übersee, ließen gegen Ende des 18. Jahrhunderts erkennen, dass unter den Lebewesen eine abgestufte Ähnlichkeit und Verwandtschaft besteht. So setzte sich schließlich die Auffassung durch, dass Arten veränderlich sind. JEAN-BAPTISTE DE LAMARCK veröffentlichte 1809, im Geburtsjahr von DARWIN, in seinem Werk *„Philosophie zoologique"* die Evolutionstheorie von einem *kontinuierlichen Artenwandel*. Als Ursache des Wandels sah er durch Umweltveränderungen hervorgerufene veränderte innere Bedürfnisse und Gewohnheiten. Durch einen den Lebewesen innewohnenden Trieb zur Vervollkommnung käme es zur allmählichen Umwandlung von Organen und Körperteilen.

Die Entstehung spezieller Anpassungen wurde durch zwei Mechanismen erklärt:

1. Gebrauch und Nichtgebrauch: Körperteile, die intensiv benutzt werden, entwickeln sich größer und stärker, nicht gebrauchte verkümmern.
2. Vererbung erworbener Eigenschaften: Die im individuellen Leben erworbenen Eigenschaften werden auf die Nachkommen vererbt.

LAMARCKS Erklärung der Evolution:

Veränderungen der Umwelt
↓
inneres Bedürfnis
↙ ↘
Gebrauch | Nichtgebrauch
↓ | ↓
Vervollkommnung | Verkümmerung
↓ | ↓
Vererbung der neu erworbenen Eigenschaften

Für die Vererbung erworbener Eigenschaften konnte man bis heute keine Belege finden. Der lamarckistische Ansatz, die Mechanismen des Artenwandels zu erklären, scheidet damit aus. Für die weitere Entwicklung der Evolutionstheorie aber war LAMARCK bedeutsam: Er stellte als erster Forscher eine umfassende Theorie zur Entstehung der Artenvielfalt und der Angepasstheit der Lebewesen an ihre Umwelt vor.

DARWIN. Auf einer fünfjährigen Weltreise mit dem Forschungsschiff „Beagle" gelangte CHARLES DARWIN durch eine Fülle von Beobachtungen zu einer Theorie der Abstammung durch natürliche Auslese, die er 1859 in seinem Buch *„On the origin of species by means of natural selection or the preservation of favoured races in the struggle for life"* veröffentlichte. In diesem Werk über „Die

Entstehung der Arten“ stellt DARWIN zum einen die Abstammung der heutigen Lebewesen von früheren, einfachen Formen dar und begründet so die Vielfalt der Arten, zum anderen erklärt er die Ursachen dieser Evolution durch natürliche Auslese oder Selektion.

DARWINS Beobachtungen. Der Selektionstheorie liegen folgende drei Beobachtungen zugrunde:

1. Alle Lebewesen erzeugen mehr Nachkommen, als zur Erhaltung der Art nötig wären. Trotzdem bleiben die Populationen abgesehen von saisonalen Schwankungen auf lange Frist in ihrer Größe stabil.
2. Der jeweilige Lebensraum der Arten weist beschränkte Ressourcen auf.
3. Die Individuen einer Art gleichen einander nicht vollkommen, sondern zeigen eine bestimmte Variationsbreite. Jedes Individuum ist eine einzigartige Variante.

DARWINS Schlussfolgerungen. Aus seinen Beobachtungen zog er folgende zwei Schlüsse:

1. Die Überproduktion von Nachkommen führt unter den Individuen der Population zu einem Kampf ums Dasein *(struggle for life)*.
2. Unter den natürlichen Bedingungen der Konkurrenz um Nahrung, Lebensraum und Geschlechtspartner überleben nur diejenigen, die am besten an die bestehenden Umweltbedingungen angepasst sind *(survival oft the fittest)*. Die natürliche Auslese *(natural selection)* oder Selektion führt über viele Generationen zur Veränderung der Arten.

Die treibenden Kräfte für die Evolution sind die ungerichteten erblichen Variationen der Individuen und die natürliche Selektion, die unter den vielen Varianten bevorzugt jene ausliest, die die größere Eignung aufweisen, also die bessere Anpassung zeigen.

Die synthetische Theorie der Evolution. Die Grundzüge von DARWINS Theorie wurden seither durch eine Fülle von Fakten bestätigt und stehen nach wie vor im Zentrum der Evolutionstheorie. Nachdem neue Erkenntnisse, insbesondere aus der Genetik und Populationsbiologie, mit einbezogen wurden und werden, spricht man heute auch von der synthetischen Theorie der Evolution (► S. 27). So wusste DARWIN zum Beispiel noch nicht, wie Variationen entstehen und Merkmale vererbt werden. Erst die Genetik erklärte mit Mutation und Rekombination deren Ursachen. Jüngste Forschungen, unter anderem auf dem Feld der Epigenetik, suchen neben der Selektion noch andere richtende Faktoren, die die Vielfalt der Varianten so kanalisieren können, dass neue Arten entstehen.

---

1 Diskutieren Sie, welchen Beitrag die auf der Seite 10 abgebildeten Wissenschaftler zur Evolution des Evolutionsgedankens geleistet haben. Was gilt davon noch heute als richtig?

2 Beschreiben Sie je ein Zwischenstadium von Giraffenpopulationen, die (nach LAMARCK und DARWIN) zeitlich zwischen die Abbildungen von Ausgangs- und Endzustand der Giraffenpopulationen in Bild 1 einzuordnen sind. Vergleichen Sie die beiden Zwischenstadien.

3 DARWINS Theorie enthält eigentlich zwei Teile: Zum einen erklärt Evolution als historisches Phänomen sowohl Gemeinsamkeiten als auch Vielfalt der Lebewesen, zum anderen erklärt das darwinsche Konzept die Ursachen der Evolution. Erläutern Sie beide Aspekte.

1 LAMARCKS (links) und DARWINS Vorstellung (rechts) von der Entstehung der Arten am Beispiel der Giraffe

Auswirkungen des Evolutionsgedankens auf die Ordnungssysteme

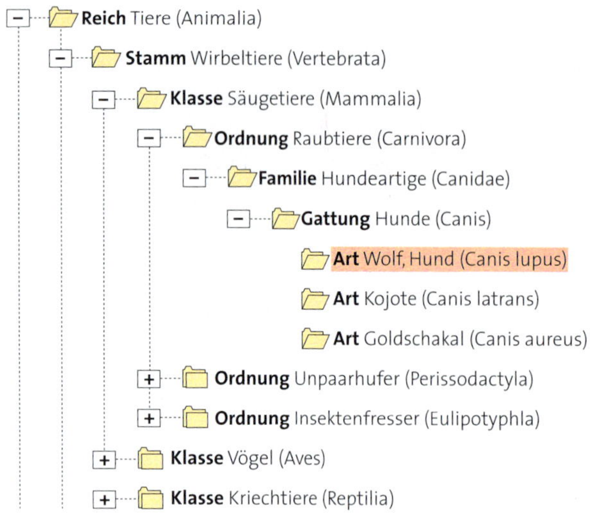

1 *Heutiges hierarchisches Ordnungssystem*

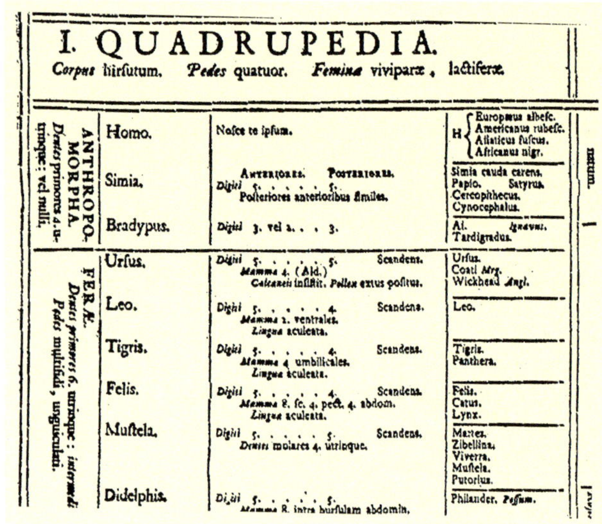

2 *Auszug aus LINNÉS Systema Naturae*

Begreift man die Vielfalt der Lebensformen als Ergebnis eines Evolutionsprozesses, so liegt es nahe, diese nicht in erster Linie nach ihrer äußeren Ähnlichkeit, sondern nach ihren Verwandtschaftsbeziehungen in ein sogenanntes *natürliches System* einzuordnen. LINNÉ verwendete dagegen in seinem *künstlichen System* nur wenige, willkürlich gewählte Merkmale, wie zum Beispiel die Anordnung von Staubblättern in einer Blüte oder die Anordnung von Zähnen, um Pflanzen oder Tiere einzuordnen. Seitdem CHARLES DARWIN die Evolutionstheorie begründete, ist es Ziel der biologischen Systematik, ein natürliches, d.h. stammesgeschichtliches (= phylogenetisches) Ordnungssystem zu rekonstruieren. Es soll die tatsächlichen, in der Natur vorgegebenen Verwandtschaftsbeziehungen aller heute lebenden und fossilen Arten wiedergeben und damit die Evolution abbilden. Dieses natürliche phylogenetische System steht mit Ordnungssystemen, die nur wenige Merkmale vergleichen, häufig im Widerspruch. Außerdem können unterschiedliche Methoden der Verwandtschaftsaufklärung zu verschiedenen Stammbäumen führen, sodass die Systematik bis in die jüngste Zeit großen Veränderungen unterworfen ist.

Artbegriffe. Es ist das Verdienst des Evolutionsbiologen ERNST MAYR, den Begriff der Art so eindeutig definiert zu haben, dass er evolutionsbiologisch anwendbar ist. MAYR gruppiert zu einer *biologischen Art („Biospezies")* alle Individuen, die sich tatsächlich oder potenziell kreuzen, fruchtbare Nachkommen haben und von anderen fortpflanzungsbiologisch isoliert sind. Populationen einer Biospezies stellen eine biologisch eng verwandte Fortpflanzungsgemeinschaft dar, da zwischen ihnen ein Genfluss besteht. Beispielsweise können sich alle Angehörigen der Art Wolf beziehungsweise Hund (▶ Bild 1) – also auch alle „Haushundrassen" – potenziell miteinander kreuzen, selbst wenn dies etwa bei einer Dogge und einem Zwergschnauzer in der Praxis schon wegen des Größenunterschieds nicht der Fall sein wird.

Dieser *biologische Artbegriff* lässt sich jedoch nicht anwenden, wenn sich Lebewesen nur ungeschlechtlich fortpflanzen oder die fruchtbare Kreuzung in der Natur nicht beobachtet werden kann, wie zum Beispiel bei allen Fossilien. Da Angehörige einer Biospezies aber auch in ihren wichtigen Körpermerkmalen übereinstimmen, wird (nicht nur) in diesen Fällen vielfach der sogenannte *morphologische Artbegriff* angewandt. Danach bilden Lebewesen, die in allen wesentlichen Merkmalen untereinander und mit ihren Nachkommen übereinstimmen, eine *morphologische Art*.

Hierarchisches Ordnungssystem. Bereits im ersten wissenschaftlichen Ordnungssystem der Organismen, dem Systema Naturae von 1735, grenzte CARL VON LINNÉ die Arten aufgrund „natürlicher Kennzeichen" voneinander ab, gruppierte ähnliche Arten zu Gattungen, Gattungen zu Familien, diese wiederum zu Ordnungen und die Ordnungen zu Klassen. Dieses geschachtelte, hierarchische System ist – ebenso wie die binäre Nomenklatur (▶ S. 7) – bis heute in der Biologie Grundlage der *Klassifikation*, also der systematischen Ordnung der Lebewesen (▶ Bild 2). Eine Gruppe von Lebewesen, die in einer bestimmten Kategorie (Gattung, Familie ...) in das natürliche System eingeordnet ist, bezeichnet man als *taxonomische Gruppe* oder *Taxon* (Plural: Taxa).

Klassifikation im natürlichen System. Wenn man nun ein Lebewesen in das natürliche System einordnen will, darf man nur solche Merkmale zur Ordnung heranziehen, die die stammesgeschichtliche Verwandtschaft auch tatsächlich widerspiegeln. Die Evolutionsforschung konzentriert sich deshalb auf sogenannte *homologe* Merkmale, die bei verschiedenen Arten in abgestufter Ähnlichkeit auftreten. Aus dem Vergleich homologer Merkmale lassen sich der Verwandtschaftsgrad und die Stellung im natürlichen System erschließen. Seitdem auch Basensequenzen der DNA verglichen werden können, haben sich die Möglichkeiten der Verwandtschaftsanalyse außerordentlich erweitert.

1 **Benennen Sie die Kategorien des natürlichen Systems.**

2 **Begründen Sie, warum der biologische Artbegriff bei der Frage, ob Fossilien heute lebenden Arten angehören, versagen muss und somit der morphologische Artbegriff eine Berechtigung erhält.**

Homologie – evolutionsbiologisch bedeutsame Ähnlichkeit

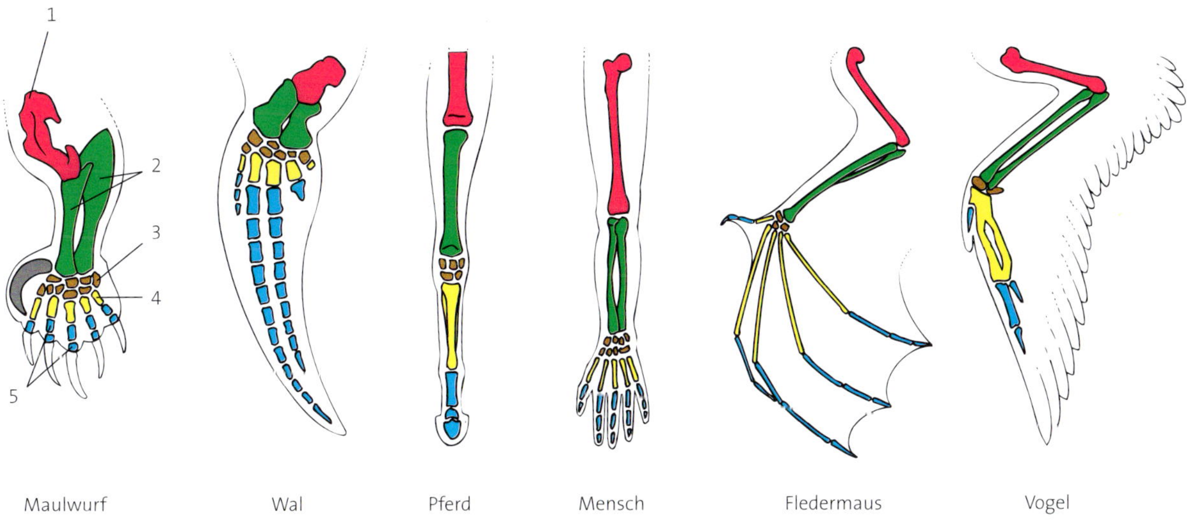

1 Vordergliedmaßen verschiedener Wirbeltiere. Die einander entsprechenden Knochen haben jeweils dieselbe Farbe.

Die Vordergliedmaßen verschiedener Wirbeltiere sehen sehr unterschiedlich aus und dienen verschiedenen Zwecken. Untersucht man aber die Skelette, zeigen sich bedeutsame Übereinstimmungen: ein Oberarmknochen, zwei Unterarmknochen, Handwurzelknochen, Mittelhandknochen und Fingerknochen. Diese Elemente des Armskeletts bilden zusammen ein Grundmuster, das sich bei allen Wirbeltieren mit Vordergliedmaßen wiederfindet. Die unterschiedliche Ausformung der Armskelette lässt sich als Angepasstheit an die jeweilige Lebensweise und Art der Fortbewegung – Graben, Schwimmen, Laufen, Fliegen, Klettern – im typischen Lebensraum interpretieren.

2 Homologe Organe: Schulp eines Tintenfischs (oben), Schneckenhaus (links), Muschelschale (rechts)

Mit der Entdeckung der Gene und ihrer Bedeutung erhärtete sich im 19. und beginnenden 20. Jahrhundert die Vermutung, dass die ***grundsätzliche Ähnlichkeit*** im Bau der Gliedmaßen bei den Wirbeltieren auf ***übereinstimmende Erbinformationen*** zurückgeht, die von einem gemeinsamen Vorfahren und dessen Bauplan stammen und dann in verschiedener Weise abgewandelt wurden. Derartige Ähnlichkeiten, die man auf eine gemeinsame Abstammung zurückführen kann, bezeichnet man als *Homologie*. Ähnlichkeiten, die nicht auf gemeinsame Abstammung zurückgehen, bezeichnet man als *Analogie* (► S. 20).

Homologe Organe sind also ursprungsgleich und beruhen auf übereinstimmenden Erbinformationen. Bei manchen Merkmalen oder Strukturen ist relativ leicht zu beurteilen, ob Homologie vorliegt oder nicht. Dabei werden aber weitere Merkmale des gesamten Organismus herangezogen: Wirbeltiere etwa besitzen neben einer Wirbelsäule mit Schädelkapsel, einem Rückenmark und einem bauchseitigen Herzen noch viele andere gemeinsame Merkmale. Daher liegt es nahe, die Vorderextremität ebenfalls zu „homologisieren". Im Verlauf der Evolution haben sich viele Strukturen durch das Wirken der Evolution jedoch oft so sehr verändert, dass ihre Homologie nicht immer leicht zu erkennen ist. Um beispielsweise zu begründen, dass auch der Schulp des Tintenfischs, das Gehäuse von Schnecken und die Schalen von Muscheln (► Bild 2) Abwandlungen eines Grundtyps und damit homolog sind, benötigt man klare Kriterien. Sind diese Homologiekriterien erfüllt, kann man im Umkehrschluss dann auch begründen, dass Muscheln, Schnecken und Tintenfische einen gemeinsamen Vorfahren gehabt haben und deshalb zu einer Verwandtschaftsgruppe (Stamm Weichtiere) gehören.

---

1. **Benennen Sie die mit Ziffern versehenen Strukturen in Bild 1.**
2. **Stellen Sie eine begründete Vermutung darüber auf, wie ein gemeinsamer Grundtyp bei den Schalen verschiedener Weichtiere (► Bild 2) ausgesehen haben könnte. Überlegen Sie, welche Eigenschaften dieser gehabt haben müsste.**

Homologien im Bau der Lebewesen

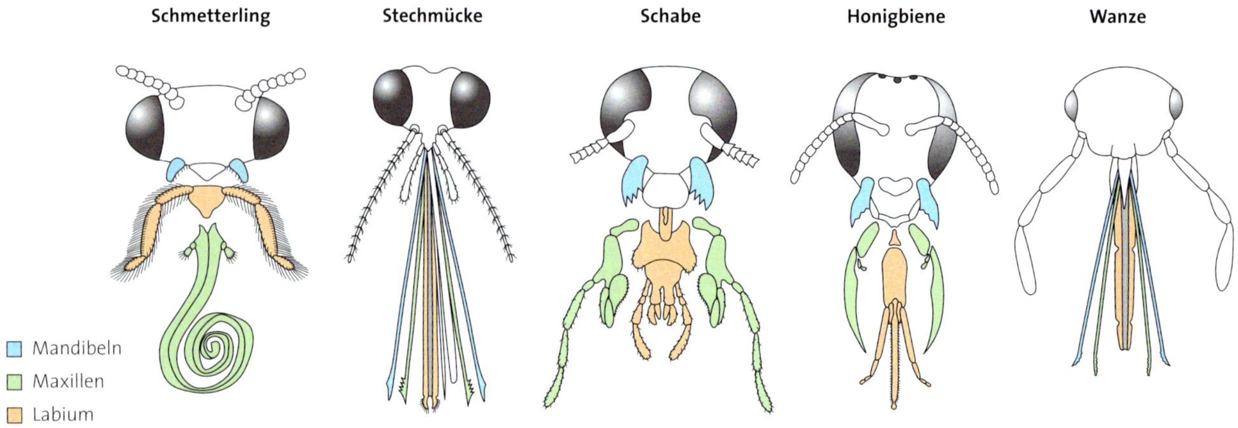

1 Homologie bei den Mundwerkzeugen verschiedener Insekten

Homologiekriterien. Um festzustellen, ob *Homologie* vorliegt, bedient man sich vor allem der drei folgenden Kriterien:

- *Kriterium der Lage.* Strukturen sind dann homolog, wenn sie in einem vergleichbaren Gefügesystem die gleiche Lage einnehmen. Dies gilt beispielsweise für die Vordergliedmaßen der Wirbeltiere und ihre Knochen, die in ihrer Lage im Gesamtgefüge und relativ zueinander übereinstimmen (▶ S. 13). Entsprechendes gilt für die Mundwerkzeuge der Insekten, deren Bauteile je nach Lebensweise sehr verschieden gestaltet sind, aber nach Lage und Anordnung übereinstimmen (▶ Bild 1).
- *Kriterium der spezifischen Qualität.* Komplex gebaute Organe sind homolog, wenn sie in besonderen Einzelheiten ihres Aufbaus übereinstimmen. Wirbeltierzähne und Haischuppen lassen sich beispielsweise durch übereinstimmenden Aufbau aus Pulpa, Dentin und Schmelz homologisieren (▶ Bild 2).
- *Kriterium der Stetigkeit.* Homologie liegt auch dann vor, wenn stark abgewandelte Organe durch eine Reihe von Zwischenformen so miteinander verbunden sind, dass sie einen Übergang von der einen Struktur zur anderen erkennen lassen. Solche Zwischenformen können in der Individualentwicklung auftreten, bei verwandten Arten oder durch Fossilien aus der Stammesentwicklung erhalten sein. So lassen sich die Gehörknöchelchen der Säugetiere mit Schädelknochen der Fische und Reptilien homologisieren (▶ Bild 3). Für das Beinskelett des heutigen Pferds lässt sich anhand fossiler Zwischenformen belegen, wie durch Reduktion einzelner Glieder aus einem fünfstrahligen Fuß eine einstrahlige Form entstand (▶ S. 19).

Entwicklungsreihen. Kennt man mehrere Abwandlungsformen homologer Strukturen, so lassen sie sich in einer Reihe anordnen. Zunächst ist eine solche Reihe von beiden Seiten her lesbar. Um zu entscheiden, welche Formen ursprünglich und welche abgeleitet sind, müssen jedoch weitere Ergebnisse der Evolutionsforschung herangezogen werden. Die Entwicklung kann vom Einfacheren zum Komplizierteren erfolgt sein, wie beispielsweise bei Blutkreislauf, Gehirn, Atmungs- und Ausscheidungsorganen der verschiedenen Wirbeltierklassen. Umgekehrt können homologe Organe auch vereinfacht oder in der Zahl verringert worden sein. Beispiele dafür sind die Gliedmaßenrückbildung bei verschiedenen Arten von Eidechsen oder die Rückbildung der Zähne bei Bartenwalen (▶ S. 15, Bild 2).

1 **Ziehen Sie Folgerungen aus der Tatsache, dass in den Zellen der verschiedenen Lebewesen sowohl gemeinsame als auch unterschiedliche Strukturen vorkommen.**

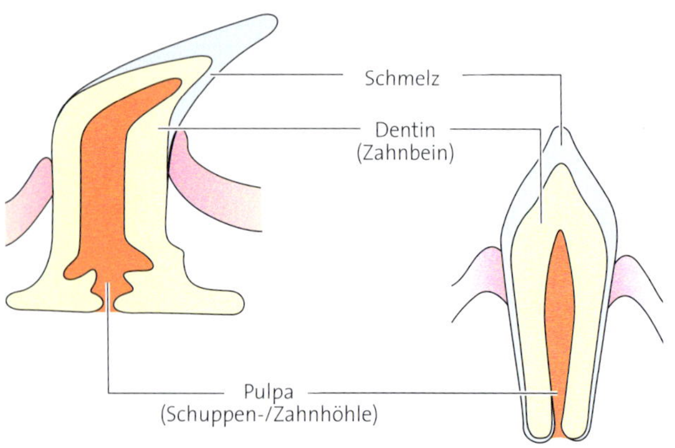

2 Aufbau von Haischuppe und Wirbeltierzahn im Vergleich

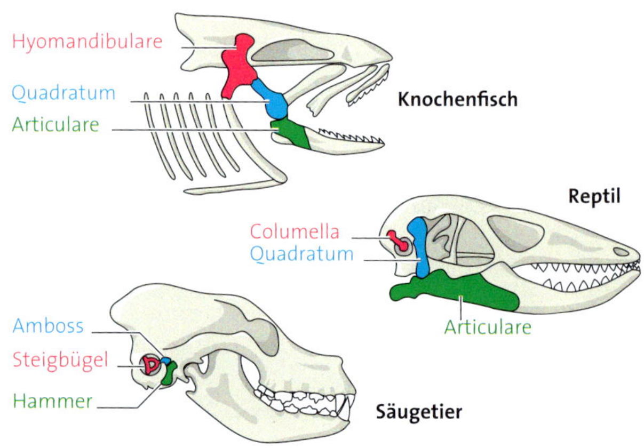

3 Umbildung von Kiefergelenkknochen zu Gehörknöchelchen

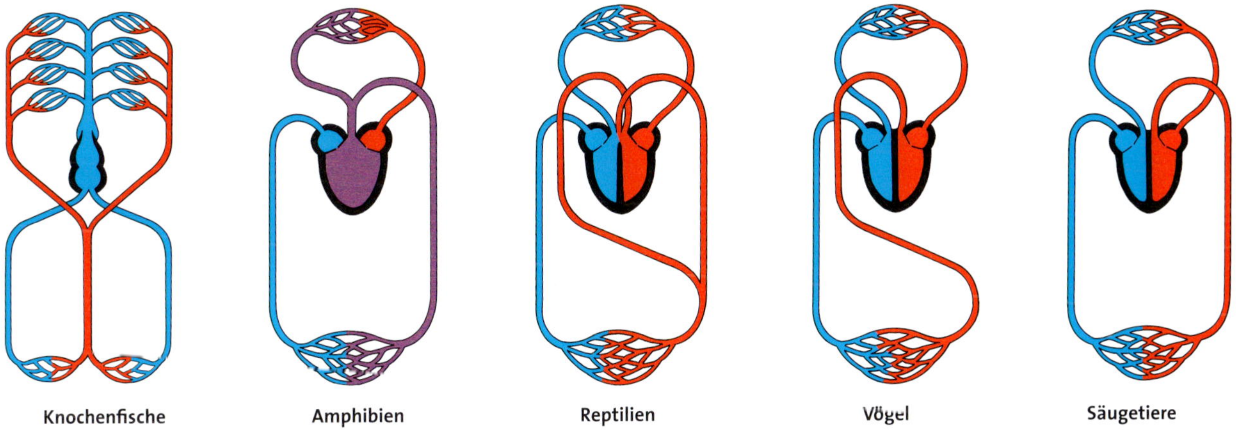

1 Blutkreisläufe der Wirbeltiere: Abwandlungsreihe mit Reduktion von Aortenbögen und Trennung in zwei Teilkreisläufe

Organrudimente. Manche Strukturen verschiedener Lebewesen sind funktionslos. Sie lassen sich als *Rudimente* erklären, das heißt als Reste ehemals funktionstüchtiger Organe der Vorfahren, die im Verlauf der Evolution ihre Funktion verloren haben. Umgekehrt können Rudimente wichtige Hinweise auf die Abstammung liefern: Im Körperinnern mancher Wale findet man zum Beispiel Reste von Beckenknochen sowie rudimentäre Ober- und Unterschenkelknochen als Belege ihrer Abstammung von Vierfüßern. Das Haarkleid des Menschen ist Rudiment einer ursprünglich reichen Behaarung, unser Steißbein aus der Schwanzwirbelsäule rückgebildet und die rudimentäre Ohrmuskulatur ermöglicht nur noch manchem eine geringe Bewegung der Ohrmuscheln.

Atavismen. In seltenen Fällen treten durch Mutation ursprüngliche Merkmale, die nur von Vorfahren der Art bekannt sind, bei einzelnen Individuen wieder auf. So kann beim Menschen ein schwanzartig verlängertes Steißbein auftreten. Ein solcher *Atavismus* lässt sich damit erklären, dass noch vorhandene, aber genregulatorisch „stillgelegte" Erbinformation der Vorfahren anomal wieder aufgerufen und verwirklicht wird.

Übereinstimmungen im Zellbau. Alle Lebewesen bestehen aus Zellen mit fundamentalen Homologien in ihrem Aufbau aus Cytoplasma und Biomembranen. Allen Eukaryoten ist der Besitz von Zellkern, Chromosomen, Mitochondrien und anderen Zellorganellen gemeinsam. Prokaryoten unterscheiden sich von Eukaryoten unter anderem dadurch, dass bei ihnen die DNA nicht von einer Kernhülle umgeben ist und viele Zellorganellen, beispielsweise die Ribosomen, einen anderen Feinbau aufweisen.

---

1. **Flugunfähige Vögel wie der neuseeländische Kiwi oder der afrikanische Strauß besitzen Flügelstummel. Erklären und deuten Sie diesen Sachverhalt.**
2. **Die Schwimmblase der Knochenfische, die der Auftriebsregulation dient, ist der Lunge der Landwirbeltiere homolog. Die Wand der Schwimmblase enthält entsprechend der Lunge zahlreiche Blutgefäße. Manche Fische wie die Lungenfische atmen mit diesem Organ sogar – neben ihrer Kiemenatmung – atmosphärischen Sauerstoff. Begründen Sie anhand verschiedener Kriterien die Homologie von Schwimmblase und Lunge.**
3. **Bei der Fruchtfliege Drosophila gibt es eine Mutante mit vier voll ausgebildeten Flügeln. Geben Sie dafür eine mögliche Erklärung an.**
4. **Erläutern Sie die Entwicklungen im Blutkreislauf der Wirbeltiere. Beziehen Sie Ihre Kenntnisse über Gasaustausch, Energie und Wärmehaushalt der verschiedenen Klassen mit ein.**

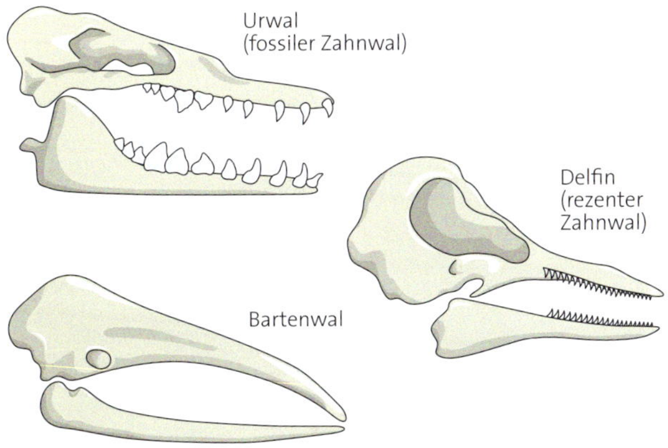

2 Stammesgeschichtliche Reduktion: Zähne bei Walen

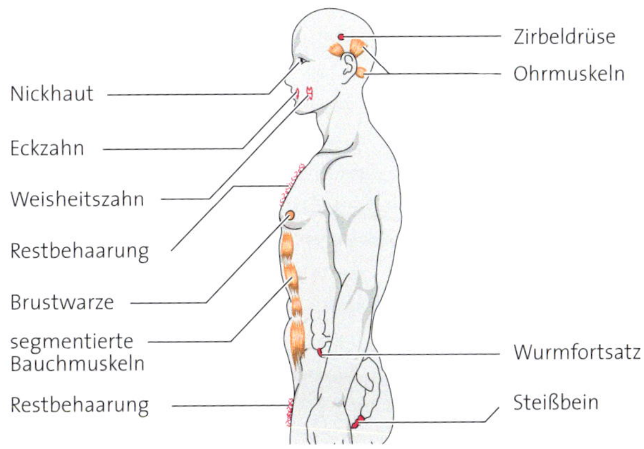

3 Rudimente beim Mann (farbig hervorgehoben)

Homologien in der Entwicklung

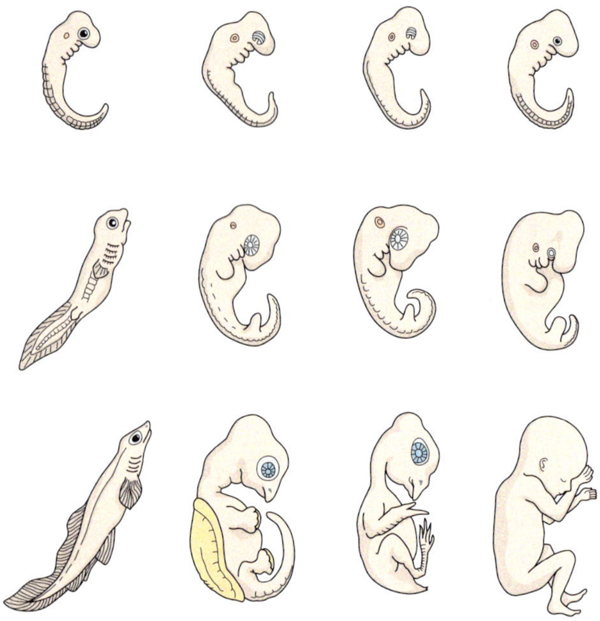

1 *Embryonalstadien von Wirbeltieren (gleicher Maßstab)*

Die frühen Embryonalstadien von Wirbeltieren verschiedener Klassen sind einander sehr ähnlich (► Bild 1), obwohl die erwachsenen Tiere große Unterschiede aufweisen.

Biogenetische Grundregel. ERNST HAECKEL fasste diese Beobachtungen 1866 als biogenetische Grundregel zusammen: „Die Keimesentwicklung *(Ontogenese)* verläuft wie eine kurze, schnelle und unvollständige Wiederholung der Stammesgeschichte *(Phylogenese)*." In dieser allgemeinen Form, bezogen auf den gesamten Organismus, lässt sich diese Aussage heute nicht mehr halten. Bei Vogelembryonen beispielsweise werden embryonal noch eine Schwanzwirbelsäule, aber keine Zähne mehr angelegt (► Bild 1).

Hingegen treten in der Embryonalentwicklung einzelner Organe häufig Stadien auf, die ebenso bei stammesgeschichtlichen Vorfahren zu finden sind, auch wenn dabei das Stadium des funktionstüchtigen Organs nicht erreicht wird. So werden bei allen Wirbeltieren Kiementaschen mit den versorgenden Blutgefäßen angelegt (► Bild 2). Nur bei Fischen differenzieren sich diese zu einem funktionierenden Kiemenapparat, bei Reptilien, Vögeln und Säugetieren entstehen daraus Teile des Zungenbeins, Kehlkopfs oder der Luftröhre. Neben solchen Wiederholungen *(Rekapitulationen)* entwickeln Embryonen immer auch Strukturen, die ausschließlich für ihre Lebensweise erforderlich sind, wie beispielsweise die Keimhüllen der Reptilien, Vögel und Säugetiere.

Bedeutung der biogenetischen Grundregel. Die Tatsache, dass viele Arten während ihrer Embryonalentwicklung bestimmte Organe anlegen, die nie eine erkennbare Funktion erfüllen, ist zur Klärung von Abstammungsfragen nach wie vor hilfreich. So besitzen Walembryonen Anlagen von Hintergliedmaßen und einen Hals mit sieben Halswirbeln, ein Haarkleid, Nasenmuscheln, den Riechnerv sowie Speicheldrüsen. Beim erwachsenen Wal sind die Halswirbel verwachsen und die genannten Organe völlig rückgebildet.

Genetische Ursachen der biogenetischen Grundregel. Lebewesen konnten im Laufe ihrer stammesgeschichtlichen Entwicklung niemals ihren „Betrieb wegen Umbaus geschlossen" halten. Weiterentwicklungen konnten also grundsätzlich nur auf vorhandenen Strukturen aufbauen. Dies gilt auch für die Organisation der Gene, insbesondere für die Entwicklungsgene, die die Steuerstoffe für die Entwicklung verschiedener Körperregionen codieren. Bei der DNA-Sequenzierung solcher entwicklungssteuernden *homöotischen Gene (Homöoboxen)* fand man bei vielen Lebewesen weitgehende Übereinstimmungen. Offenbar haben in der Evolution Veränderungen an solchen *Regulatorgenen*, mit denen ein ganzes Set von Entwicklungen gesteuert werden kann, eine besondere Bedeutung.

Ein eindrucksvolles Beispiel für die auf vorhandenen Strukturen aufbauende Entwicklung ist auch der embryonale Blutkreislauf des Menschen: Am Ende des ersten Monats sind vier Arterienbögen angelegt, die zwischen den Kiementaschen verlaufen und mit den Arterienbögen der Fische homologisierbar sind. Das Herz besteht zu diesem Zeitpunkt aus zwei Kammern, vergleichbar dem eines Fischs (► Bild 2).

---

1 **Bei Walembryonen treten in einem frühen Stadium Kiementaschen auf, aus denen aber keine Kiemen entstehen – obwohl diese für Wasserlebewesen sehr effiziente Atmungsorgane darstellen. Geben Sie an, welchem Befund der Fossilforschung (► S. 8) diese Beobachtung entspricht.**

2 **Versuchen Sie, vor dem Hintergrund der Stammesentwicklung eine Erklärung dafür zu finden, aus welchem Grund später auftretende, komplex entwickelte Lebensformen Stadien ihrer weniger komplex gebauten Vorfahren durchlaufen. Stellen Sie eine Vermutung auf, weshalb die Embryonalentwicklung nicht von Beginn an effizienter verläuft, also ohne Ausbildung von Strukturen, die später wieder rückgebildet werden.**

3 **Erklären Sie die Beobachtungen, dass menschliche Embryonen zwischen dem 3. und 8. Monat ein dichtes Haarkleid (Lanugo) besitzen und dass bei Neugeborenen am Fuß anfangs ein Greifreflex auftritt.**

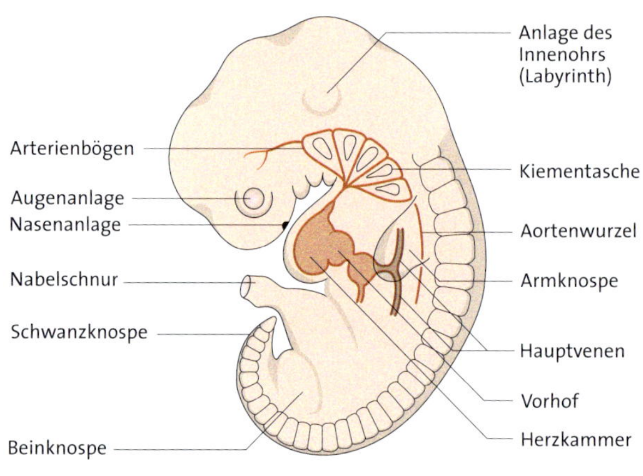

2 *Menschlicher Embryo mit Kiemenbogenanlagen*

Molekularbiologische Homologien

Alle Lebewesen weisen die gleichen chemischen Grundbausteine auf und verwenden den gleichen genetischen Code. Viele Stoffwechselprozesse wie Glykolyse, Citronensäurezyklus, Energieübertragung durch ATP und die Proteinbiosynthese laufen bei der Mehrzahl der Pflanzen und Tiere gleich ab. Diese und viele weitere molekularbiologische Ähnlichkeiten bei verschiedenen Lebewesen lassen sich durch übereinstimmende Erbinformation, also durch Homologie, erklären.

Aminosäuresequenz von Proteinen. Proteine sind durch Kettenlänge und Sequenz ihrer Aminosäurebausteine eindeutig gekennzeichnet. Da die Aminosäuresequenz durch Gene codiert ist, darf man Sequenzübereinstimmung von Proteinen verschiedener Arten als unmittelbaren Ausdruck gemeinsamer Abstammung ansehen. In der Regel verwendet man dabei Proteine, deren Funktion durch eine Veränderung der Aminosäuresequenz nicht sofort beeinträchtigt ist. Beispielsweise können bei dem aus 104 Aminosäuren bestehenden Membranprotein *Cytochrom c*, das in der Atmungskette aller aeroben Eukaryoten vorkommt (▶ Bild 1), bis zu 70 Aminosäuren ausgetauscht werden, bevor es zu einem Funktionsverlust kommt.

Etwa ein Drittel der Positionen der gesamten Sequenz sind bei den aufgeführten Arten von gleichen Aminosäuren besetzt. Arten mit deutlich größerer Übereinstimmung wie Rind und Pferd oder Mensch und Rhesusaffe sind besonders nahe verwandt. Bei ihnen unterscheidet sich das Cytochrom c nur an wenigen Positionen.

Mensch	...CSQCHTVEKGGKHKTGPNLHGLFGRKTGQAPG...
Rhesusaffe	...CSQCHTVEKGGKHKTGPNLHGLFGRKTGQAPG...
Pferd	...CAQCHTVEKGGKHKTGPNLHGLFGRKTGQAPG...
Schwein	...CAQCHTVEKGGKHKTGPNLHGLFGRKTGQAPG...
Känguru	...CAQCHTVEKGGKHKTGPNLNGIFGRKTGQAPG...
Goliathfrosch	...CAQCHTCEKGGKHKVGPNLYGLIGRKTGQAAG...
Weizen	...CAQCHTVDAGAGHKQGPNLHGLFGRQSGTTAG...

1 Ausschnitte aus der Aminosäuresequenz des Cytochroms c verschiedener Arten, die ein Maximum an Übereinstimmung (Homologie) ergeben. Farblich hervorgehoben sind vom menschlichen Cytochrom c abweichende Aminosäuren (Darstellung der Aminosäuren hier durch 1-Buchstaben-Symbole).

Vergleicht man nun die Aminosäuresequenz des Cytochrom-c-Moleküls verschiedener Organismen, kann man einen Cytochrom-c-Stammbaum aufstellen, der die Verwandtschaft hinsichtlich dieses Proteins angibt.

DNA-DNA-Hybridisierung. Auch ohne die genaue Abfolge ihrer Basen zu kennen, lässt sich die DNA verschiedener Arten vergleichen. Dazu wird die gereinigte DNA fragmentiert und erhitzt, bis die Wasserstoffbrücken aufbrechen und sich die komplementären Stränge trennen. Bringt man die Einzelstränge der verschiedenen Arten zusammen und kühlt sie ab, lagern sich komplementäre Sequenzen zu *Hybrid-Doppelsträngen* zusammen. Je ähnlicher die DNA ist, desto mehr Wasserstoffbrücken bilden sich dabei aus und desto höher muss die „Schmelztemperatur" sein, um die Stränge erneut zu vereinzeln (▶ Bild 2).

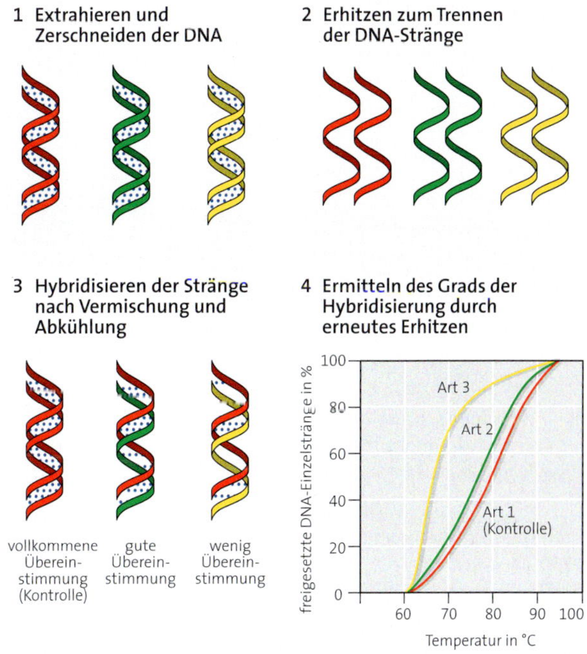

2 Prinzip der DNA-DNA-Hybridisierung

Analyse der DNA. Geht man davon aus, dass alle Homologien auf übereinstimmender Erbinformation beruhen, ist der direkte Vergleich der DNA die unmittelbarste Bestimmung des Verwandtschaftsgrads zwischen Lebewesen. Je mehr Änderungen vorhanden sind, umso mehr Mutationen haben stattgefunden und umso größer ist die stammesgeschichtliche Distanz. Die *Sequenzierung der DNA* ist heute ein Routineverfahren. Die Polymerasekettenreaktion bietet manchmal sogar die Möglichkeit, geringe DNA-Spuren aus Fossilien einzubeziehen und mit der DNA heute lebender Arten zu vergleichen. Meist bestätigen molekulare Daten die bekannten Homologien. Immer wieder werden aber auch systematische Gruppen aufgrund von DNA-Analysen neu geordnet: Jüngste DNA-Vergleiche zeigen, dass Krokodile mit den Vögeln näher verwandt sind als mit den übrigen Reptilien und dass Falken den Papageien und Singvögeln offenbar viel näherstehen als den Greifvögeln, denen sie bislang zugeordnet wurden. Man erwartet, dass sich viele der heute noch strittigen Fragen der Homologienforschung künftig durch DNA-Vergleiche klären lassen.

1. Erläutern Sie, warum sich aus Unterschieden in der Aminosäuresequenz eines Proteins bei verschiedenen Lebewesen Aussagen über unterschiedliche Basensequenzen der DNA ergeben.
2. Begründen Sie, warum man für Vergleiche der Aminosäuresequenz häufig Proteine verwendet, deren Funktion auch bei starken Veränderungen der Sequenz noch erhalten bleibt.
3. Informieren Sie sich über die Verfahrensschritte zur Sequenzierung von DNA.
4. Stellen Sie eine begründete Hypothese zur Ähnlichkeit im Bau des Schnabels von Papageien, Falken, Habichten und Adlern (Greifvögeln) auf.

[Z] Biogeografie als Hilfsmittel zur Rekonstruktion der Stammesgeschichte

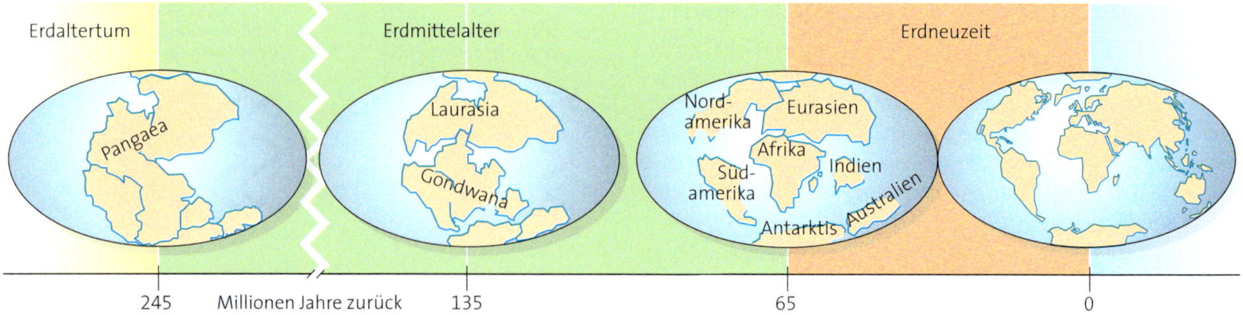

1 Die heutige Lage der Kontinente entstand durch Kontinentalverschiebung im Laufe von Jahrmillionen.

Die *Biogeografie* untersucht die *räumliche Verteilung* der Lebewesen *unter Berücksichtigung stammesgeschichtlicher Entwicklungen*. Sie erforscht die Prozesse der Separation, Isolation, Anpassung und die Bildung ökologischer Nischen. Das Verbreitungsmuster der heute lebenden (rezenten) Organismen auf der Erde findet durch die Evolutionstheorie und die Theorie der Plattentektonik ihre Erklärung.

Kontinentaldrift. Forschungsergebnisse der Geologie zeigen, dass die heutige Lage der Kontinente erst im Verlauf von vielen Millionen Jahren entstanden ist. Die *Theorie der Plattentektonik* erklärt heute die globalen Bewegungsvorgänge dadurch, dass feste Erdplatten über einem zähflüssigen oberen Erdmantel durch Konvektionsströme verschoben werden.

Im *Erdaltertum vor etwa 250 Millionen Jahren* gab es auf der Erde nur einen Kontinent, den Urkontinent *Pangaea*. Dieser zerbrach vor ungefähr 180 Millionen Jahren in eine nördliche und eine südliche Landmasse, die auseinanderdrifteten. Die anhaltende Verschiebung der Kontinente, die *Kontinentaldrift*, führte schließlich zur gegenwärtigen geografischen Verteilung der Kontinente, Inseln und Meere.

2 Entwicklungsgeschichtlich alte (gelb) und junge Tiergruppen (grün) in Afrika und Südamerika

Die Tierwelt Afrikas und Südamerikas im Vergleich. Vergleicht man einzelne Kontinente der Erde, fällt auf, dass jeder seine besonderen Pflanzen- und Tierformen besitzt. Bei einem Vergleich der Fauna Afrikas mit der von Südamerika erkennt man, dass die entwicklungsgeschichtlich alten Tiergruppen der beiden Kontinente vielfach nahe miteinander verwandt sind. Dies lässt sich damit erklären, dass beide Kontinente zum Zeitpunkt der Entwicklung dieser Gruppen noch eine zusammenhängende Landmasse waren. Nach der Trennung verlief die Evolution der Arten in beiden Kontinenten unabhängig, denn ein Genaustausch war nicht mehr möglich. Demgemäß stellt man zwischen den entwicklungsgeschichtlich jungen Tierarten Afrikas und Südamerikas keine direkten verwandtschaftlichen Beziehungen fest. Ähnlichkeiten zwischen ihnen beruhen in der Regel auf *Konvergenz*, also Anpassungsähnlichkeiten durch vergleichbare Lebensbedingungen.

Kamele und ihre Parasiten. Das afrikanische Dromedar, das asiatische Trampeltier und das südamerikanische Lama haben einen gemeinsamen Vorfahren. Die enge Verwandtschaft der Kamele zeigt sich beispielsweise daran, dass sie alle 74 Chromosomen im diploiden Satz und – als einzige Säugetiere – ovale rote Blutkörperchen besitzen. Bei allen drei Arten leben im Fell parasitische Läuse, die sich außerordentlich ähnlich sind. Die unterschiedlichen Lebensbedingungen auf den drei Kontinenten führten zwar zum Merkmalswandel bei den Kamelarten, ihre Parasiten standen aber offenbar zu keiner Zeit unter einem entsprechenden Selektionsdruck. Da Parasiten in der Regel hochwirtsspezifisch sind, lassen gleiche Parasiten bei verschiedenen Arten den Schluss auf gemeinsame Vorfahren und damit auf Verwandtschaft zu.

Endemiten. Lebewesen, die auf bestimmte Gebiete beschränkt sind, nennt man *Endemiten*. Solche endemisch verbreiteten Gruppen sind zum Beispiel die Darwinfinken der Galapagosinseln, die Beuteltiere Australiens, die altertümliche Pflanzenwelt der Kanarischen Inseln oder die auf Madagaskar und die Komoren beschränkten Halbaffen oder Lemuren. Ihr eng begrenztes Vorkommen lässt sich nur auf der Grundlage der Evolutionstheorie widerspruchsfrei erklären.

Evolution im globalen Rahmen: die Pferdeartigen. Am Beispiel der *Evolution der Pferdeartigen* zeigt sich eindrücklich, wie sich nur durch Kombination der Erkenntnisse und Fakten verschiedenster Wissenschaftsgebiete der Evolutionsverlauf für eine Organismengruppe rekonstruieren lässt. Dabei spielt die Paläogeografie eine entscheidende Rolle.

Die ältesten Fossilien der Vorläufer unserer heutigen Pferde stammen von dem 58 bis 36 Millionen Jahre alten Urpferd *Hyracotherium*. Es besaß niedrige, vierhöckerige Backenzähne, wie sie für ein Zerquetschen von weichen Laubblättern des Walds geeignet sind. Die Tiere mit einer Schulterhöhe von etwa 30 cm hatten am Vorderfuß vier, am Hinterfuß drei Zehen. Andere fossile Formen wie das in Messel gefundene *Propaläotherium, Mesohippus, Merychippus* und *Equus* sind durch Unterschiede in der Körpergröße, der Zehenzahl, der Schädelform und dem Bau der Zähne gekennzeichnet. Für alle fossilen Arten konnte die Zeit vom frühesten Auftreten bis zum Aussterben bestimmt werden.

Ein Vergleich des fossilen Materials lässt verschiedene Entwicklungstendenzen wie Größenzunahme und Reduktion der Zehenzahl erkennen, die sich oft unabhängig voneinander und schubweise durchsetzten. Immer wieder bedingte die Veränderung eines Körperteils die Umbildung des ganzen Körpers.

Die meisten Fossilfunde stammen aus Nordamerika, wo sich die stammesgeschichtliche Entwicklung der Pferde im Wesentlichen vollzogen hat. Durch die Lage der Kontinente und mehrmaliges Absinken des Meeresspiegels während des Tertiärs bestanden Landverbindungen zwischen Amerika und Eurasien, über die inzwischen ausgestorbene Pferdearten mehrfach nach Eurasien und Afrika einwanderten (► S. 18, Bild 1).

Die Paläoklimatologie liefert Erkenntnisse, dass vor rund 25 Millionen Jahren durch eine Klimaveränderung das zunächst feuchtwarme Klima kühler und trockener wurde. Der bis dahin weitverbreitete Laubwald wurde zu Grasland und Steppe, die Pferdeartigen von Wald- zu Steppentieren.

2 Fossil von Propaläotherium, Fund aus Messel

Die ausschließlich in Eurasien gefundenen Fossilien täuschten im 19. Jahrhundert eine zielgerichtete Entwicklung zum modernen Pferd vor. Erst die Auswertung aller Funde ergab ein Evolutionsgeschehen mit vielen Sackgassen und Seitenzweigen, bei dem durch Umweltveränderungen immer neue Selektionsfaktoren wirksam wurden. Stellt man den Entwicklungsverlauf zum heutigen Pferd nach dem gegenwärtigen Wissensstand dar, entsteht daher eher ein Stammbusch als ein Stammbaum.

---

1. **Die Kontinentalverschiebung gilt als eine wichtige Triebfeder für die Evolution. Erläutern Sie diese Aussage unter Berücksichtigung der verschiedenen Evolutionsfaktoren.**
2. **Betrachten Sie die Fossilfunde in Bild 1 und beschreiben Sie erkennbare Entwicklungstendenzen. Interpretieren Sie diese in Bezug zur Lebensweise der verschiedenen Pferdearten.**

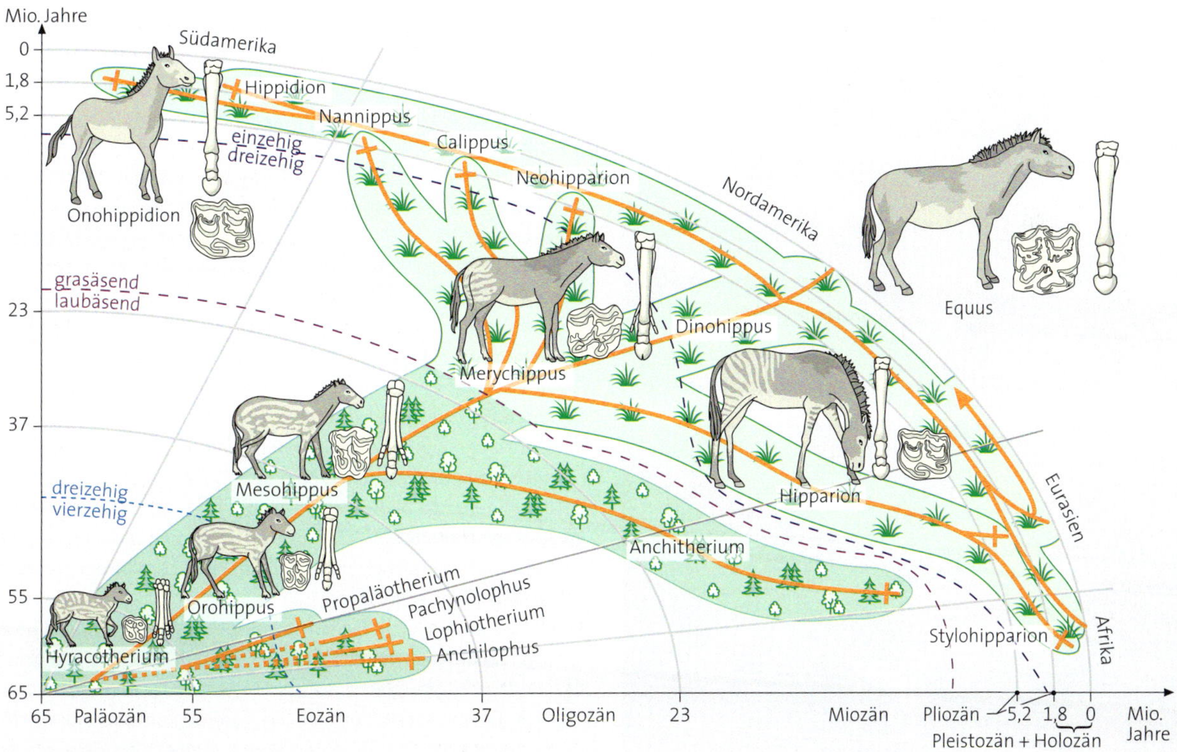

1 Evolution der Pferdeartigen. Fossilfunde und Rekonstruktionen in einem geografisch-paläoökologischen Szenario

Analogie und Konvergenz – verschiedener Ursprung, ähnliche Anpassung

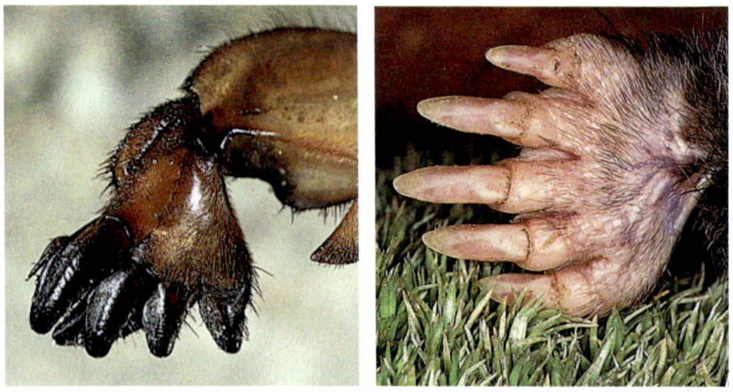

1 *Grabschaufel: Maulwurfsgrille (links), Maulwurf (rechts)*

3 *Spross-Sukkulenz: Kaktus (links), Wolfsmilch (rechts)*

Bei Maulwurf und Maulwurfsgrille haben sich aus völlig verschiedenen Grundstrukturen – Insektenbein und Wirbeltiervorderextremität – funktionell und auch im Aussehen ähnliche Graborgane entwickelt (▶ Bild 1). Eine solche ***Funktionsähnlichkeit biologischer Strukturen bei verschiedenen Lebewesen*** bezeichnet man als ***Analogie***. Anders als homologe Strukturen oder Organe gehen analoge Merkmale aber nicht auf einen gemeinsamen Ursprung zurück und lassen sich nicht von Erbinformation und Bauplan eines stammesgeschichtlichen Vorfahren ableiten. Bei genauer Betrachtung des Baus der beiden Graborgane werden die zahlreichen Unterschiede sichtbar: Die Grabschaufel der Maulwurfsgrille wird von einem Außenskelett aus Chitin gebildet, die Hämolymphe zirkuliert in offenen Räumen. Die Grabhand des Maulwurfs hingegen besitzt ein knöchernes Innenskelett und ein geschlossenes Blutgefäßsystem.

Somit ist die Ursache der Ähnlichkeit nicht auf genetische Information und Verwandtschaft zurückzuführen, sondern auf die ähnlichen Anforderungen des Lebensraums: Maulwurf und Maulwurfsgrille bewegen sich grabend im Erdreich fort, sie sind einem vergleichbaren Selektionsdruck ausgesetzt und in ähnlicher Weise daran angepasst. Man bezeichnet dies auch als ***konvergente Entwicklung*** oder kurz als ***Konvergenz***.

2 *Stromlinienform: Fisch (oben), Delfin (unten)*

Fische und Delfine zeigen einen stromlinienförmigen Körperbau (▶ Bild 2). Betrachtet man jedoch die Grundbaupläne der beiden Wirbeltierklassen, denen sie angehören, erkennt man, dass diese normalerweise deutlich voneinander abweichen. Die ***Stromlinienform*** geht also auch in diesem Fall nicht auf einen gemeinsamen Ursprung zurück, sondern wird durch die in gleicher Richtung wirkende Selektion verursacht. In diesem Fall hat sich der Körperbau jeweils an die Erfordernisse angepasst, schnell im Wasser schwimmen zu können.

Auch im Pflanzenreich sind analoge Organe als Ergebnis konvergenter Entwicklung zu beobachten. Die in den Trockengebieten Amerikas beheimateten Kakteenarten besitzen ebenso wie die Wolfsmilchgewächse der afrikanischen Trockengebiete Wasserspeichergewebe in der stark verdickten Sprossachse (▶ Bild 3). Dass es sich bei diesem als ***Sukkulenz*** bezeichneten Phänomen um eine Analogie handelt, wird deutlich, wenn man die Herkunft des Wasserspeichergewebes untersucht: Bei Kakteen übernimmt umgestaltetes Rindengewebe die Speicherung, bei den Wolfsmilchgewächsen das Mark. Die Zugehörigkeit zu verschiedenen Verwandtschaftsgruppen wird besonders deutlich, wenn man den unterschiedlichen Blütenbau berücksichtigt. Zudem besitzen Wolfsmilchgewächse einen typischen weißlichen Milchsaft, der bei Verletzung austritt.

---

1. **Enten, Frösche und Seehunde besitzen Schwimmhäute zwischen den Zehen. Erklären Sie diese Beobachtung mithilfe der Selektionstheorie und entscheiden Sie, ob es sich dabei um analoge oder homologe Bildungen handelt.**
2. **Analogien sind zwar kein Indiz für eine stammesgeschichtliche Verwandtschaft, stützen aber dennoch die Evolutionstheorie. Erläutern Sie diese Aussage.**
3. **Untersuchen Sie, ob Fledermausflügel und Libellenflügel homolog oder analog zueinander sind. Begründen Sie Ihre Zuordnung.**
4. **Alle Wirbeltiere gehen auf einen gemeinsamen Vorfahren zurück. Erläutern Sie, weshalb die Stromlinienform von Fischen, Fischsauriern, Pinguinen und Walen dennoch als Analogie und nicht als Homologie interpretiert wird.**

Mithilfe dieses Kapitels können Sie

- die Formenvielfalt rezenter und fossiler Lebewesen als Ergebnis der Evolution angeben
- die Bedeutung von Fossilien als Dokumente der Evolution beurteilen
- die Entwicklung des Evolutionsgedankens darstellen und die Erklärungsversuche des Artenwandels durch CUVIER, LAMARCK und DARWIN vergleichen
- das dem natürlichen System zugrunde liegende Ordnungsprinzip erläutern und seine Kategorien nennen
- die Abgrenzung von Arten nach verschiedenen Kriterien erklären
- biologische Ähnlichkeit durch gemeinsame Abstammung, gleiche Funktion oder Anpassung an ähnliche Lebensbedingungen begründen und als Homologie, Analogie oder Konvergenz benennen
- ähnliche Merkmale anhand der Homologiekriterien auf Homologie oder Analogie hin prüfen
- Beispiele für Homologien aus verschiedenen Teilgebieten der Biologie angeben
- wichtige molekularbiologische Methoden der Evolutionsbiologie erklären

Testen Sie Ihre Kompetenzen

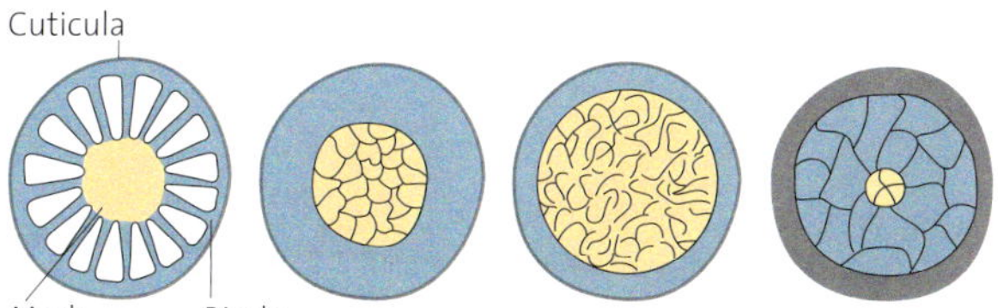

Zu der in Eurasien und Afrika verbreiteten Familie Igel (Erinaceidae) zählt auch unser einheimischer Igel *Erinaceus europaeus* mit seinem charakteristischen Stachelkleid (▶ Bild rechts oben). Den Igeln äußerlich ähnlich sind die in je zwei Gattungen in Madagaskar verbreiteten Igeltenreks (▶ Bild rechts Mitte) und die australischen Ameisenigel (Bild rechts unten).

Die im Bild oben im Querschnitt gezeichneten Stacheln bestehen wie Haare, Vogelfedern oder Reptilschuppen aus dem Protein Keratin. Sie sind zur Feindabwehr durch Muskeln einzeln oder in Gruppen aufstellbar und werden von der Oberhaut gebildet.

Igel und Igeltenrek sind Placentasäugetiere (Placentalia). Lange Zeit zählte man beide zur Ordnung Insektenfresser. Nach DNA-Untersuchungen hat man die Igeltenreks in die neue Ordnung der Tenrekartigen gestellt. Der Ameisenigel gehört zu den Kloakentieren (Monotremata), einer ursprünglichen Säugetiergruppe, deren Angehörige Eier legen.

---

❶ Erklären Sie, welche Ursachen die biologische Ähnlichkeit verschiedener Organismen haben kann.

❷ Vergleichen Sie die drei Stacheln tragenden Säugetiere und prüfen Sie, welche Ursache für ihre Ähnlichkeit vorliegt.

❸ Mit modernen molekulargenetischen Verfahren konnte das Verwandtschaftsverhältnis von Igel und Igeltenrek geklärt werden. Nennen Sie dafür geeignete Verfahren und erläutern Sie diese.

❹ Ordnen Sie unter Verwendung der systematischen Kategorien den einheimischen Igel in das natürliche System ein, beginnend mit der Klasse Säugetiere.

❺ Erläutern Sie das Ordnungsprinzip des natürlichen Systems.

Vögel – Nachfahren der Saurier

Das Interesse der Menschen an der Abstammung der Vögel besteht schon seit Langem. Nach einer englischen Sage aus dem 18. Jahrhundert entstanden Vögel aus Fischen, die an Land geworfen wurden: „Flossen werden zu Kielen, die getrockneten Schuppen zu Federn, die Haut ergibt eine Hülle aus Daunen, die Bauchflosse verwandelt sich in Füße." Für die 1859 veröffentlichte Evolutionstheorie von CHARLES DARWIN ist der „Urvogel" Archaeopteryx bis heute ein Paradebeispiel. Er weist Merkmale von Reptilien und von Vögeln auf und belegt damit als „Connecting Link" augenfällig die Abstammungsverwandtschaft von Reptilien und Vögeln. Es ist verständlich, dass der spektakuläre Fossilfund schon bald nach seiner Entdeckung zu heftigem Streit zwischen Verfechtern und Gegnern der Evolutionstheorie führen musste.

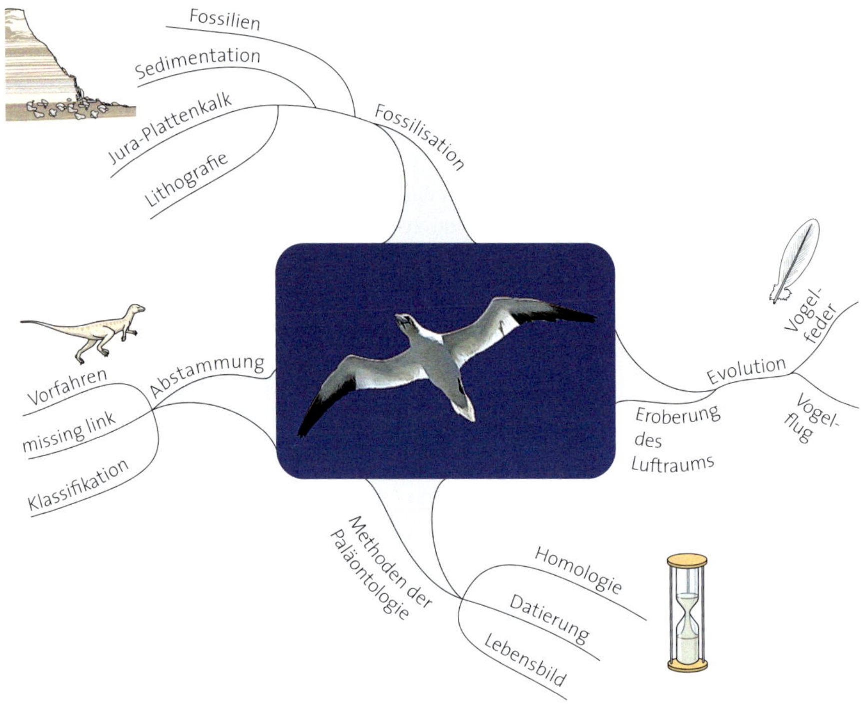

GRUNDLAGEN Der erste Fund eines Archaeopteryx (griech. archaios: uralt; pteryx: Feder) stammt aus dem Jahr 1861, zwei Jahre nach Veröffentlichung der „Entstehung der Arten durch natürliche Zuchtwahl" von DARWIN. In den 150 Millionen Jahre alten Schichten des Plattenkalks von Solnhofen in Bayern, vor allem für den Lithografiedruck abgebaut, wurde das fossile Skelett von der Größe einer Krähe entdeckt. Der Erstbeschreiber ANDREAS WAGNER, Leiter der paläontologischen Staatssammlung in München, interpretierte ihn trotz der Federn als Reptil und nannte ihn Griphosaurus („Rätselsaurier"). Sein Besitzer verkaufte das Fossil an das Britische Museum in London für 700 Pfund Sterling, dem zweifachen Jahresetat des Museums. Für den Direktor der naturhistorischen Abteilung, RICHARD OWEN, einen „Antidarwinisten", handelte es sich um einen echten Vogel im Sinne der Schöpfungslehre. Die Kontroverse begann.

Erst über 100 Jahre später, 1985, konnte die Behauptung widerlegt werden, das Londoner Exemplar sei eine Fälschung, die Federn seien nachträglich aufgebracht worden. Durch Untersuchung mit dem Rasterelektronenmikroskop, unter UV-Beleuchtung und durch den Vergleich von Platte und Gegenplatte wurde die Echtheit des Funds zweifelsfrei nachgewiesen.

Inzwischen gibt es neun weitere Funde aus dem südlichen fränkischen Jura. Der zehnte, sehr gut erhaltene wurde erst 2005 der Wissenschaft aus einer privaten Sammlung zur Verfügung gestellt. Die Form der Funde deutet auf einen Tod durch Ertrinken in der tropischen Lagune hin, die sich dort vor 150 Millionen Jahren befand. Durch unterseeische Schwammriffe war sie in Teilbecken gegliedert, deren Wasser übersalzen, sauerstoffarm und somit lebensfeindlich war. Abgestorbene Lebewesen entgingen hier der Verwesung und konnten durch Sedimente aus feinstem Kalkschlamm eingeschlossen werden. Mit etwa 800 hier gefundenen Arten gehört der Solnhofener Plattenkalk heute zu den bedeutendsten Fossilfundstätten der Welt.

☞ Basisinformationen

CHARLES DARWIN (► S.10/11) • Fossilisation (► S.9)

1 Archaeopteryx lithographica (Berliner Exemplar von 1877)

Merkmale von Archaeopteryx

Das Mosaik aus Reptilien- und Vogelmerkmalen macht die Besonderheit von Archaeopteryx aus. Jedes Einzelmerkmal lässt sich dabei eindeutig einer der beiden Gruppen zuordnen.

Die Reptilienmerkmale von Archaeopteryx zeigen besonders große Ähnlichkeit mit den fossilen Theropoden, kleinen Raubdinosauriern aus der Ordnung der *Saurischia* (Echsenbeckensaurier; ► Bild 1). Der Bau ihres Beckens und der Hinterbeine deuten auf eine bipede Fortbewegung hin, der lange Schwanz übernimmt dabei die Funktion eines Balancierruders. Charakteristisch ist das schräg nach vorne gerichtete Schambein (Os pubis), das auch zur Stützung der Eingeweide dient. In die Bauchdecke sind statt eines Brustbeins sogenannte Bauchrippen (Gastralia) eingelagert, die keine Verbindung zum übrigen Skelett haben und wohl dem Schutz der Bauchseite dienten.

Bei den heutigen Vögeln ist der Bau des Schultergürtels an den Ruderflug angepasst. Dabei stützt das Rabenschnabelbein die Schultern bei der Flügelbewegung gegen das Brustbein ab. Das Gabelbein (Furcula) aus den verwachsenen Schlüsselbeinen, das bereits bei Archaeopteryx entwickelt war, dient als Ansatz für einen wichtigen Teil der Flugmuskeln. Die großen Flugmuskeln setzen am Brustbeinkamm an, sodass der Schwerpunkt des Vogels unter den Flügeln liegt.

Auch der Schädel von Archaeopteryx zeigt eine Kombination von Merkmalen: Reptilienartig sind die Schädelöffnungen und die Zähne, vogelartig sind dagegen die großen Augen und der Hirnschädel.

☞ Basisinformationen

Homologie (► S.13) • Mosaikevolution (► S.51) • Übergangsformen (► S.22)

Herstellung der Silikonform eines Fossils

MATERIAL: handelsüblicher Fossilabguss von Archaeopteryx, Silikonkautschuk, Härter, Trennlack, Brettchen als Unterlage, Holzleisten als Rahmenmaterial, Schüssel, Spachtel, Pinsel

DURCHFÜHRUNG: Der Fossilabguss wird auf der Unterlage im Abstand von ca. 0,5 cm mit dem Rahmen umbaut und zum Schutz mit Trennlack bestrichen. Nach Anweisung des Herstellers vermischt man Silikonkautschuk und Härter und verstreicht eine geringe Menge mit einem Pinsel auf dem Fossil. Dann gießt man das restliche Silikon darüber und lässt es über Nacht erhärten. Die Umrandung wird entfernt und die Silikonform abgenommen. Solche Formen können lange Zeit zur Herstellung von Abgüssen (s. u.) verwendet werden.

Herstellung einer Fossilkopie aus Keramik

MATERIAL: Silikonform, Keramikpulver, Pinsel, Spachtel, Gipsbecher

DURCHFÜHRUNG: In dem Gipsbecher verrührt man Keramikpulver mit wenig Wasser, gießt etwas von der breiigen Masse in die Form und verstreicht sie gut mit dem Pinsel. Restliche Gießmasse einfüllen und gleichmäßig verteilen. Pinsel und Becher sofort reinigen. Nach dem Erhärten die Silikonform vorsichtig nach unten drücken und den Abguss entnehmen. Man kann den Abguss noch mit Erdfarben einfärben.

---

1. **Erstellen Sie mit Bild 1 einen tabellarischen Merkmalsvergleich von Archaeopteryx, Vogel und Theropode.**
2. **Legen Sie eine Folie über Bild 1 auf Seite 22 oder einen Fossilabguss und markieren Sie darauf mit verschiedenen Farben die typischen Vogel- und Reptilienmerkmale.**

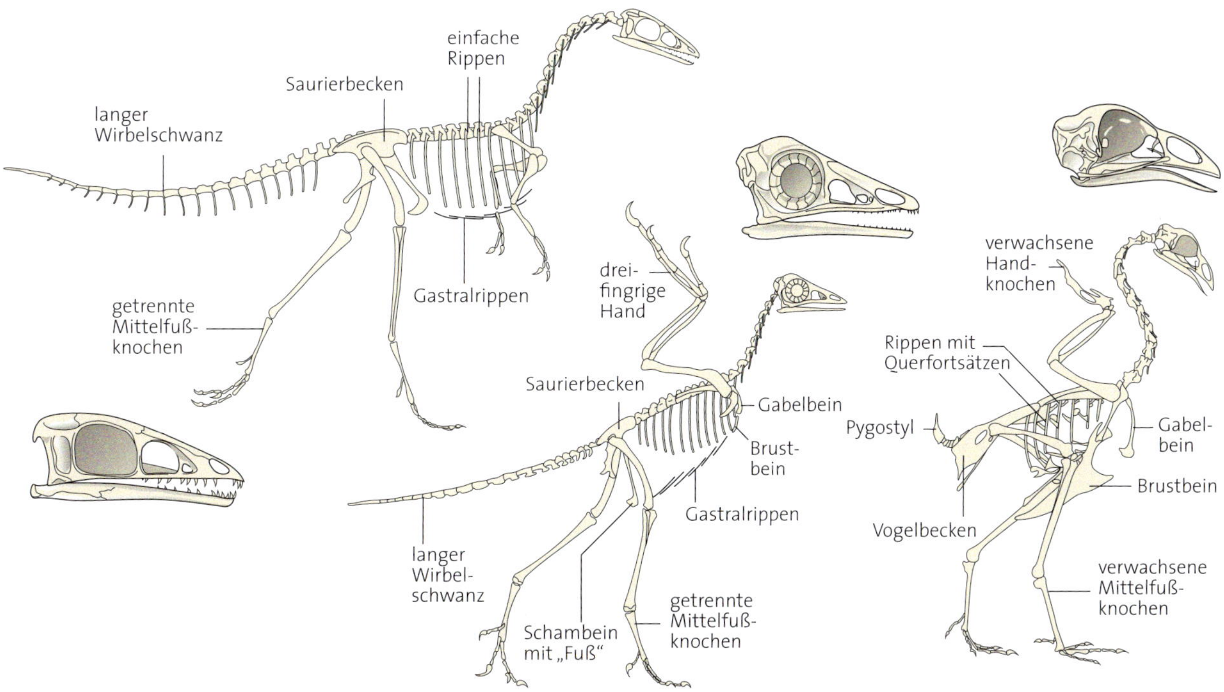

1 Skelettvergleich (von links): Theropode, Archaeopteryx, rezenter Vogel

Federn und Flug des Urvogels

1 *Schwanzfedernabdruck des Berliner Archaeopteryx*

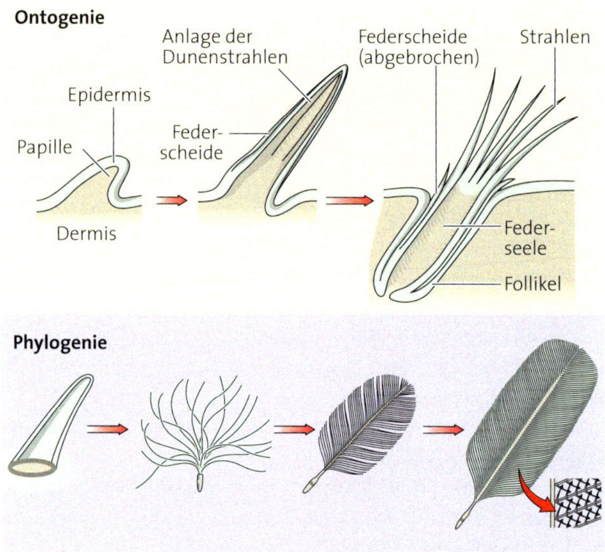

3 *Federentwicklung: Ontogenie und Phylogenie (Hypothese)*

Federn. Unter allen Merkmalen ist der Besitz von Federn das hervorragende Kennzeichen rezenter und fossiler Vögel. Lange ging man davon aus, dass Vogelfedern und Reptilienschuppen einander homolog sind. Neuere Untersuchungen an Theropoden, die in China gefunden wurden, lassen vermuten, dass es sich bei Federn möglicherweise um eine evolutionäre Neuentwicklung innerhalb der Dinosaurier handelt: Diese Theropoden besitzen verzweigte Hautstrukturen, die unterschiedlich weit entwickelte Vorstufen der Federn von Archaeopteryx und rezenten Vögeln darstellen könnten (► Bild 3). Auch wenn es sich bei der Darstellung lediglich um ein Modell handelt, weisen verschiedene Fossilfunde tatsächlich die vermuteten Stadien auf.

Fest steht mittlerweile, dass die Evolution von Federn der Evolution von Vögeln vorausging – auch wenn noch nicht ganz klar ist, welchen Nutzen diese komplexen Strukturen den landlebenden, zweibeinigen räuberischen Dinosauriern verschafften. Möglicherweise stellten Federn bzw. deren Vorgebilde eine verbesserte Wärmeisolation dar. Oder aber die Tiere erzielten damit Effekte bei der Balz, Tarnung oder Feindabwehr.

Flugfähigkeit. Die Abstammung der Vögel von zweifüßig auf dem Boden laufenden, mit Greifkrallen ausgestatteten Dinosauriern ist sehr wahrscheinlich. Zur Entstehung der Flugfähigkeit gibt es derzeit zwei Hypothesen, die die Merkmale von Archaeopteryx berücksichtigen (► Bild 2):

Die „Baumkletterer-Hypothese" geht davon aus, dass die Vorfahren von Archaeopteryx auf Bäume klettern und von dort mithilfe der Federn zu Boden gleiten konnten. Die „Bodenläuferhypothese" sieht den Ursprung in einem rennenden Zweifüßer, der in kleinen Sprüngen nach Beute jagt und seine Sprungweite durch Schlagen mit den Vorderextremitäten verbessert. Der Besitz von Federn vergrößerte die Fläche der Vorderextremität und bewirkte so einen Auftrieb.

2 *Rekonstruktionen von Archaeopteryx nach verschiedenen Hypothesen zur Entwicklung der Flugfähigkeit*

Bau und Funktion verschiedener Federtypen

Material: verschiedene Federtypen heute lebender Vögel, Mikroskopierzubehör, Schere

Durchführung: Schneiden Sie aus den Federn kleine Stücke heraus und betrachten Sie diese unter dem Mikroskop. Fertigen Sie beschriftete Zeichnungen an. Vergleichen Sie diese mit der Schwanzbefiederung von Archaeopteryx in Bild 1.

1. **Ziehen Sie Schlussfolgerungen bezüglich des Evolutionsstands und des Flugvermögens des „Urvogels" aus Ihren Untersuchungen der verschiedenen Federtypen rezenter Vögel und Ihrem Vergleich mit Archaeopteryxfedern.**
2. **Informieren Sie sich über den Feinbau der Vogelfeder und die Funktion ihrer Teile.**
3. **Beurteilen Sie aufgrund der Angaben im Text und des Skelettvergleichs auf Seite 23 die Flugfähigkeit von Archaeopteryx.**

Archaeopteryx und die Evolution der Vögel

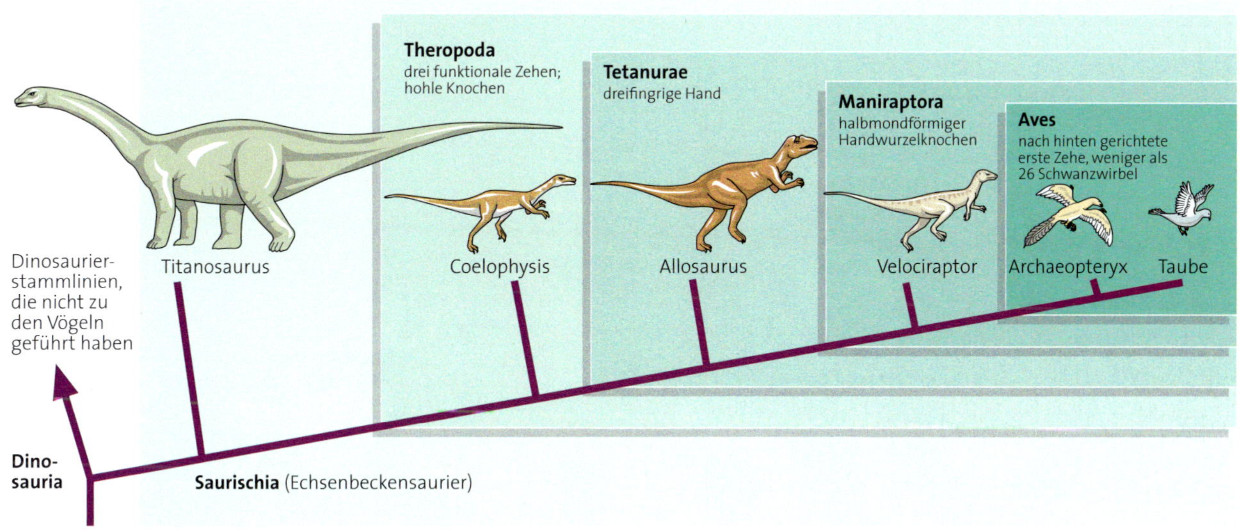

1 Stammbaum der Echsenbeckensaurier als Vorfahren der Vögel

Dass Archaeopteryx und die rezenten Vögel von Reptilien abstammen, gilt heute als gesichert. Zwei Hypothesen konkurrieren dabei:

- die Abstammung von den *Archosauriern* in der Trias (vor etwa 230 Millionen Jahren) und damit ein gemeinsamer Ursprung mit Krokodilen,
- die viel spätere Abstammung von den *Dinosauriern* der Ordnung *Saurischia* (Echsenbeckensaurier) im Jura (vor etwa 150 Millionen Jahren).

In der vergleichenden Biologie ist die phylogenetische Systematik eine Methode zur Erforschung und Darstellung verwandtschaftlicher Beziehungen. Der abgebildete Stammbaum (▶ Bild 1) stellt die Abstammung der Vögel von Dinosauriervorfahren dar. An den Verzweigungspunkten tritt jeweils eine neue Stammform mit einem oder mehreren Merkmalen auf, die in früher entstandenen Gruppen noch nicht vorhanden waren, jedoch bei allen ihren Nachkömmlingen („Synapomorphien"). Demnach gehören die Theropoden zur Abstammungsgruppe der Echsenbeckensaurier. Sie gehen auf einen Vorfahren zurück, der als Neuerung hohle Knochen und nur noch drei funktionale, nach vorn gerichtete Zehen aufwies. Von diesen stammen die Steifschwanzsaurier ab, die *Tetanurae*, aus denen die Handraubsaurier, die *Maniraptora*, hervorgingen. Die als Aves (Vögel) bezeichnete Abstammungsgruppe umfasst sowohl den Vorfahren des Archaeopteryx als auch alle seine sonstigen Abkömmlinge.

Wie entwickelte sich die Vogelwelt nach Archaeopteryx? Neuere Fossilfunde aus der Kreidezeit, vor allem aus China und Spanien, zeigen, dass die Vögel schnell verschiedene Größen, Formen und Lebensweisen entwickelt haben. Äußerlich waren immer noch Flügelkrallen und häufig bezahnte Kiefer zu sehen, beispielsweise bei dem sperlingsgroßen *Sinornis santensis* (138 Millionen Jahre). Doch im Laufe der Kreidezeit wurde das Skelett immer vogelartiger. Bei *Iberomesornis victor* (125–132 Millionen Jahre; ▶ Bild 2) gibt es bereits ein ausgeprägtes *Pygostyl*, also zu einem Steißknochen verschmolzene Wirbel als Ansatz für die Schwanzfedern, sowie Veränderungen im Flugapparat. Die meisten dieser urtümlichen Vögel starben an der Grenze zum Tertiär plötzlich aus. Aus wenigen Formen, die dieses Massensterben überlebten, entwickelte sich explosionsartig die moderne Vogelwelt.

Basisinformationen

Methoden der Klassifikation (▶ S. 12) • Massensterben (▶ S. 44/45)
molekularbiologische Methoden (▶ S. 17)

1 **Nach J. OSTROM stammen Vögel nicht nur von Dinosauriern ab, sondern sind selbst Dinosaurier. Begründen Sie diese Aussage.**

2 **DNA-Analysen zeigen, dass heute lebende Vögel und Krokodile eng verwandt sind. Stellen Sie das Prinzip dieser Untersuchungsmethode dar.**

2 Lebensbild von Iberomesornis, einem Vogel der Kreidezeit

Mechanismen der Evolution

1 *Beim Asiatischen Marienkäfer (Harmonia axyridis) – im Bild eine Paarung – sind Farbe und Zeichnung äußerst variabel. Der Käfer wurde zur Blattlausbekämpfung auch nach Europa eingeführt und verdrängt hier heimische Marienkäferarten.*

Wenn sich Lebewesen in bestimmten Merkmalen klar unterscheiden lassen, gehören sie nach unserer Erfahrung zu verschiedenen Arten. Dass diese Unterschiedlichkeit auch für alle Individuen jeder einzelnen Art gilt, hat CHARLES DARWIN als Erster in aller Deutlichkeit gesehen. Nicht von ungefähr beginnen die ersten beiden Kapitel seines bahnbrechenden Werks „On the Origin of Species" mit den Wörtern „variation" und „variability", also Verschiedenheit und Veränderlichkeit. Allerdings betreffen weitaus die meisten individuellen Verschiedenheiten unsichtbare Merkmale. Selten erscheinen sie so plakativ wie beim Asiatischen Marienkäfer. Welche biologische Bedeutung dieser Polymorphismus hat, ist nicht völlig geklärt. Möglicherweise bieten einzelne Farbmuster Vorteile im Zusammenhang mit der Überwinterung und anderen klimatischen Faktoren.

Im Blickpunkt

- Was DARWIN noch nicht wissen konnte: erweiterte Evolutionstheorie
- Populationen und die Veränderung ihrer genetischen Struktur durch Mutation und Rekombination
- Wie die Umwelt im Wirken der Selektion eine Richtung für die Evolution vorgibt
- Isolation: wodurch und wie sich Arten auseinanderleben
- Statt Angepasstheit kann auch Zufall die Evolution beeinflussen: Gendrift
- Origin of species – Artenwandel und Artentstehung 150 Jahre nach DARWIN

GRUNDLAGEN Eine überwältigende Fülle an Tatsachen belegt, dass die Vielfalt der Lebensformen auf der Erde mit ihrer großen Zahl unterschiedlich angepasster Arten das Ergebnis eines langen stammesgeschichtlichen Entwicklungsprozesses ist. Viele solcher Belege hatte bereits DARWIN beschrieben, zugleich aber auch „die Ursachen oder Mittel der Umwandlung der Arten" so erklärt, dass sie in ihren Grundzügen bis heute gültig sind.
Die von ihm entdeckten Mechanismen der Evolution sind:
- die Überproduktion von Nachkommen,
- die erblichen Variationen unter den Individuen einer Art,
- die Selektion der besser angepassten Individuen im Kampf ums Überleben.

Durch die Synthese von Erkenntnissen der Genetik und anderer Teilgebiete der Biologie wurde seine Theorie im 20. Jahrhundert zur synthetischen Evolutionstheorie erweitert. Nach dieser erweiterten Evolutionstheorie stehen die Veränderungen im Genbestand von Populationen im Mittelpunkt des Evolutionsgeschehens. In ihm wirken zufällige Prozesse wie Mutation, Rekombination oder Gendrift und kausal bestimmte Faktoren wie Selektion oder Isolation zusammen.

Da diese Mechanismen der Evolution statistischen Charakter haben und sich meist erst nach langer, von Menschen nicht überschaubarer Zeit erkennbar auswirken, erscheinen sie uns wenig anschaulich. Dennoch erklären sie, warum und wie sich Arten wandeln und neue Arten entstehen. Unabhängig davon, wie gut die Theorie das Evolutionsgeschehen erklären kann, ist die Evolution als solche eine wissenschaftlich gesicherte Tatsache.

Die erweiterte Theorie der Evolution

In ihren Kernaussagen hat die Evolutionstheorie von CHARLES DARWIN nach wie vor Bestand. Die Überproduktion an Nachkommen, die Unterschiede innerhalb der Angehörigen einer Art bzw. Population und die selektierende Bedeutung der Umwelt, in der besser angepasste Individuen eine zahlreichere Nachkommenschaft hervorbringen, sind tragende Säulen im Verständnis der Evolution geblieben. Was DARWIN noch nicht kannte, waren beispielsweise die *Ursachen für die Variabilität* und die Gesetzmäßigkeiten der Vererbung. Sein Zeitgenosse, GREGOR MENDEL, hatte hier zwar mit der Entdeckung der Vererbungsregeln die Basis für das Verständnis von Rekombination (▶ S. 28) gelegt. Die Bedeutung dieser Regeln für die Evolution wurde jedoch erst erkannt, als TH. MORGAN 1910 die Chromosomen als Träger der Erbinformation identifizierte. A. WEISMANN fand heraus, dass nur Veränderungen in der Keimbahn, also in den Geschlechtszellen, Auswirkungen auf die nächste Generation haben können und nicht Mutationen in beliebigen Körperzellen.

1908 zeigten die Mathematiker G. H. HARDY und der Mediziner W. WEINBERG, dass die Allelhäufigkeiten in einer Population nur dann konstant bleiben, wenn bestimmte ideale Bedingungen vorliegen (▶ S. 29). Unter realen natürlichen Bedingungen ändert sich aber die Häufigkeit von Allelen – ein mathematischer Hinweis auf stattfindende Evolutionsprozesse.

Angetrieben von den bahnbrechenden Erkenntnissen auf dem Gebiet der Genetik und der Stoffwechselbiologie, spaltete sich die Biologie in immer mehr Teilgebiete auf, die wiederum zur Weiterentwicklung von DARWINS Evolutionstheorie beitrugen. Um 1940 fassten der britische Zoologe J. HUXLEY, TH. DOBZHANSKY, S. WRIGHT und der deutsch-amerikanische Evolutionsbiologe E. MAYR die Beiträge der verschiedenen Teildisziplinen in der *synthetischen* oder *erweiterten Evolutionstheorie* zusammen. MAYR gab in seinem grundlegenden Werk „Artbegriff und Evolution" (1967) eine Definition des *biologischen Artbegriffs* (▶ S. 12), der evolutionsbiologisch anwendbar ist. Arten sind demnach Fortpflanzungsgemeinschaften, die von anderen reproduktiv isoliert sind, also keine gemeinsamen fruchtbaren Nachkommen haben können. Auch das stellt einen Meilenstein in der Geschichte der Evolutionstheorie dar: Bei DARWINS Vorstellung vom kontinuierlichen Artwandel finden wir keine deutlichen Einschnitte, die Arten von Arten trennen. Nach der Einführung des neuen Artbegriffs sucht man verstärkt nach *Isolationsmechanismen*, die die Fortpflanzung zwischen einzelnen Populationen unterbinden oder erschweren. Gletscherbildung kann beispielsweise eine Population in zwei Teilpopulationen trennen *(Separation)*, zwischen denen dann kein Genaustausch mehr stattfindet. Aus diesen Teilpopulationen können neue Arten entstehen wie beispielsweise Grünspecht und Grauspecht, die sich heute, nach Abschmelzen der Eiszeitgletscher, nicht mehr miteinander paaren. Ökologen erforschen die *Selektionswirkung von Umweltfaktoren* (▶ S. 32/33) und konnten beispielsweise experimentell zeigen, dass Schafgarben in Höhenlagen eine genetisch festgelegte kleinere Wuchsform aufweisen. Seit der Entdeckung der Struktur der DNA durch J. WATSON und F. CRICK 1953 versteht man, wie die Erbinformation an die Nachfolgegeneration weitergegeben wird und wie Mutationen zustande kommen. Dieses Wissen wird angewandt, um den zeitlichen Verlauf der Evolution abschätzen zu können.

Die erweiterte Evolutionstheorie bezieht also Ergebnisse nahezu aller Biowissenschaften mit ein und beschreibt Evolution als einen geschichtlichen Prozess, in dem Arten entstehen und vergehen. Umgekehrt liefert sie für viele Beobachtungen in den Teildisziplinen (bio)logische Erklärungen und ist deshalb zurzeit die umfassendste biologische Theorie.

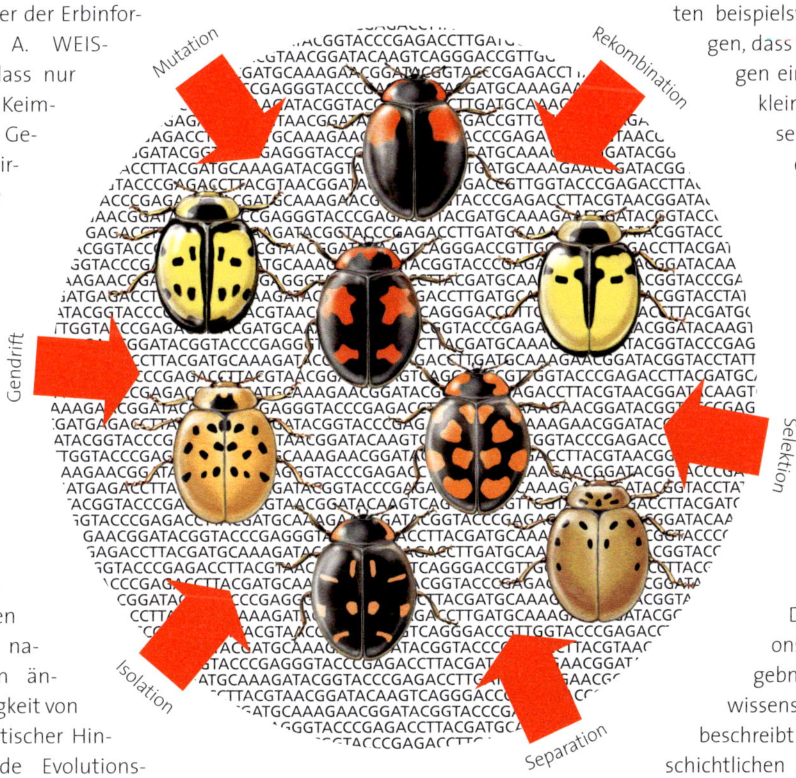

1 Die Evolutionsfaktoren wirken auf den Genpool einer Population.

❶ **Die Aussage DARWINS, dass die Nachkommen untereinander nicht vollkommen gleich sind, sondern eine bestimmte Variationsbreite zeigen, war zur damaligen Zeit nicht verständlich. Erklären Sie, durch welche Forschungsergebnisse man den scheinbaren Widerspruch „Gleiches bringt Gleiches hervor – aber nicht exakt" schließlich auflösen konnte.**

❷ **Erläutern Sie die Bedeutung des biologischen Artbegriffs im Hinblick auf die Geschichte der Evolutionstheorie.**

❸ **Stellen Sie die Unterschiede zwischen der Evolutionstheorie nach CHARLES DARWIN und der erweiterten Theorie der Evolution heraus.**

Populationen und ihre genetische Struktur

1 *Gehäuse von Hainbänderschnecken einer Population*

Die erweiterte Evolutionstheorie sieht vor allem die Population – nicht wie DARWIN die Art – und deren genetische Struktur im Zentrum des Evolutionsgeschehens. Evolution findet nicht erst dann statt, wenn sich äußerlich sichtbare Merkmale geändert haben, Evolution ereignet sich, wenn sich in einer Population die *Häufigkeiten von Allelen und Genen* ändern.

Die Gehäuse der Hainbänderschnecken in Bild 1 wurden im Umkreis von wenigen Hundert Metern am Rand eines Laubmischwalds gesammelt. An ein und demselben Standort kann man Schnecken mit unterschiedlicher Färbung und Bänderung des Gehäuses finden. Alle Individuen dieses Lebensraums sind Mitglieder einer *Population*. Darunter versteht man eine Gruppe artgleicher Individuen, die zur gleichen Zeit in einem begrenzten Verbreitungsgebiet leben und sich ohne Einschränkungen untereinander fortpflanzen, also Gene austauschen können. Die Gesamtheit der Gene einer Population stellen deren Genpool dar. Das einzelne Individuum trägt immer nur einen Teil der Allele des gesamten Genpools. Die Häufigkeit, mit der bestimmte Allele in der Population vertreten sind, wird als *Allelfrequenz* bezeichnet.

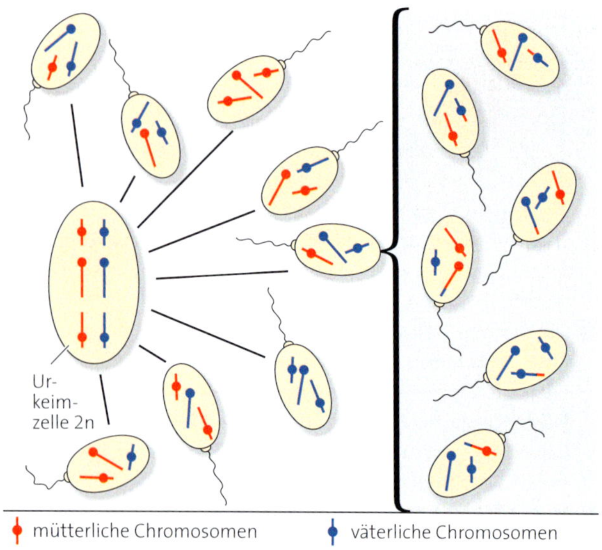

2 *Genetische Vielfalt durch Rekombination. Ohne Crossing-over (links) ergeben sich 2^n Keimzellen-Genotypen. Jedes Crossing-over potenziert diese Zahl.*

Die Allelfrequenz beeinflusst, wie oft bestimmte Genotypen und damit auch Phänotypen innerhalb der Population vorkommen.

Die Gesamtheit aller Genotypen, die *Genotypenfrequenz*, wird auch als *genetische Struktur* einer Population bezeichnet.

Variation. Bei der Hainbänderschnecke sind die Variationen des Gehäuses genetisch bedingt. Man spricht deshalb von *genetischer Variation*. Von den Genen, die für Farbe und Bänderung verantwortlich sind, gibt es jeweils mehrere verschiedene Allele. Wenn Umwelteinflüsse die Ausprägung von Merkmalen beeinflussen, spricht man dagegen von phänotypischer Variation. Für diese *phänotypische Variation* können unter anderem Klima- und Bodenverhältnisse, Nahrungsangebot und mechanische Faktoren von Bedeutung sein.

Das Vorkommen genetisch verschiedener Individuen innerhalb einer Population heißt *Polymorphismus*. Diese genotypische Variabilität innerhalb der Populationen ist die Grundlage für die evolutive Anpassung einer Art an die besonderen und wechselnden Bedingungen ihrer Umwelt.

Mutation. Vererbung beruht darauf, dass die Erbinformation identisch verdoppelt und weitgehend fehlerfrei an die Nachkommen weitergegeben wird. In seltenen Fällen kommt es dabei zu Fehlern, den *Mutationen*. Wenn durch Mutation eine neue genetische Information entsteht, vergrößert sich der Genpool einer Population und damit gleichzeitig ihre genetische Variabilität. Letztlich ist Mutation der basale, Neues schaffende Faktor der Evolution. Durch Mutationen entsteht gewissermaßen das „Material" (neue Allele), das durch Selektion „geformt" wird (Änderung der Allelfrequenz).

Rekombination. Geschlechtliche Fortpflanzung ermöglicht die Neukombination von Allelen. Man spricht von *Rekombination*. Beispielsweise werden bei der geschlechtlichen Fortpflanzung der Hainbänderschnecke die verschiedenen Allele der für Farbe und Bänderung verantwortlichen Gene immer wieder neu kombiniert. Die homologen Chromosomen, die verschiedene Allele tragen können, werden bei der Keimzellbildung getrennt und nach Zufall auf die entstehenden Keimzellen verteilt. Durch *Crossing-over* während der Meiose wird die Zahl möglicher Kombinationen noch erhöht.

Bei der Befruchtung werden Keimzellen mit unterschiedlichen *Allelkombinationen*, also väterliches und mütterliches Erbgut, ein weiteres Mal neu kombiniert. Immer wieder neue Allelkombinationen erzeugen neue Phänotypen.

Rekombinationen allein führen nicht zur Evolution. Ihre Bedeutung für die Evolution liegt vielmehr darin, dass sie immer neue Genotypen und Phänotypen hervorbringen, die der jeweiligen Umwelt mehr oder weniger gut angepasst sind. Wie groß das mögliche Rekombinationspotenzial ist, wird durch die folgende Rechnung deutlich: Der Mensch besitzt 23 Chromosomenpaare ($2n = 46$). Bei der Bildung der Gameten sind somit bei jedem Menschen $2^{23} = 8\,388\,608$ verschiedene Kombinationen seiner Chromosomen möglich. Bei der Vereinigung von Eizelle und Spermium ergeben sich dann für jedes Elternpaar $2^{23} \cdot 2^{23} = 70{,}36$ Billionen Möglichkeiten. In dieser Rechnung ist Crossing-over, das beim Menschen etwa zweimal je Chromosom vorkommt, noch nicht berücksichtigt. Verglichen mit den eher selten auftretenden Mutationen, trägt die *Rekombination offensichtlich viel mehr zur genetischen Variabilität* und damit letztlich auch *zur Evolutionsgeschwindigkeit* bei. Zwar werden nie alle Allele an die nächste Generation weitergegeben. Ebenso wenig ist aber sicher, dass neu aufgetretene Mutationen in der Abstammungslinie erhalten bleiben.

Populationsgenetik. Mit der Häufigkeitsverteilung von Genen in einer Population und den Veränderungen im Genpool befasst sich die *Populationsgenetik*. Der Genpool einer natürlichen Population ist nie stabil. Er ändert sich ständig durch Zu- oder Abwanderung, Mutationen, ungleiche Paarungswahrscheinlichkeiten, Zufallsschwankungen, unterschiedliche Überlebenschancen und damit verbunden verschiedene Nachkommenzahlen der einzelnen Individuen (= Selektion).

Auf der Ebene einer Population ist die Veränderung der Allel- oder Genotypenfrequenz ein Evolutionsvorgang. Ein Wandel der genetischen Struktur von Generation zu Generation bedeutet Evolution in kleinstem Maßstab, man spricht von *Mikroevolution*.

[Z] In Idealpopulationen lassen sich die Allelfrequenzen berechnen. Unter bestimmten Bedingungen kann man die Allelfrequenzen berechnen. Für eine solche „Idealpopulation" trifft man folgende Grundannahmen:

- Zu- oder Abwanderung findet nicht statt.
- Es treten keine Mutationen auf.
- Zufallsschwankungen spielen keine Rolle.
- Die Wahrscheinlichkeit für die Paarung beliebiger Partner ist gleich groß.
- Allelkombinationen wirken sich nicht auf die Überlebenswahrscheinlichkeit und Fortpflanzungsrate ihrer Träger aus, Selektion erfolgt somit nicht.

Nur unter diesen Bedingungen bleiben die Allelfrequenzen konstant und können berechnet werden.

[Z] Praktische Anwendung. Obwohl solche Berechnungen streng genommen nur für ideale Populationen gelten, lassen sich damit näherungsweise auch Allelhäufigkeiten (p für das dominante, q für das rezessive Allel) in natürlichen Populationen berechnen. So wird beispielsweise eines von 10 000 Kindern in Deutschland mit der Stoffwechselkrankheit Phenylketonurie (PKU) geboren, die durch ein rezessives Allel verursacht wird. Demnach entspricht die Häufigkeit der PKU-Kranken $q^2 = 0{,}0001$, da das Zusammentreffen zweier rezessiver Allele in der Zygote voneinander unabhängige Ereignisse sind. Daraus ergibt sich $q = \sqrt{0{,}0001} = 0{,}01$. Die Häufigkeit des dominanten Allels ist $p = 1 - q = 0{,}99$. Die Häufigkeit heterozygoter Überträger der Krankheit berechnet sich aus $2pq = 2 \cdot 0{,}99 \cdot 0{,}01 = 0{,}0198$. Also tragen knapp 2 % der deutschen Bevölkerung das PKU-Allel.

[Z] Grenzen des Modells. Die Modellrechnung sieht keine Änderungen der Allelfrequenzen vor: p und q bleiben konstant, wie in den Grundannahmen vorgegeben. Das Modell kann daher auch keine Evolutionsprozesse beschreiben. Man kann aber damit mathematisch zeigen, dass in der Natur Evolutionsprozesse stattfinden müssen, da die Bedingungen für eine ideale Population nicht vorliegen. In natürlichen Populationen verändern vielmehr verschiedene Faktoren ständig die Allelhäufigkeit. Diese Evolutionsfaktoren sind die Ursachen der Evolution: Mutation (▶ S. 28), Selektion (▶ S. 30), Isolation (▶ S. 34) und Gendrift (▶ S. 36).

NACHGEHAKT

Evolutionsgeschwindigkeit und molekulare Uhren

Auf der Ebene einer Population bedeutet Evolutionsgeschwindigkeit die Veränderung der Allel- oder Genotypenfrequenz pro Zeiteinheit. An ihr hat bei sich sexuell fortpflanzenden Lebewesen die Rekombination insofern großen Anteil, als dadurch immer neue Allelkombinationen und damit neue (Genotypen und) Phänotypen entstehen, auf die dann Umweltfaktoren einwirken können (Selektion ▶ S. 30).

Um Evolutionsgeschwindigkeiten einzuschätzen, standen lange nur indirekte Methoden zur Verfügung, zum Beispiel gut datierbare Fossilbelege aus einer Verwandschaftsgruppe. Heute gibt es auch direkte, molekularbiologische Methoden: Von bestimmten Genen kennt man die Mutationsraten recht genau und kann begründet annehmen, dass sie über geologische Zeiträume hinweg weitgehend konstant geblieben sind. Vergleicht man nun die Nucleotidsequenzen dieser „molekularen Uhren" bei verschiedenen Arten, kann man einen Stammbaum zeitlich grob festlegen. Da verschiedene DNA-Abschnitte auch unterschiedliche Mutationsraten aufweisen (also unterschiedlich schnell „ticken"), können sowohl jüngere als auch sehr alte evolutive Aufspaltungen zeitlich eingeordnet werden. Beispielsweise führten Vergleiche der schnell evoluierenden, nur mütterlicherseits vererbten Mitochondrien-DNA des Menschen zu der Hypothese, dass alle heute lebenden Menschen von einer Frau abstammen, die vor ungefähr 200 000 Jahren in Afrika lebte. Umgekehrt zeigt der Vergleich von langsam evoluierenden, entwicklungssteuernden Genen (HOX-Genen) bei Wirbellosen, dass viele dieser Tierstämme offenbar vor 0,8 bis 1,2 Milliarden Jahren entstanden sind.

Beispiel: Datierung des Ursprungs von HIV. Da das HI-Virus sehr rasch evoluiert, weichen Virusproben selbst dann voneinander ab, wenn Patienten im Abstand von nur wenigen Jahren mit HIV infiziert wurden. Forscher verglichen nun DNA-Sequenzen eines bestimmten HIV-Gens aus verschieden alten Proben (▶ Bild 1, blaue Punkte) und konnten so die „Taktfrequenz" ihrer „molekularen Uhr" bestimmen. Das HI-Virus trat demnach beim Menschen erstmals in den 30er Jahren des 20. Jahrhunderts auf.

1 Die Anwendung „molekularer Uhren" zur Datierung wird häufig kritisiert. Nennen Sie die Voraussetzungen, die dafür erfüllt sein müssen, und diskutieren Sie, wann das der Fall ist.

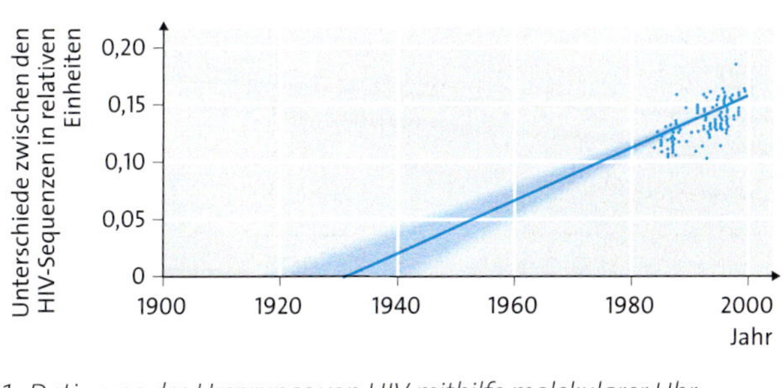

1 Datierung des Ursprungs von HIV mithilfe molekularer Uhr

Selektion

Mutation und Rekombination bewirken die Vielfalt der Individuen innerhalb einer Population. Beide sind zufällige Ereignisse, die eigentlich dazu führen müssten, dass die Variabilität ständig zunimmt. Dem aber wirken Einflüsse der Umwelt als *natürliche Auslese* oder *Selektion* entgegen: Die *natürliche Selektion gibt der Evolution eine Richtung*.

Eine Population steht einerseits unter *Mutationsdruck*, andererseits unter *Selektionsdruck*. Beide verändern zusammen mit der Rekombination die Allelhäufigkeit im Genpool. Durch Mutation und Rekombination geschieht dies richtungslos, durch Selektion in eine bestimmte Richtung. Dabei setzt die Selektion am Phänotyp an. Diejenigen Individuen, die besser mit den gegebenen Umweltbedingungen zurechtkommen, können mehr Nachkommen erzeugen. Dadurch bringen sie mehr von ihren Allelen in den Genpool ein, verändern die Allelfrequenz also zu ihren Gunsten.

Den Beitrag, den ein Individuum zum Genpool der Population leistet, ist seine *Fitness* oder Tauglichkeit. Das Maß für die Fitness ist der Fortpflanzungserfolg und somit an der Anzahl der Nachkommen messbar. Ursachen unterschiedlicher Fitness sind Unterschiede in der Lebenserwartung, der Fortpflanzungsrate und in der Fähigkeit, einen Geschlechtspartner zu finden. Umgekehrt bezeichnet man die Abweichung der mittleren Fitness von derjenigen des besten Genotyps als die *genetische Bürde* einer Population.

Birkenspanner – natürliche Selektion in Aktion. Vom Birkenspanner *(Biston betularia)* gibt es eine helle und eine dunkle Form (▶ Bild 1). Für die Färbung der dunklen Birkenspanner ist ein dominant wirkendes Allel verantwortlich, das die Bildung des Farbstoffs Melanin bewirkt. Auf einer mit Flechten bedeckten Birkenrinde ist die hellere Form des Schmetterlings kaum zu entdecken, die dunkle Form fällt dagegen sofort auf. Dunkel gefärbte Birkenspanner waren daher früher sehr selten, da sie von Vögeln leicht erbeutet wurden. Die Umweltbedingungen änderten sich aber mit der Ausdehnung der Industriereviere, in denen es zum Absterben der Flechten auf rußverschmierten Birkenrinden kam. Dunkel gefärbte Birkenspanner wurden nun häufiger und breiteten sich stark aus. Man spricht von *Industriemelanismus*.

1 Birkenspanner – dunkle und helle Form

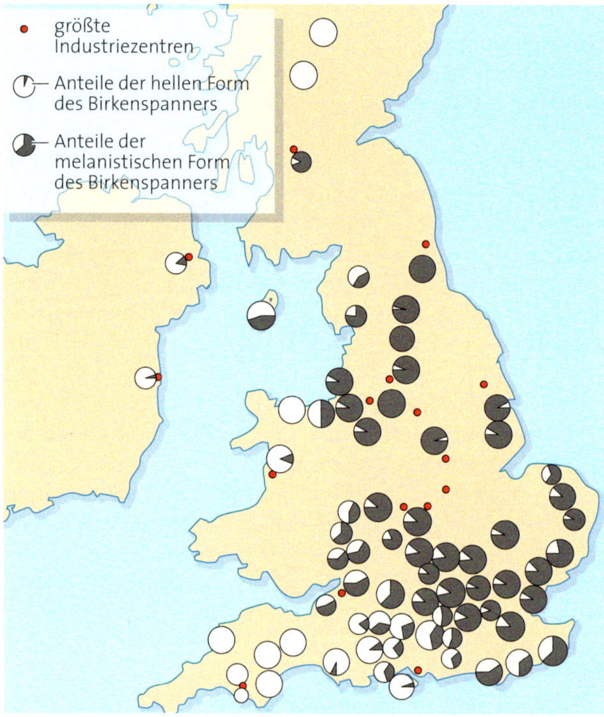

2 Formen des Birkenspanners in Großbritannien und Irland

Die Landkarte (▶ Bild 2) zeigt die Verteilung der hellen und dunklen Form in Großbritannien und Irland. Unter dem Einfluss der vorherrschenden Westwinde ist die Luft in ländlichen Regionen deutlich sauberer, entsprechend findet man dort mehr hell gefärbte Birkenspanner.

Filteranlagen führten in den letzten Jahren zum Rückgang der Rußpartikel in der Luft, helle Birkenrinde wird wieder häufiger. Dementsprechend ändert sich der Selektionsdruck erneut, helle Formen sind wieder im Vorteil.

Natürliche Selektion erfolgt also immer durch Wechselwirkung zwischen der in einer Population vorhandenen Variabilität und der Umwelt. Selektion ist gleichbedeutend mit dem Erfolg im Überleben in einer bestimmten Umwelt, die Anpassung an diese Umwelt ist ihr Produkt.

Balancierter Polymorphismus – der Kompromiss bei der Selektion. Die natürliche Selektion kann die Variabilität einer Population verringern. Andererseits kann die Selektion selbst die Variabilität erhalten. In diesem Fall spricht man von *balanciertem Polymorphismus*.

Ein Beispiel dafür liefert eine afrikanische Finkenart, der Purpurastrild. Innerhalb einer Population findet man Finken mit deutlich verschiedenen, großen und kleinen Schnäbeln. Vögel mittlerer Schnabelgröße fehlen. Die kleinschnäbeligen Vögel fressen weiche Samen, die mit großem Schnabel sind auf das Knacken harter Samen spezialisiert. Ein mittlerer Schnabel könnte keine der beiden Samenformen effizient knacken. Die Verschiedenheit der Umwelt, in diesem Fall die Nahrung, selektiert Vögel mit unterschiedlichem Schnabel, erhält oder „balanciert" also das verschiedengestaltige (polymorphe) Merkmal.

Wirken der Selektion

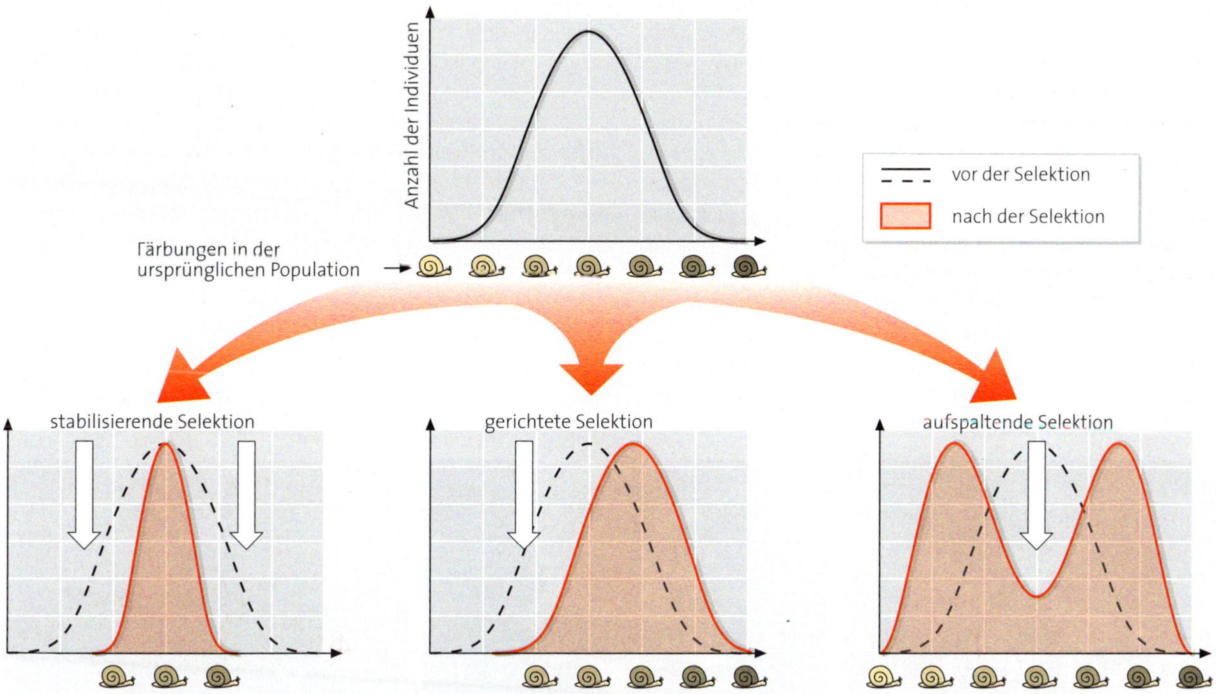

1 Wirkungsweisen der Selektion. Selektionsdruck kann Anpassungen erhalten oder in verschiedene Richtung verändern.

Stabilisierende Selektion verhindert Wandel. Ist eine Population gut an ihre Umwelt angepasst, sind neu auftretende, abweichende Mutanten in so gut wie allen Fällen schlechter angepasst. Sie können sich in der Population nicht durchsetzen, der Genpool der Population bleibt konstant, die durchschnittliche Fitness erhalten. Stabilisierende Selektion ist für die *relative Konstanz der Lebewesen* verantwortlich.

Fällt die stabilisierende Selektion weg, weil bestimmte Selektionsfaktoren unwirksam werden, können biologische Strukturen ihre Funktion verlieren und degenerieren. So sind viele Höhlentiere blind und farblos, da fehlendes Sehvermögen und fehlende Pigmentierung in ständiger Dunkelheit keine Auslesewirkung besitzen. Ähnliches gilt für Merkmale von Haustieren und Kulturpflanzen, die durch die Obhut des Menschen der stabilisierenden Selektion entzogen sind.

Gerichtete Selektion verändert Populationen. Ändern sich die Umweltverhältnisse oder ist eine Population noch nicht optimal an ihre jetzige Umwelt angepasst, können neu auftretende Phänotypen bevorzugt sein. Der Selektionswert vorhandener Allele verändert sich und damit der Genpool. Die Population wandelt sich nach und nach, Evolution findet statt. Gerichtete Selektion ist für die *allmähliche Artumwandlung* verantwortlich.

Aufspaltende Selektion trennt Populationen. In manchen Fällen sind Populationen einem Selektionsdruck ausgesetzt, durch den die häufigen Formen benachteiligt sind und die seltenen Phänotypen mit extremer Merkmalsausprägung Vorteile haben. Die Teilpopulationen entwickeln sich unterschiedlich weiter. Aufspaltende Selektion ist für die *Trennung von Populationen* mitverantwortlich.

Selektion bewirkt keine Variation. Gibt man eine stark verdünnte Aufschwemmung von Coli-Bakterien auf den Nährboden einer Kulturschale, entwickeln sich nach einiger Zeit Bakterienkolonien, die mit bloßem Auge sichtbar sind. Mit einem Samtstoff, der leicht auf den Nährboden gedrückt wird, kann man die Kolonien auf andere Kulturplatten überstempeln, wo sich neue Kolonien in gleicher Anordnung entwickeln. Nimmt man nun mehrere Kulturplatten, die das Antibiotikum Streptomycin im Nährboden enthalten, entwickeln sich nur vereinzelt neue Kolonien, aber auf allen Platten an jeweils gleicher Stelle. Da das Verteilungsmuster der Kolonien bei allen Überstempelungen gleich ist, wird deutlich, dass durch Streptomycin nur solche Bakterien selektiert werden, die schon auf der Ursprungsplatte gegen Streptomycin resistent waren und dieses Merkmal nicht erst im Kontakt mit dem Antibiotikum entwickelten. Das Allel für die Streptomycinresistenz gehörte also bereits zum Genbestand der Bakterien, spielte aber in einer Umwelt ohne Streptomycin keine Rolle. Erst nach der Anwendung des Antibiotikums erlangten seine Träger einen Selektionsvorteil.

Man spricht in solchen Fällen von *Prädisposition* oder *Präadaptation*. Sie ist für die Evolution von großer Bedeutung. Bei diploiden Lebewesen können rezessive Allele in heterozygoten Trägern lange der Selektion entzogen sein. Ändern sich dann irgendwann die Umweltbedingungen, können sie dann dem homozygoten Träger einen Selektionsvorteil verschaffen.

---

1 Analysieren Sie das Beispiel des Industriemelanismus beim Birkenspanner Biston betularia auf die dabei wirksam werdende Selektionsform.

Selektionsfaktoren

Die Umwelt stellt an jedes Lebewesen Anforderungen, die über seine Eignung entscheiden. Dabei setzt die natürliche Auslese am Phänotyp des Individuums an, also an seinen Merkmalen. Damit sind nur solche Gene betroffen, die sich ausprägen.

Abiotische Umweltfaktoren als Selektionsfaktoren. Darunter sind Einwirkungen der unbelebten Umwelt zu verstehen wie Kälte, Hitze, Trockenheit, Feuchtigkeit, Salzgehalt oder Lichtmangel.

Beispiel Kerguelen-Fliege. Die Kerguelen sind eine vulkanische Inselgruppe im südlichen Indischen Ozean. Auf den kleinen, baumlosen Inseln, die teilweise vereist sind, herrschen ständig starke Stürme. Zu den wenigen dort lebenden Tierarten gehört die Kerguelen-Fliege, die sich durch verkümmerte Flügel vom normalen Fliegentyp unterscheidet. Für fliegende Insekten wäre die Gefahr sehr groß, bei einer der zahllosen Windböen auf den Ozean und damit in den sicheren Tod getrieben zu werden.

Schmetterling von einem Fressfeind beunruhigt, klappt er blitzartig die Vorderflügel zur Seite und präsentiert die leuchtend blauen Augenflecken auf seinen Hinterflügeln. Der Angreifer schreckt vor der harmlosen Beute zunächst zurück und diese Schrecksekunde nutzt der Falter zur Flucht.

Beispiel Hornissenschwärmer. Der wehrlose Hornissenschwärmer, ein Schmetterling, ahmt in seiner Färbung eine Hornisse nach. Damit täuscht er seine Fressfeinde, die beide Arten nicht ohne Weiteres auseinanderhalten können. Die von HENRY W. BATES entdeckte Nachahmung einer anderen, oftmals giftigen oder wehrhaften Art wird als *Mimikry* bezeichnet. Vorteile in diesem System hat üblicherweise der Nachahmer. Der Selektionsdruck wirkt in Richtung einer immer vollkommeneren Täuschung des Signalempfängers. Diese kann auf vererbtem oder erlerntem Verhalten beruhen.

1–6 Selektion setzt am Phänotyp an. Manche Merkmale lassen sich auf die Wirkung bestimmter Selektionsfaktoren zurückführen. Von links und oben: Abendpfauenauge, Fingerhut, Hornisse, Hornissenschwärmer, Birkhahn und Muntjak

Biotische Umweltfaktoren als Selektionsfaktoren. Dies sind Einflüsse, die von anderen Lebewesen ausgehen. Man unterscheidet *zwischenartliche Selektion*, wenn beispielsweise Fressfeinde oder Parasiten (also Angehörige einer anderen Art) auf eine Population einwirken, und *innerartliche Selektion*, wenn Angehörige einer Population einander Konkurrenz um Nahrung, Geschlechtspartner oder Brutreviere machen.

Beispiel Abendpfauenauge. Das Abendpfauenauge *(Smerinthus ocellata)*, ein Nachtfalter, ist am Tag durch die braune Färbung seiner Vorderflügel gut getarnt. In Ruhestellung auf der Baumrinde sind die Vorderflügel über die Hinterflügel gelegt. Wird der

Beispiel Fingerhut. Die tiefen Blütenröhren des Fingerhuts sind auffällig gefärbt, innen mit deutlich umrandeten Farbflecken. Der Eingang zur Blütenröhre ist als Landestelle für Insekten ausgebildet. Auf der Suche nach Nektar kriechen vor allem Hummeln entlang der Farbmale in die Blütenröhre. Dabei berühren sie Staubgefäße und Narben und führen so die Bestäubung der Blüten herbei. Durch Nektar aus Nektardrüsen am Blütenboden belohnt, fliegen sie zur nächsten Blüte, in der Regel von der gleichen Pflanzenart.

Insekt und Fingerhut profitieren von der gegenseitigen Beziehung. Diese *Symbiose* ist das Ergebnis wechselseitiger Anpassung. Man spricht von *Koevolution* (► S. 46).

Sexuelle Selektion. Selektion, die auf der *Variabilität der sekundären Geschlechtsmerkmale* basiert, führt zu einem abweichenden Erscheinungsbild von Männchen und Weibchen. Man spricht von *Sexualdimorphismus*, der sich oft in einem deutlichen Größenunterschied der beiden Geschlechter, aber auch in anderen Merkmalen wie Färbung oder der Ausbildung auffälliger Signalstrukturen zeigt.

Beispiel Birkhuhn. Birkhähne führen eine Gruppenbalz durch, bei der selbst erzeugte Geräusche, die weißen Unterschwanzfedern und die nackten, blutroten Hautwülste über den Augen als Balzsignale eine entscheidende Rolle spielen. Anfliegende Birkhennen wählen ranghohe Hähne aus und lassen sich von diesen begatten. Die Wahl der Weibchen erfolgt nicht bewusst, sondern hängt davon ab, wie stark Färbung und Verhalten der Männchen als Signale bei den Weibchen wirksam sind.

So kommt es zu einer *sexuellen Selektion* oder *geschlechtlichen Zuchtwahl*, die jene Verhaltensweisen und Strukturen bevorzugt, die im Dienst der Werbung stehen. Solche teilweise extrem ausgebildeten sekundären Geschlechtsmerkmale sind im Allgemeinen nur bei den Männchen entwickelt. Als Signale an die Artgenossen (▶ S. 106) haben die Merkmale meist eine doppelte Funktion: Zum einen sollen sie Weibchen anlocken, zum anderen männliche Rivalen einschüchtern. Weibchen zeigen demgegenüber häufig eine schlichte Schutzfärbung, was wiederum bei der Brutpflege von Vorteil ist.

Beispiel Hirsche. Ursprüngliche Hirsche wie der Muntjak haben ein wenig entwickeltes Geweih. Sie verwenden beim innerartlichen Rivalenkampf ihre Eckzähne. Die höher entwickelten Hirsche wie unser Rothirsch setzen nur noch ihr mit vielen Sprossen versehenes Geweih ein, die Eckzähne sind völlig zurückgebildet. Beim eiszeitlichen Riesenhirsch hat sich das Geweih wahrscheinlich durch sexuelle Selektion zu einem Riesenwuchs mit einer Spannweite bis zu 4 m entwickelt. Als in der Nacheiszeit wieder dichte Wälder wuchsen, überwogen die Nachteile eines solchen Geweihs. Der Riesenhirsch starb aus.

Die sexuelle Zuchtwahl ist eine Spezialform der natürlichen Selektion. CHARLES DARWIN stellte sie dieser sogar gegenüber und wies ihr eine besondere Bedeutung zu. Auch für sie gilt jedoch, dass derjenige Phänotyp selektionsbegünstigt ist, der den größeren Anteil an Genen in den Genpool der nächsten Generation einbringt. Besonders auffällige sexuelle Auslöser können die Überlebenschance auch mindern. Also stellen sie Kompromisse dar zwischen den Vorteilen der geschlechtlichen Zuchtwahl und den Nachteilen in der Anpassung an andere Umweltfaktoren. Insofern ist es schwierig, die Rolle der sexuellen Selektion richtig einzuschätzen.

Sicher aber kommt den Weibchen bei der Entstehung des Sexualdimorphismus eine wichtige Rolle zu. Wählt ein Weibchen einen Partner aufgrund eines bestimmten Merkmals, dann sorgt es dadurch für das Fortbestehen genau jener Allele, die für die phänotypische Ausprägung des entsprechenden Merkmals verantwortlich sind und aufgrund derer das Weibchen seine Auswahl getroffen hat.

Künstliche Zuchtwahl. Der Mensch nutzt seit der Jungsteinzeit das Verfahren der *künstlichen Auslese*, um aus Wildformen Haustiere oder Nutzpflanzen zu züchten. Hier ist es der Züchter, der diejenigen Individuen mit den erwünschten Merkmalen ausliest und zur Weiterzucht verwendet. Von größter Bedeutung sind Züchtungserfolge für die Sicherstellung der Ernährung einer weiter wachsenden Weltbevölkerung.

1 Verschiedene Haustaubenrassen, die von der Felsentaube abstammen und bereits von DARWIN beschrieben wurden

Beispiel Taubenrassen. Die Züchtung der Haustauben aus Wildtauben war für DARWIN ein Modell für die Veränderlichkeit und den Wandel der Arten in der Natur, „dass Arten im Naturzustand in gerader Linie von anderen Arten abstammen". Es gelang ihm, durch Kreuzung verschiedener Taubenrassen eine Form zu erhalten, die der wild lebenden Felsentaube sehr ähnlich sah. Also müssen die Haustauben noch Erbanlagen ihrer Vorfahren besitzen.

Am Beispiel der Haustaube, aber auch vieler anderer Nutztier- und Kulturpflanzenarten zeigt sich, wie stark und wie schnell Körpermerkmale durch künstliche Auslese verändert werden können. Alle rund 150 heute vorkommenden Rassen der Haustaube gehen auf eine Wildform, die aus dem Mittelmeergebiet stammende Felsentaube, zurück. Innerhalb von nur 300 Jahren wurden die unterschiedlichsten Varianten gezüchtet. Die Variationen umfassen hier sowohl die Körperformen (▶ Bild 1) als auch die Verhaltensweisen. So werden Brieftauben beispielsweise auf Fluggeschwindigkeit ausgelesen und auf ihre Fähigkeit, wieder in den Taubenschlag zurückzufinden.

---

1 **Das Dromedar ist an ein Leben in Hitze und Trockenheit angepasst, der Eisbär an ein Leben in Eis und Kälte. Deuten Sie auffällige Besonderheiten im Körperbau der beiden Tierarten als Anpassungen an die abiotischen Faktoren ihres jeweiligen Lebensraums.**

2 **Die Kerguelen-Fliege unterscheidet sich vom normalen Fliegentyp der übrigen Welt durch ihre verkümmerten Flügel. Erklären Sie das Zustandekommen dieser besonderen Fliegenform.**

3 **Wie die Augenflecke des Abendpfauenauges haben in der Natur auch andere Muster, Formen und Farben eine biologische Funktion. Nennen Sie Beispiele und analysieren Sie diese im Hinblick auf deren Auslesewirkung.**

Isolation

Die Unterbindung der Paarung, wie sie für Angehörige verschiedener Arten typisch ist, aber auch zwischen den Individuen einer Art oder Population entstehen kann, bezeichnet man als *Isolation*. Ist ein ungehinderter Genaustausch oder Genfluss zwischen Lebewesen nicht mehr möglich, wirken Mutation und Selektion in jeder der isolierten Fortpflanzungsgemeinschaften unterschiedlich, die Rekombination zwischen ihnen ist unterbunden. Jede Teilpopulation schlägt mit ihrem isolierten Genpool einen eigenen evolutiven Weg ein.

Zwar kann die gerichtete Selektion in langen Zeiträumen Lebewesen so verändern, dass sich Arten wandeln. Damit aus einer Ausgangsart aber zwei oder mehr Arten entstehen können, ist genetische Isolation die Voraussetzung.

Separation. Häufig ist der entscheidende Schritt bei der Abspaltung einer Teilpopulation, der den Genfluss zur Elternpopulation unterbindet, eine als *Separation* bezeichnete *räumliche Trennung*. Sie beruht auf geologischen Ereignissen wie Inselbildung oder Kontinentalverschiebung, auf klimatischer Grenzziehung beispielsweise durch eiszeitliche Vergletscherung oder auf Trennung durch unbesiedelbare Räume wie Wüsten, Tundren und Polargebiete. Auch Verdriftung, Verschleppung oder Auswanderung sind Separationsereignisse. Selbst ein sehr großes Verbreitungsgebiet schränkt die Wahrscheinlichkeit für die Paarung beliebiger Partner und damit den Genfluss so wirksam ein, dass sich Randpopulationen eigenständig entwickeln.

Beispiel Erdhörnchen am Grand Canyon. Auf beiden Seiten des Grand Canyons im Süden der USA leben Erdhörnchen. Die Südhörnchen sind größer und besitzen einen längeren Schwanz als die gegenüber lebenden Nordhörnchen, deren Schwanzunterseite weiß gefärbt ist. Beide haben eine gemeinsame Stammform. Während beispielsweise Vögel die geringe Entfernung von wenigen Kilometern zwischen den Canyonrändern leicht überwinden können, ist dies den Erdhörnchen nicht möglich. So entwickelten sich durch Unterbindung der genetischen Rekombination im Laufe der Zeit aus den beiden räumlich getrennten (separierten) Teilpopulationen zwei verschiedene Arten.

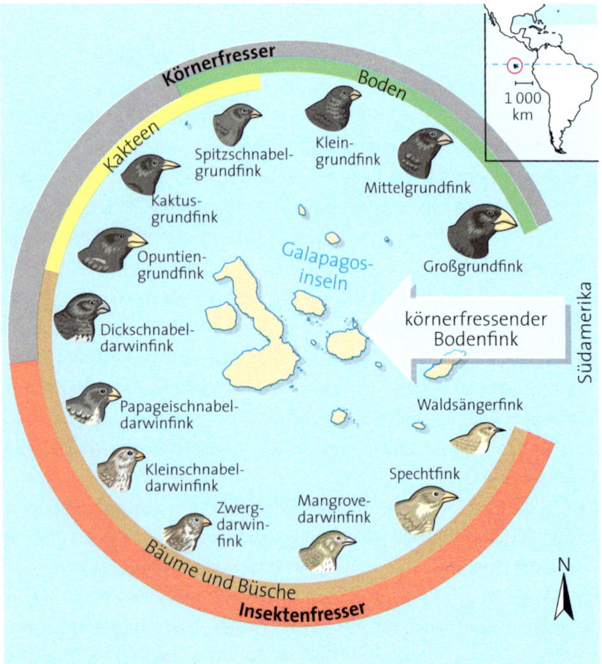

1 Darwinfinken auf den Galapagosinseln

Beispiel „Zwillingsspechte". Grünspecht und Grauspecht leben in lichten Laubwäldern sowie auf Baumwiesen und unterscheiden sich im Aussehen und im anderen Merkmalen nur wenig. Der Grünspecht sucht seine Nahrung, besonders Ameisen, vor allem am Boden, der Grauspecht ist etwas mehr an Bäume gebunden. Die gemeinsame Stammform beider Arten lebte vor der Eiszeit in Europa als einheitliche Population. Durch die eiszeitlichen Gletschervorstöße wurden zwei Teilpopulationen getrennt, ein Genaustausch zwischen beiden war für lange Zeit nicht mehr möglich. Nach Abschmelzen der Gletscher war aus der östlichen Population der Grauspecht entstanden, aus der westlichen der Grünspecht. Sie sind sich so ähnlich, dass man von *Zwillingsarten* spricht. Dennoch sind sie genetisch isoliert und in ihren Lebensansprüchen so verschieden, dass die Konkurrenz zwischen ihnen eine Verbreitung im gleichen Gebiet erlaubt.

Beispiel Darwinfinken auf Galapagos. Die Galapagosinseln liegen in Äquatornähe 1 000 km westlich von Südamerika. Die vulkanischen Inseln sind zwischen 5 und 1 Million Jahre alt. Auf die zunächst kahlen Inseln gelangten mit Wind und Meeresströmungen mit der Zeit Pflanzen und Tiere, so auch ein körnerfressender, bodenlebender Fink. Diese Stammart besiedelte nach und nach den Inselarchipel. Auf ihren Inseln waren die kleinen Gründerpopulationen voneinander separiert, der Genfluss zwischen ihnen war stark eingeschränkt oder unterbrochen. In jeder der Inselpopulationen ereigneten sich andere Mutationen und Rekombinationen, waren unterschiedliche abiotische und biotische Selektionsfaktoren wirksam. Vor allem in Anpassung an die unterschiedlichen Lebensräume und Nahrungsgrundlagen auf den verschiedenen Eilanden entstanden schließlich neue Formen. DARWIN zu Ehren, dem sie auf seiner Forschungsreise aufgefallen waren, nennt man sie Darwinfinken. Heute sind 13 genetisch mehr oder weniger isolierte Arten bekannt, deren Schnabelformen unterschiedliche Ernährungsweisen erkennen lassen.

Einnischung. Verschiedene Arten nutzen die Umwelt in der Regel unterschiedlich. Dadurch wird die Konkurrenz zwischen den Arten vermindert. Die Summe aller Wechselwirkungen zwischen einer Art und der Umwelt wird als *ökologische Nische* bezeichnet. Bilden die Tochterarten einer Stammart unterschiedliche ökologische Nischen, weil sich ihre Lebensansprüche unterscheiden, spricht man von *ökologischer Isolation* oder von *Einnischung*.

Unterschiedliche Einnischung von Teilpopulationen im gleichen Lebensraum führt aber nur dann zur Entstehung neuer Arten, wenn die Fortpflanzungsfähigkeit zwischen ihnen durch zusätzliche Merkmalsänderungen eingeschränkt oder ganz unterbunden wird.

---

1 In den Alpen einerseits sowie den Pyrenäen und italienischen Abruzzen andererseits leben verschiedene Arten von Gämsen. Stellen Sie eine Hypothese auf, wodurch es zur Trennung der ehemals gemeinsamen Stammform kam.

Isolationsmechanismen

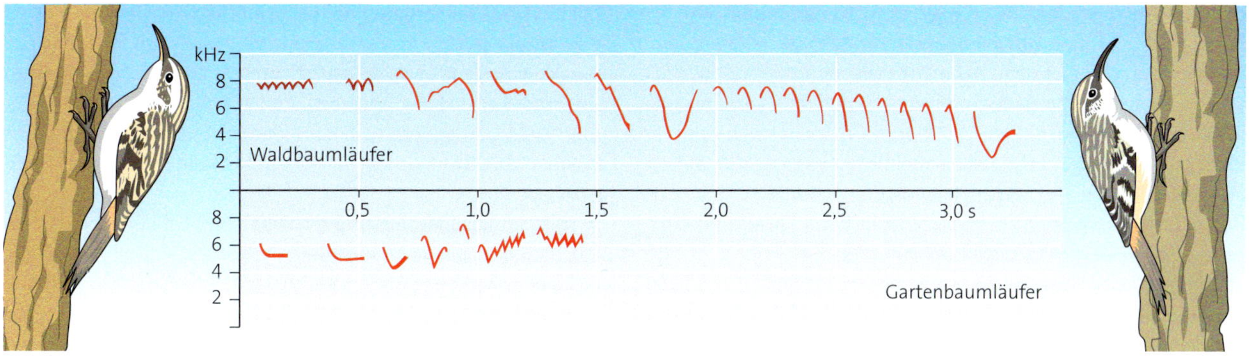

1 Beispiel für ethologische Isolation zwischen nah verwandten Arten: Unterschiedliche Gesänge kennzeichnen die Zwillingsarten Wald- und Gartenbaumläufer.

Alle Faktoren, die zwei Arten davon abhalten, gemeinsame Nachkommen hervorzubringen, tragen zur genetischen oder reproduktiven Isolation bei und werden als *Isolationsmechanismen* bezeichnet. Die Separation wirkt zwar wie ein geografischer Isolationsmechanismus, ist aber nicht gleichbedeutend mit reproduktiver Isolation. Während sich die Individuen von Populationen, die räumlich voneinander getrennt waren, nach Aufhebung der Trennung unter Umständen wieder paaren können, verhindert die reproduktive Isolation, dass Populationen verschiedener Arten sich untereinander kreuzen, selbst wenn ihr Verbreitungsgebiet sich überschneidet.

Präzygotische Fortpflanzungsbarrieren verhindern die Paarung zweier Arten oder die Befruchtung, falls Vertreter verschiedener Arten versuchen sollten, sich zu paaren.

Postzygotische Fortpflanzungsbarrieren werden dann wirksam, wenn trotz präzygotischer Barrieren eine Eizelle von einem artfremden Spermium befruchtet wurde. Dazu zählen die verringerte Lebensfähigkeit und die Sterilität von Artbastarden.

[Z] Zeitliche Isolation. Zahlreiche Arten sind einfach dadurch an der Kreuzung gehindert, dass sie sich zu verschiedenen Tages- oder Jahreszeiten fortpflanzen. So laichen unsere einheimischen Frösche und Lurche beispielsweise in Abhängigkeit von der Wassertemperatur zu verschiedenen Zeiten im Jahr. Gras- und Wasserfrosch sind zwar im Experiment miteinander kreuzbar, da die eine Art aber im März, die andere im Mai laicht, findet man in der Natur so gut wie keine Bastarde. An der Nordsee brütet die Silbermöwe drei Wochen vor der Heringsmöwe, im Binnenland ist die Waldohreule nachtaktiv, während die Sumpfohreule am Tag unterwegs ist. Auch bei Pflanzen gibt es jahreszeitliche Isolation. So blüht beispielsweise der Rote Holunder sehr früh im Jahr, der Schwarze Holunder deutlich später. Eine gegenseitige Bestäubung ist auf diese Weise unmöglich. Bringt man aber experimentell beide Arten gleichzeitig zum Blühen, lassen sie sich kreuzen.

[Z] Ethologische Isolation. Unterschiedliches Balz- und Paarungsverhalten ist eine sehr wirksame Fortpflanzungsbarriere der Tiere. Auch bei nahe verwandten Arten unterscheidet es sich oft. Die Geschlechtspartner finden und akzeptieren sich häufig anhand angeborener, arttypischer Signale (► S. 106).

Weibchen verschiedener Leuchtkäferarten senden Leuchtsignale mit bestimmten Mustern aus. Die Männchen reagieren nur auf die für ihre Art kennzeichnenden Signale mit Annäherung. Bei vielen anderen Insekten und Säugetieren sind es Düfte, also chemische Artkennzeichen, die eine Isolation bewirken. Vögel, Grillen und Frösche erzeugen während der Fortpflanzungszeit artspezifische Laute oder Gesänge, auf die nur Artgenossen ansprechen (► Bild 1).

Mechanische Isolation. Bei vielen Gliederfüßern wie Tausendfüßern, Spinnen und Insekten sind die von einem Chitinpanzer umgebenen Fortpflanzungsorgane so kompliziert gebaut, dass sie wie Schlüssel und Schloss zueinanderpassen. Damit ist eine Begattung durch artfremde Partner ausgeschlossen.

Zahlreiche Blütenpflanzen werden aufgrund ihres Blütenbaus von bestimmten Insekten bei der Nektarsuche bevorzugt. Da die Bestäuber in der Regel blütenstet sind, das heißt längere Zeit gleichartige Blüten besuchen, ist die Übertragung des Pollens auf die Narbe einer Blüte der gleichen Art gewährleistet.

Isolation durch Polyploidie. Polyploidie führt zu einer Verdopplung des Chromosomensatzes. Bei Pflanzen ist eine solche Genommutation relativ häufig. So gibt es bei den verschiedenen Arten der Rosen Chromosomensätze mit $2n = 14, 28, 42$ oder 56. Die Kreuzung von Pflanzen mit unterschiedlicher Anzahl von Chromosomensätzen ist meist nicht erfolgreich oder spätestens die Bastarde der Kreuzung sind steril, da sie keine normale Reduktionsteilung durchführen können. Beispielsweise lässt sich eine tetraploide Nachtkerzenart mit 28 Chromosomen nicht mit der diploiden Stammart mit 14 Chromosomen kreuzen. Polyploidie führt also sofort zu einer Isolation gegenüber den anderen Mitgliedern der Population. Der Aufbau einer eigenen Population ist nun selbst im gleichen Gebiet möglich, da der Genfluss zwischen den Individuen mit unterschiedlicher Chromosomenzahl unterbrochen ist.

Isolation durch Sterilität. Esel und Pferd lassen sich zwar kreuzen, ihre Nachkommen aber sind unfruchtbar. Da das Pferd 64 Chromosomen besitzt, der Esel dagegen nur 62, können ihre Bastarde Maultier und Maulesel bei der Meiose keine befruchtungsfähigen Keimzellen bilden.

1 Begründen Sie, warum Mutation, Rekombination und Selektion allein nicht zur Bildung neuer Arten führen. Für welchen Isolationsmechanismus gilt diese Aussage nicht?

Gendrift

Zufällige Ereignisse, wie Blitzschlag, Überschwemmung, lang anhaltende Trockenheit oder Erdbeben, können die Allelfrequenz, also den Genpool einer Population, entscheidend verändern oder wie beispielsweise bei Meteoriteneinschlägen oder klimatischen Veränderungen sogar auf ein Minimum reduzieren. In der Folge ist es möglich, dass Merkmale, die sich in der Ausgangspopulation als nachteilig erwiesen haben, jetzt durch das Fehlen von konkurrierenden Phänotypen mit höherer *Fitness* zur Entfaltung kommen. Diese vollkommen zufällige, nicht durch Selektion bewirkte Veränderung des Genpools bezeichnet man als *Gendrift*. Je kleiner die Population ist, umso stärker ist die Wirkung der Gendrift, umso geringer die der Fitness. Dies kann für Überleben oder Aussterben bedrohter Tierarten mit kleinen Beständen wie Gepard, Panda oder Wisent entscheidend sein.

Gründerprinzip. Besiedeln nur wenige Individuen einer großen Population als *Gründerindividuen* ein neues Gebiet, so bringen sie nur einen *geringen Teil der Allele der Stammpopulation* mit. Beispiele hierfür sind die Besiedlung der Galapagosinseln durch eine körnerfressende Finkenart aus Südamerika (▶ S. 34) oder die Einführung der Honigbiene und der Kaninchen auf Neuseeland mit anfangs nur wenigen Individuen.

Die vorübergehend sehr geringe Populationsgröße, *Flaschenhalseffekt* genannt (▶ Bild 1), erklärt die geringe genetische *Variabilität der Population*, auch nachdem sich die Gründerindividuen vermehrt haben. Es kommt zur Gendrift. Inzucht in den ersten Generationen und die damit verbundene Tendenz zu Reinerbigkeit verstärken den Effekt.

Beispiel Eidechsen bei Capri. Eine sichtbare Wirkung der Gendrift zeigt sich am Beispiel der blau gefärbten Eidechsen auf Faraglioni, einer kleinen Insel vor Capri, die nicht wie verwandte Eidechsenarten der umliegenden Inseln eine der Umgebung angeglichene, unauffällige Färbung aufweisen. Durch Selektion lässt sich die Entstehung der gefärbten Unterart schwer erklären: Weder sind die Reptilien ungenießbar für Fressfeinde, noch hat die Färbung eine besondere Bedeutung in ihrem Verhalten, etwa bei der Balz. Nimmt man aber an, dass die Besiedlung der schroffen Felsklippen durch wenige Einzeltiere erfolgte, kann man die Färbung auf Gendrift zurückführen. Eine Farbvariante konnte sich in der neu entstehenden Population zufällig durchsetzen.

Beispiel Insel der Farbenblinden. Zusammen mit sieben weiteren Atollen liegt mitten im Pazifik zwischen Hawaii und den Philippinen die winzige Insel Pingelap. 1775 tötete ein Taifun die meisten der rund 1000 Einwohner des Atolls. Etwa 20 Inselbewohner überlebten und bildeten die Basis der heutigen Bevölkerung von annähernd 700 Menschen, die in hohem Maße miteinander blutsverwandt sind.

10 % der Inselbevölkerung sind von einer totalen Farbenblindheit betroffen, der *Achromatopsie*, die weit schlimmer ist als die häufiger auftretende Rot-Grün-Schwäche. Die Betroffenen leiden an starker Sehschwäche, Augenzittern und extremer Lichtempfindlichkeit. Sie können keine Kontraste wahrnehmen. In Europa und Nordamerika ist höchstens eines unter 30 000 Neugeborenen von Achromatopsie betroffen. Ursache dieser Erbkrankheit ist eine Mutation auf Chromosom 2. Das gesunde Gen codiert für ein Kanalprotein in den Zapfen.

1 Erklären Sie die auffallend große Häufigkeit, mit der totale Farbenblindheit auf dem Pingelap-Atoll auftritt. Gehen Sie davon aus, dass ein Überlebender der Taifunkatastrophe Träger des Achromatopsie-Allels war.

2 Angeborene Achromatopsie tritt nur auf, wenn beide Eltern mindestens ein defektes Allel besitzen. Neun von zehn Einwohnern auf Pingelap besitzen einen normalen Farbensinn. Errechnen Sie, wie viele gesunde Einwohner des Atolls als mögliche Überträger der Krankheit infrage kommen.

3 Der Streifenfleckenleguan bewohnt den Westen der USA. Auf einigen Inseln im Golf von Kalifornien gibt es Populationen mit auffälligen Farbvariationen. Erklären Sie dieses Phänomen.

4 Begründen Sie, warum die zunehmende Zerschneidung ehemals großflächiger Ökosysteme durch menschliche Eingriffe wie Verkehrs- und Siedlungsbau trotz der Ausweisung dazwischenliegender Naturschutzgebiete problematisch ist.

5 Geparde wurden in diesem Jahrhundert stark gejagt und fast ausgerottet. Nachdem sie schließlich unter Schutz gestellt wurden, haben sie sich wieder stark vermehrt. Trotzdem gelten sie unter Wissenschaftlern aufgrund ihrer geringen genetischen Variabilität als höchst gefährdete Tierart. Begründen Sie diese Einschätzung.

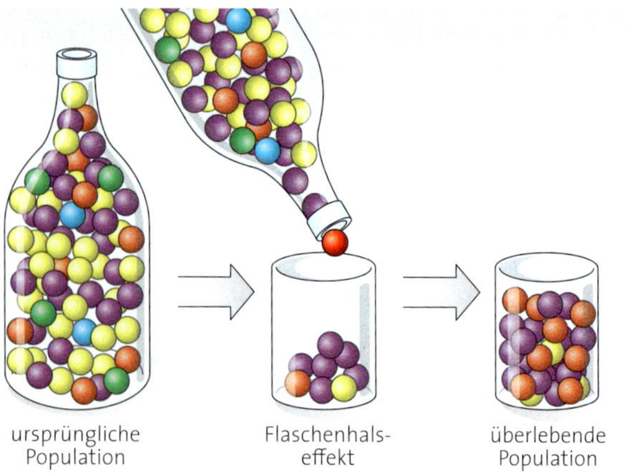

1 *Flaschenhalseffekt*

2 *Blau gefärbte Eidechse auf Faraglioni*

Entstehung neuer Arten

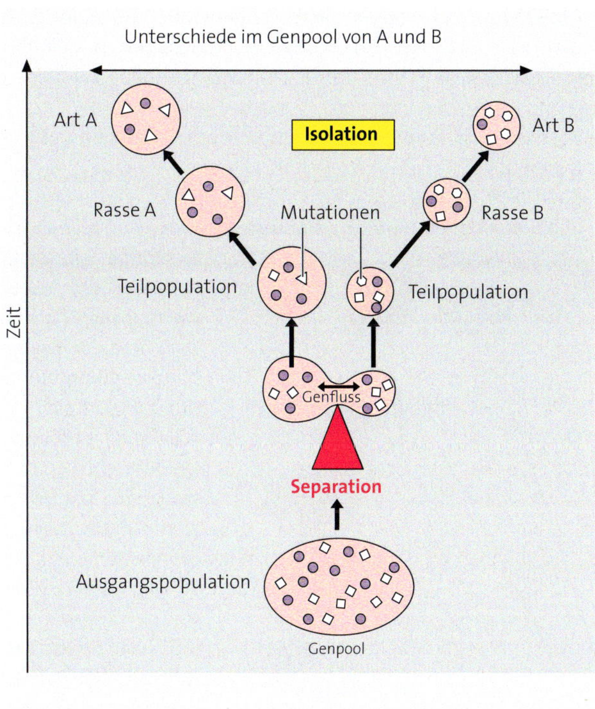

1 *Schema zur allopatrischen Artbildung durch Aufspaltung*

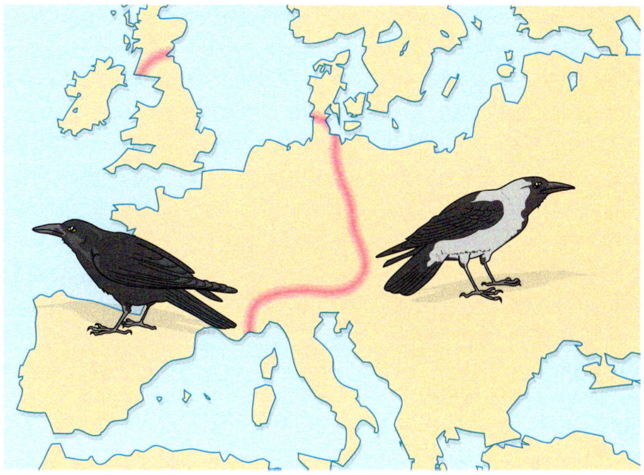

2 *In der Kontaktzone zwischen Raben- und Nebelkrähe kommt es wieder zum Genaustausch.*

Alle Lebewesen einer Art stimmen in wesentlichen Merkmalen überein. Sie können miteinander fruchtbare Nachkommen zeugen, die wiederum ihren Eltern gleichen. Die Mitglieder einer Art stellen demnach eine *Fortpflanzungsgemeinschaft* dar. Im Lauf der Zeit verändern sich Populationen durch gerichtete Selektion, es kommt zu einer *Artumwandlung*.

Zur *Artaufspaltung* und damit zur Bildung neuer Arten führen in der Regel zwei Schritte: Am Anfang steht die Trennung von Teilpopulationen und damit die Unterbrechung des Genflusses. Führt die unabhängige Entwicklung solcher Teilpopulationen einer Art dazu, dass sich ein Großteil der Individuen der einen Teilpopulation in bestimmten Merkmalen und in ihrem Genpool von den Mitgliedern der anderen Teilpopulation unterscheidet, spricht man von *Rassen* (Unterarten). Vertreter verschiedener Rassen können miteinander Nachkommen zeugen. Schließlich erfolgt eine genetische Isolation. Sie verhindert, dass sich Angehörige der getrennten Populationen wieder erfolgreich kreuzen lassen, selbst wenn das trennende Hindernis nicht mehr vorhanden ist.

Kommt es durch anfängliche Separation zur Artaufspaltung, spricht man von *allopatrischer Artbildung*.

Bei einer zweiten Form der Artbildung wird eine Teilpopulation inmitten des Verbreitungsgebiets der Ausgangspopulation reproduktiv isoliert. Diese *sympatrische Artbildung*, der keine Separation vorausgeht, ist eher die Ausnahme. Durch Polyploidie kam es beispielsweise bei der Nachtkerze *Oenothera* zur Artaufspaltung. Die diploide Form der Nachtkerze lässt sich mit der tetraploiden Form nicht mehr kreuzen

Beispiel Raben- und Nebelkrähe. Die schwarze Rabenkrähe unterscheidet sich in der Gefiederfarbe deutlich von der grauen Nebelkrähe. Rabenkrähen sind überwiegend im westlichen Europa verbreitet, Nebelkrähen im östlichen Europa. In Mitteleuropa verläuft von Nord nach Süd eine nur 70 bis 100 Kilometer breite Kontaktzone, in der sich die beiden Rassen verpaaren und Bastarde auftreten (▶Bild 2).

Während der Eiszeit wurde die europäische Krähenpopulation durch das Vordringen der Gletscher getrennt. Die beiden Teilpopulationen entwickelten sich während der Trennung unabhängig voneinander weiter. Nach ihrer Wiederausbreitung kommt es heute in der schmalen Kontaktzone wieder zum Genaustausch. Dies ist möglich, da die beiden Rassen noch nicht durch eine Fortpflanzungsschranke voneinander isoliert sind. Das Auftreten von Mischformen belegt, dass Raben- und Nebelkrähe zusammen noch eine Art bilden.

Beispiel Kohlmeise. Die letzte Eiszeit überlebte die Kohlmeise in getrennten Rückzugsgebieten Europas und Asiens mit günstigem Klima, wobei durch eigenständige Evolution der Teilpopulationen in den separierten Gebieten fünf unterschiedliche Kohlmeisenformen entstanden. Nach dem Abschmelzen der Gletscher konnten sich die Vögel wieder ausbreiten. In den Überlappungsgebieten paaren sie sich als Rassen einer Art. Zwei Meisenformen aber, die in Sibirien aufeinandertrafen, waren in Färbung und Gesang schon so verschieden, dass es kaum zur Bastardbildung kommt. Eine dieser Formen bevorzugt als Lebensraum menschliche Siedlungen, die andere lichte Wälder. Bei einer dritten Kohlmeisenform, der Bergkohlmeise, kam es sogar zur Entstehung einer ganz neuen Art. Sie vermischt sich nicht mehr mit den anderen Kohlmeisenformen.

---

1 Entwickeln Sie eine Hypothese, warum im Überlappungsgebiet der Rassen bei Krähen Bastardbildung häufig ist, bei Meisen dagegen so gut wie nie vorkommt.

2 Vergleichen Sie die Bedeutung der verschiedenen Evolutionsfaktoren bei der Artaufspaltung bei Darwinfinken und bei Kohlmeisen.

3 Erläutern Sie, weshalb Polyploidie eine sympatrische Artenneubildung ermöglichen kann.

Adaptive Radiation

Kommt es innerhalb eines evolutiv kurzen Zeitraums zur Aufspaltung einer Stammart in zahlreiche neue Arten mit unterschiedlichen Anpassungen, spricht man von *adaptiver Radiation*. Die Entstehung einer derartigen Formenvielfalt ist dann möglich, wenn die Stammart in eine neue Umwelt gelangt, die viele ökologische Lizenzen bietet und in der kaum Konkurrenz vorhanden ist.

Die Entwicklung der Darwinfinken auf den Galapagosinseln ist ein Beispiel für die adaptive Radiation aus einer Gründerpopulation (► S. 34).

Die adaptive Radiation der Säugetiere. Die Säugetiere existierten vor ihrer ersten größeren adaptiven Radiation schon mehr als 100 Millionen Jahre, doch blieben sie bis zum Ende der Kreidezeit eine vergleichsweise unbedeutende Tiergruppe. Mit dem Aussterben der Dinosaurier ergaben sich für die Säugetiere neue ökologische Möglichkeiten, die sie nutzen konnten. Für die nun einsetzende adaptive Radiation zu den unterschiedlichsten Lebensformen war auch die Entwicklung der Samenpflanzen zur vorherrschenden Pflanzengruppe von großer Bedeutung. Insekten fanden in Pollen und Nektar eine neue Nahrungsquelle und Insekten ihrerseits bildeten die Nahrungsquelle für frühe Säugetiere. Nachdem Raubtiere, Nagetiere, Huftiere und andere die ökologische Großnische gebildet hatten, kam es in einer anschließenden Phase der Spezialisierung zu einer immer vollkommeneren Anpassung der Arten.

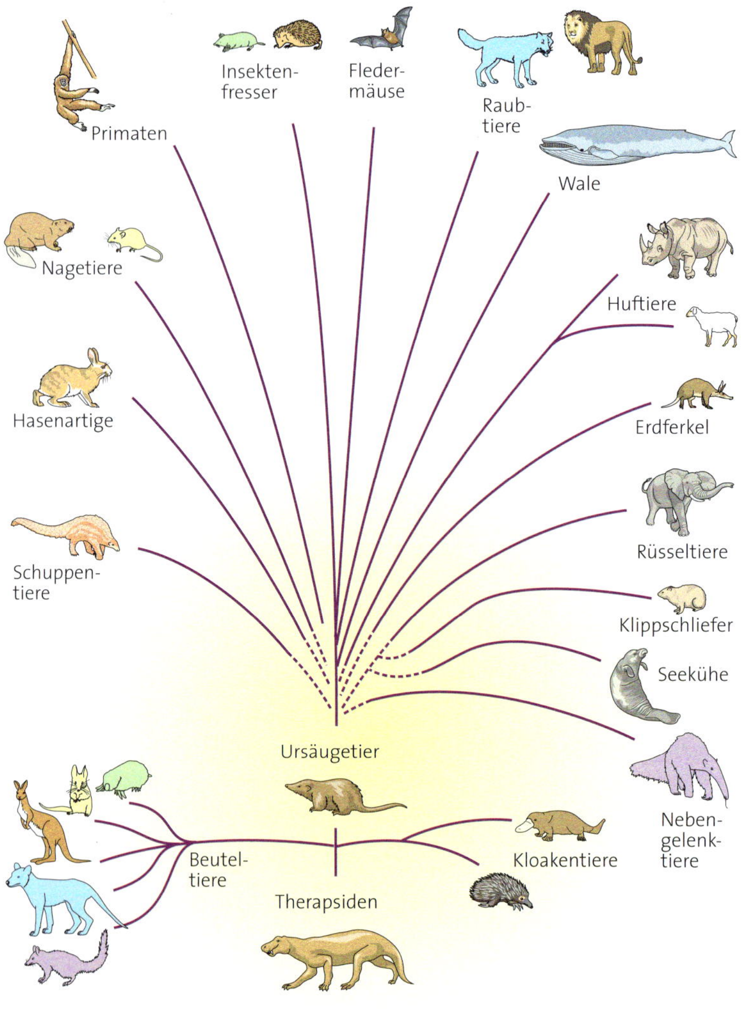

1 *Adaptive Radiation bei den Säugetieren*

Die adaptive Radiation der Beuteltiere. Die *Beuteltiere* stellen innerhalb der Säugetiere nach den Eier legenden *Kloakentieren* die nächsthöhere Organisationsstufe dar. Im Gegensatz zu den höheren *Placentasäugern*, bei denen der Mutterkuchen oder die Placenta eine weitgehende Entwicklung der Jungen im Mutterleib ermöglicht, bringen die Beuteltiere nur sehr wenig entwickelte Junge zur Welt.

Für die heutige Entwicklung der Beuteltiere sind die ökologischen Verhältnisse Australiens, die geografische Separation des Kontinents und seine erdgeschichtliche Vergangenheit von Bedeutung:

- Australien ist durch eine Vielfalt von Lebensräumen gekennzeichnet.
- Australien ist von Ozeanen umgeben, die für viele Pflanzen- und Tierarten eine unüberwindliche Schranke darstellen. Nur im Norden gibt es eine Reihe von Inseln, die manche Pflanzen und Tiere zur Besiedlung des Kontinents nutzen konnten.
- Australien ist Teil des Urkontinents Gondwanaland, der früher alle Südkontinente umfasste. Bereits vor 50 Mio. Jahren, noch vor der Entwicklung moderner Säugetiere, driftete Australien von den übrigen Südkontinenten weg.

In Abwesenheit der höheren Säugetiere haben die Beuteltiere die verschiedensten Lebensformtypen mit unterschiedlicher Lebensweise entwickelt. Sie bilden so gut wie alle ökologischen Nischen, die auf den übrigen Kontinenten die Placentasäuger bilden. Lediglich die Nische der großen Grasfresser gibt es in Australien nicht.

Dabei kam es trotz unabhängiger Evolution von Beuteltieren und Placentasäugern zur Ausbildung ähnlicher Merkmale bei Vertretern der beiden Gruppen (► Bild 1; übereinstimmende Farbgebung). Man spricht von *konvergenter Evolution*. Die zahlreichen *Anpassungsähnlichkeiten* oder Konvergenzen beruhen auf gleichartigem Selektionsdruck, der Nutzung ähnlicher ökologischer Lizenzen und der Bildung ähnlicher ökologischer Nischen.

1 Adaptive Radiation fand auch bei Pflanzen statt. Zeigen Sie an einigen Beispielen auf, welche Pflanzenarten unterschiedliche ökologische Nischen innehaben.

KOMPETENZEN

Mithilfe dieses Kapitels können Sie

- die Entwicklung der Evolutionstheorie ausgehend von Darwin hin zur erweiterten Evolutionstheorie beschreiben
- begründen, dass sich Evolution auf der Ebene von Populationen abspielt
- die Wirkung von Mutation, Rekombination, Selektion, Gendrift und Isolation als Evolutionsfaktoren in einer realen Population erläutern
- Umweltfaktoren in ihrer Bedeutung als Selektionsfaktoren beurteilen und Beispiele ihrer Wirkung beschreiben
- die Entstehung neuer Arten erklären und die Voraussetzungen dafür begründen
- Isolationsmechanismen nennen
- begründen, wie es zu adaptiver Radiation kommen kann, und Beispiele dafür angeben

Testen Sie Ihre Kompetenzen

Buntbarsche (Familie Cichlidae) sind in Süßgewässern Süd- und Mittelamerikas, Afrikas, Madagaskars und der Sinaihalbinsel verbreitet. In Indien leben drei Arten im Brackwasser. Im Meerwasser können Buntbarsche nicht überleben. Wegen ihrer bunten Färbung, die bei der Fortpflanzung eine Rolle spielt, wegen ihres auffälligen Balzverhaltens und der interessanten Brutpflege sind sie beliebte Aquarienfische.

In den geologisch jungen Seen Ostafrikas leben Hunderte jeweils nur in dem einen See vorkommende Buntbarscharten, dagegen keine oder wenige andere Fische. Die in einem See vorkommenden Arten sind untereinander enger verwandt als mit Buntbarscharten anderer Seen. Die jeweils über 500 Arten des Malawisees und des Victoriasees stammen nach molekulargenetischen Untersuchungen sogar alle von nur je einer Stammart ab.

Das Nahrungsspektrum der in *einem* See lebenden Arten ist sehr unterschiedlich, ebenso ihr Vorkommen in den verschiedenen Zonen des Sees.

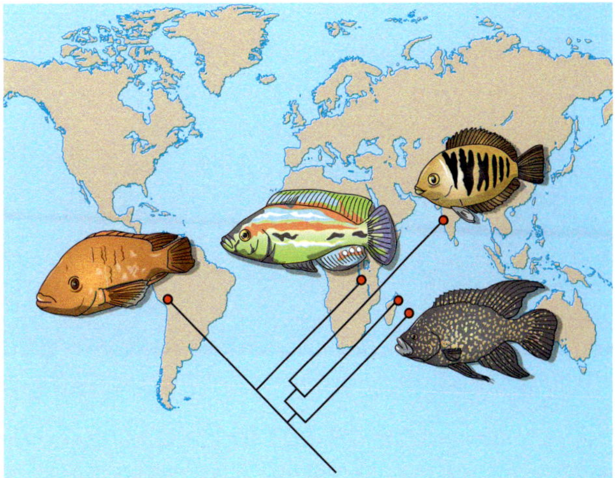

1 Erklären Sie die Entstehung neuer Arten nach der synthetischen Theorie der Evolution.

2 Begründen Sie, wie sich innerhalb eines evolutiv kurzen Zeitraums eine derart große Zahl von Buntbarscharten in den afrikanischen Seen bilden konnte. Benennen Sie den Vorgang mit dem Fachbegriff. Beziehen Sie sich in Ihrer Begründung auch auf das Bild unten.

3 Erklären Sie, was man unter sexueller Selektion versteht, und begründen Sie die im Text rechts aufgestellte Hypothese zur Ursache der Artenvielfalt bei den Buntbarschen.

4 Interpretieren Sie die im Bild oben gezeigte geografische Verbreitung der Buntbarsche und ihre Verwandtschaftsbeziehungen. Ziehen Sie dazu auch Ihre erdgeschichtlichen Kenntnisse heran oder informieren Sie sich anhand von Bild 1 auf Seite 18.

Die außergewöhnliche Cichlidenvielfalt in den afrikanischen Seen könnte auch eine Folge von sexueller Selektion sein, da diese Fische ein komplexes Balzverhalten haben und verwandte Arten sich oft in ihrer Hochzeitsfärbung unterscheiden.

Douglas J. Futuyma, US-amerikanischer Biologe

Kopf- und Zahnformen ostafrikanischer Buntbarsche

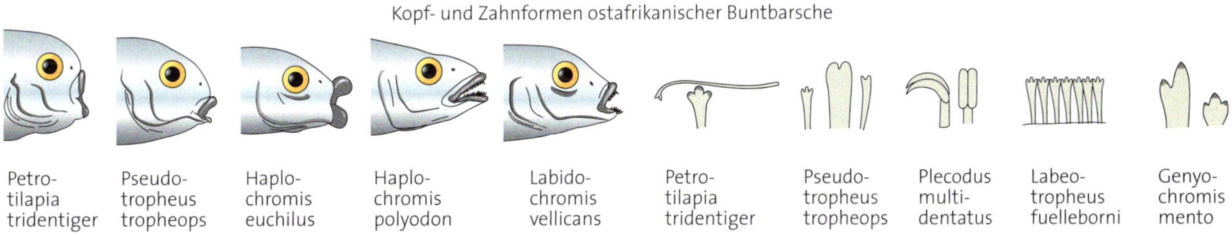

Evolutionsprozesse und die Geschichte des Lebens

1 Die Landschaft des Haleakala-Kraters auf der Hawaii-Insel Maui im Pazifik ist seit 1816 ein Nationalpark.

Die vom Vulkanismus geprägte Landschaft im Haleakala-Krater auf der Hawaii-Insel Maui bietet heute ein ähnliches Bild, wie es die Erde nach ihrer Entstehung vor 4,5 Milliarden Jahren geboten haben mag. So wie die Geschichte der Erde Einfluss auf den Verlauf der biologischen Evolution genommen hat, hat umgekehrt auch die Geschichte des Lebens diesen Planeten verändert. Durch die Freisetzung von Sauerstoff veränderten beispielsweise pflanzliche Lebewesen die Erdatmosphäre vor 2,5 Milliarden Jahren von Grund auf. Im Laufe der Zeit entstanden immer neue Lebensformen im Wechselspiel zwischen Lebewesen und ihrer Umwelt. Heute ist eine der jüngsten Formen – unsere eigene Spezies – so erfolgreich, dass der Fortgang der Geschichte fraglich wird ...

Im Blickpunkt

- Entstehung der Erde: Uratmosphäre und „Ursuppe"
- Chemische Evolution als Ausgangspunkt des Lebens
- Hypothesen und Experimente zur Entstehung des Lebens auf der Erde
- Evolutionsprozesse im Großen: Evolutionsschübe nach Massenaussterben
- Evolutionsprozesse im Kleinen: Koevolution
- Ergebnisse der Stammesgeschichte

GRUNDLAGEN Wie exakt die Geschichte des Lebens auf der Erde erforscht werden kann, hängt im Wesentlichen vom Erhaltungszustand und der Vollständigkeit der jeweiligen Zeitzeugnisse ab. Fossilien werden umso seltener und unvollständiger, je weiter sie in die Vergangenheit zurückreichen. Die ältesten Ablagerungen des Präkambriums sind durch Druck und Hitze heute so weit verändert, dass in diesen Gesteinen die Erhaltung von Fossilien sehr unwahrscheinlich wird. Dagegen lassen sich die Umweltbedingungen bis in die Frühzeit der Erde aufgrund geologischer Daten verlässlich angeben.

Die ältesten Lebensspuren stammen von einfach gebauten, bis zu 3 Milliarden Jahre alten Prokaryoten. Aus 2 Milliarden Jahre alten Sedimenten kennt man Einzeller, von denen sich vielzellige Organismen ableiten. Durch einen immer komplexeren Bau, verschiedene Entwicklungszyklen, den Übergang vom Wasser- zum Landleben und unterschiedliche ökologische Ansprüche beginnen die Lebewesen sich immer mehr zu unterscheiden und entfalten eine gewaltige Artenfülle. Die Systematik unterteilt sie meist in fünf Reiche: Prokaryoten (Bakterien und Archaeen), Protisten (einzellige Eukaryoten, Algen und Tange), Pilze, Tiere und Pflanzen.

Trotz der Bedeutung von Fossilien lässt sich der Verlauf der Evolution in Grundzügen auch durch phylogenetische Merkmalsanalyse erschließen, besonders seit es gelingt, das Genom der Lebewesen als „Archiv" der Stammesgeschichte zu lesen.

Ursprung des Lebens

Chemische Evolution. Leben ist über eine Folge von Evolutionsschritten durch Selbstorganisation von Molekülen und Molekülkomplexen entstanden. Dem vorausgegangen war eine lange Phase der *chemischen Evolution*, in der wichtige organische Ausgangsmoleküle durch Einwirkung verschiedener Energieformen auf die Bestandteile der frühen Atmosphäre gebildet wurden. Diese Vorstellung gilt heute als sehr wahrscheinlich. Über die einzelnen Evolutionsschritte von präbiotischen Molekülen zu frühen Lebensformen gibt es jedoch viele zum Teil widersprüchliche Hypothesen (► S. 42).
Damit sich aus abiotischen Stoffen lebende Systeme entwickeln konnten, musste eine Reihe von Bedingungen erfüllt sein:
- Die vier Substanzklassen Aminosäuren, Zucker, Nucleotidbasen und Fettsäuren sind notwendige Biomoleküle.
- Ein einfacher Stoffwechsel braucht einen abgegrenzten Raum geeigneter Größe, dessen Umgrenzung kleinere Nährstoffmoleküle und Abfallprodukte des Stoffwechsels durchlässt.
- Wichtige Biomoleküle müssen anhand von Informationsträgern in einem vererbungsähnlichen Mechanismus chemisch vermehrt werden.

Die ursprüngliche Umwelt. Vor 14 Milliarden Jahren verdichteten sich kosmische Wasserstoffwolken zu Sternen und Sternsystemen. Unser Sonnensystem begann sich vor 4,6 Milliarden Jahren zu entwickeln. Um die Sonne rotierten Massen kosmischen Staubs, die sich zu Planeten verdichteten. So entstand vor etwa 4,5 Milliarden Jahren auch die Erde.

Durch radioaktive Prozesse heizte sich die Erde zunächst so stark auf, dass sie glutflüssig wurde. Die von der Oberfläche her allmählich einsetzende Abkühlung führte vor etwa 4,4 Milliarden Jahren zur Entstehung einer festen Erdkruste und einer darüberliegenden Atmosphäre. Als sich der untere Teil der Uratmosphäre auf Temperaturen unter 100 °C abgekühlt hatte, kondensierte der größte Teil des Wasserdampfs zu flüssigem Wasser, das sich im Urozean sammelte. Die Uratmosphäre bestand im Wesentlichen aus Wasserdampf, Kohlenstoffdioxid, Methan (CH_4), Ammoniak (NH_3), Schwefelwasserstoff (H_2S), Stickstoff und wenig Wasserstoff. Sie war praktisch sauerstofffrei und wird daher als *reduzierende Atmosphäre* bezeichnet. Ohne freien Sauerstoff konnte sich auch kein Ozon (O_3) bilden, das in der gegenwärtigen Atmosphäre in höheren Schichten kurzwellige UV-Strahlung absorbiert. Folglich gelangten UV-Strahlen ungehindert auf die Erde und lieferten Energie für chemische Reaktionen zwischen den vorhandenen Stoffen. Weitere Energiequellen waren elektrische Funkenentladungen bei Gewittern, vulkanische Hitze und radioaktive Strahlung.

Aus anorganischen Stoffen entstanden organische Verbindungen, die sich am Meeresboden oder in porösem Vulkangestein ansammeln konnten. Diese Lösung aus Salzen und organischen Stoffen wird vielfach als *Ursuppe* bezeichnet. Nach der Bildung und Anreicherung organischer Moleküle mussten diese zu Makromolekülen polymerisieren. Sie wiederum waren Voraussetzung für die Bildung komplexerer Strukturen wie Membranen, Enzyme und Informationsträger. Diese Theorien beruhen auf Rückschlüssen aus unserem biochemischen Wissen und der Rekonstruktion der Bedingungen auf der jungen Erde.

---

❶ Unter den Bedingungen der Uratmosphäre wäre Leben in der heutigen Form nicht möglich gewesen. Umgekehrt ist heute die abiotische Entstehung von Lebewesen auf der Erde nicht mehr möglich. Nehmen Sie dazu Stellung.

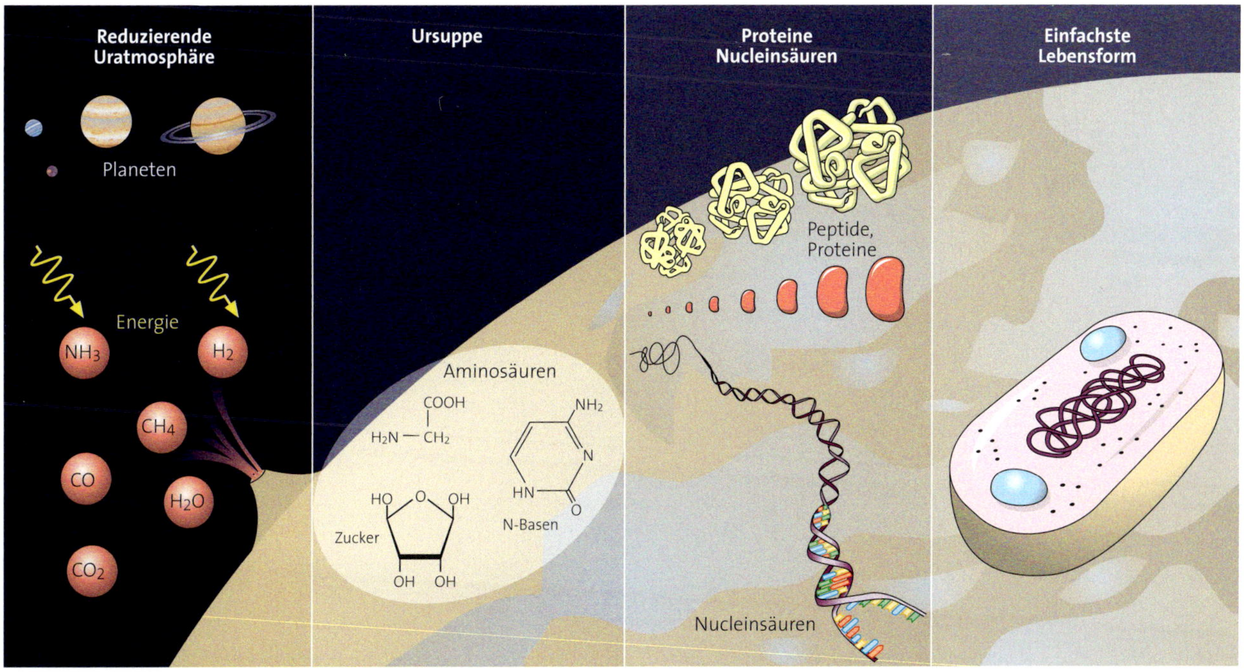

1 Hypothetischer Weg vom Leblosen zum Leben

Entstehung des Lebens: Hypothesen und Experimente

In den 1920er Jahren stellten A.I. OPARIN und J.B. HALDANE die Hypothese auf, unter den spezifischen Bedingungen der frühen Erde seien organische Verbindungen aus anorganischen Vorstufen, die in der Uratmosphäre und im Urmeer vorhanden waren, synthetisiert worden.

Simulationsexperimente. 1953 testete STANLEY MILLER die Hypothese, indem er in einer Versuchsapparatur Bedingungen schuf, die denen auf der Urerde ähnlich waren: Ein Gasgemisch aus *Wasserdampf, Wasserstoff, Methan* und *Ammoniak* wurde mehrere Tage *elektrischen Funkenentladungen* ausgesetzt, die Blitze simulierten. In dem entstandenen Produktgemisch fand MILLER zahlreiche *organische Verbindungen* wie Formaldehyd, Ameisensäure, Milchsäure und Aminosäuren. In weiteren Simulationsexperimenten mit Zugabe anderer anorganischer Stoffe wie *Schwefelwasserstoff* und *Phosphat* wurden schließlich *alle 20 Aminosäuren* gebildet, die man in Proteinen findet. Daneben entstanden *Zucker, Fette*, die *Basen der Nucleotide* und *ATP*. Die als Bausteine des Lebens notwendigen organischen Stoffe konnten offenbar durch chemische Evolution *abiogen*, also ohne Lebewesen, entstehen und sich in einer „Ursuppe" ansammeln.

Schwarze Raucher? Kaltes Eis? Auch weitere Hypothesen über die Bildung von Biomolekülen und erste Lebensformen werden diskutiert. In Poren und Hohlräumen schornsteinförmiger, heißer Tiefseequellen, sogenannter *Schwarzer Raucher*, könnten sich Biomoleküle und einfachste Lebensformen gebildet haben. Hier reagieren *Schwefelwasserstoff* (H_2S) und *Eisensulfid* (FeS) unter Energiefreisetzung zu *Pyrit* (FeS_2) und *Wasserstoff*. Im Experiment lässt sich zeigen, dass in einem 100 °C heißen Gemisch aus H_2O, CO_2, FeS_2, NiS_2 und H_2S *Aminosäuren* und *Oligopeptide* entstehen.

Da jedoch zum Aufbau langer Molekülketten viel Zeit nötig ist, gehen andere Hypothesen davon aus, dass das Leben in winzigen, mit Salzlösungen gefüllten Kammern im gefrorenen *Meereis* oder *an mineralischen Oberflächen* entstand.

Membranbildung. S. FOX erhitzte Aminosäuregemische zusammen mit porösem Lavagestein. Es bildeten sich eiweißartige, als *Proteinoide* bezeichnete Verbindungen, die sich beim Abkühlen zu kugelförmigen Gebilden anordneten, sogenannten *Mikrosphären*. Die Mikrosphären haben einen Durchmesser von etwa 2,5 µm und sind von einer selektiv permeablen Membran umgrenzt. Sie können durch Stoffaufnahme wachsen, sich durch Knospung vermehren, jedoch nicht identisch replizieren, da ihnen ein Informationsträger fehlt.

RNA-Welt? Gibt man zu *Nucleotiden in Lösung* einen *RNA-Strang*, kopieren sich an dieser Matrize kurze komplementäre Stränge. RNA-Moleküle können aber auch als Biokatalysatoren wirken. Als *Ribozyme* sind sie in vielen Zellen an der Synthese von RNA beteiligt. RNA-Moleküle können somit zugleich Informationsträger sein und Katalysatoren. Damit sind RNA-Moleküle in der Lage, sich vollständig selbst zu replizieren. Der „DNA-Welt" könnte also eine „RNA-Welt" vorausgegangen sein.

Molekulare Kooperation. Ein RNA-Strang fördert seine eigene Replikation, wenn er Aminosäuren zu einem *Polypeptid* vereinigt, das seinerseits als Enzym die Replikation des RNA-Strangs katalysiert. Veränderungen in der Polypeptidkette können den autokatalytischen Prozess beeinflussen. Dieses Zusammenwirken von Nucleinsäuren und Polypeptiden nannte M. EIGEN einen *Hyperzyklus*. Er könnte Ursprung der Translation gewesen sein. Wird ein solcher Hyperzyklus von einer Membran umschlossen, liegt eine einfache Lebensform vor, ein *Protobiont*.

1. **Erläutern Sie, welche Basiseigenschaften eines Lebewesens ein hypothetischer Protobiont mit einem Hyperzyklus besitzt.**
2. **Stellen Sie eine Hypothese auf, welche Ursachen zur Entstehung der DNA-Welt geführt haben könnten, obwohl ein RNA-Protobiont mit Hyperzyklus grundlegende Eigenschaften von Lebewesen besessen hätte. Berücksichtigen Sie dabei die Existenz von reverser Transkriptase.**

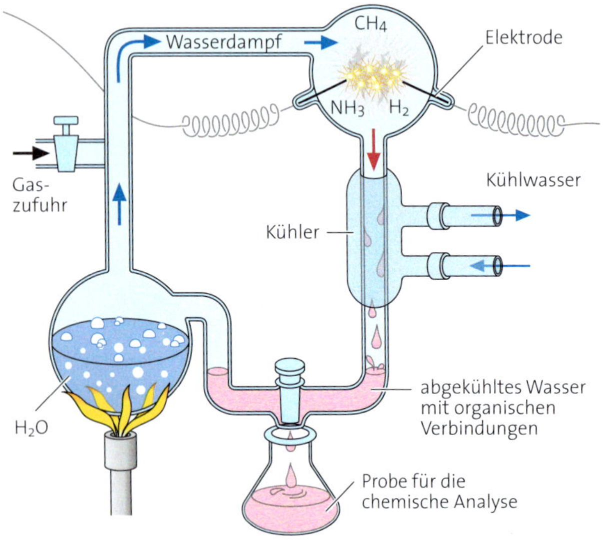

1 Versuchsapparatur von MILLER zur abiogenen Synthese organischer Verbindungen

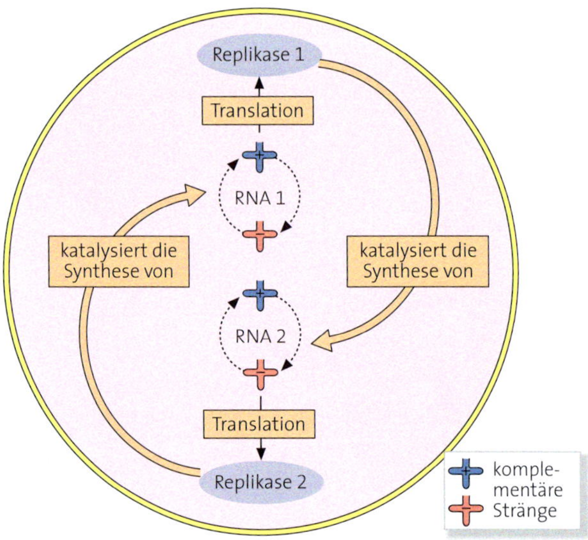

2 Einfachster Hyperzyklus innerhalb eines membranumhüllten Kompartiments

Frühe biologische Evolution

Die ersten Vorläufer von Lebewesen, die *Protobionten*, müssen Eigenschaften besessen haben, wie sie nur bei lebenden Systemen vorkommen: Stoffwechsel, Wachstum, Selbstregulation, Reproduktion und Vererbung einschließlich Mutationen. Im Urozean stand ihnen ausreichend organische Substanz als Energieträger für eine heterotrophe Energiegewinnung zur Verfügung. Diese musste anaerob verlaufen, da kein freier Sauerstoff zur Verfügung stand.

Evolution des Energiestoffwechsels. Eine Verknappung der organischen Stoffe führte zur autotrophen Lebensweise, zunächst in Form der *Chemosynthese* und nach der Entwicklung Licht absorbierender Pigmente durch *Fotosynthese*. Der freigesetzte Sauerstoff wurde anfangs von Eisenionen als Eisenoxid gebunden, entwich dann aber allmählich auch in die Atmosphäre. Dadurch entstand die heutige sauerstoffhaltige Atmosphäre. Der Luftsauerstoff war Voraussetzung dafür, dass vor mehr als 1,5 Milliarden Jahren *Prokaryoten* mit aerobem Stoffwechsel entstehen konnten, die nun Zellatmung betrieben.

Evolution der Zelle. Prokaryoten besitzen die am einfachsten gebauten Zellen. Man unterscheidet dabei die *echten Bakterien* oder *Eubakterien* von den *Archaeen* oder *Archaebakterien*. Zu den echten Bakterien zählen auch die *Cyanobakterien (Blaualgen)*, von denen mit den über 3,1 Milliarden Jahre alten *Stromatolithen* die ältesten prokaryotischen Fossilien bekannt sind. Viele Archaeen kommen heute in Lebensräumen mit extremen Bedingungen vor wie Salzseen, Faulschlämmen oder heißen vulkanischen Quellen.

Die ältesten *Eukaryoten* traten vor etwa 2,1 Milliarden Jahren auf, wobei Übergangsformen von der Protocyte zur Eucyte fehlen. Eine Antwort auf die Frage, wie die ersten viel komplexer gebauten Eucyten aus Protocyten entstanden sind, gibt die *Endosymbiontentheorie*. Danach haben einfache Protocyten aerobe und fotosynthetisch aktive Protocyten als Endosymbionten aufgenommen. Die Eucyte ist also durch Vereinigung funktionell verschiedener Zellen entstanden.

Prokaryoten sind in ihrer überwiegenden Zahl einzellig und kommen nie über das Stadium einer Zellkolonie hinaus. Eukaryoten dagegen entwickeln sich in großer Formenfülle zu Vielzellern. Gegenüber den totipotenten Einzellern, die mit nur einem Zelltyp sämtliche Lebensleistungen erbringen, weisen Vielzeller unterschiedliche Zelltypen auf, die für bestimmte Aufgaben spezialisiert sind.

Die *drei großen Urreiche des Lebens*, Bakterien, Archaeen und Eukaryoten, entstammen wahrscheinlich *einer Gemeinschaft* ursprünglicher Zellen, zwischen denen noch ein intensiver Austausch genetischen Materials möglich war.

1 Fassen Sie die Aussagen der Endosymbiontentheorie zur Entstehung der Eukaryotenzelle zusammen.

2 Vergleichen Sie Prokaryoten und Eukaryoten beziehungsweise Protocyte und Eucyte.

3 Nennen Sie Unterschiede zwischen einer Zellkolonie und einem echten Vielzeller.

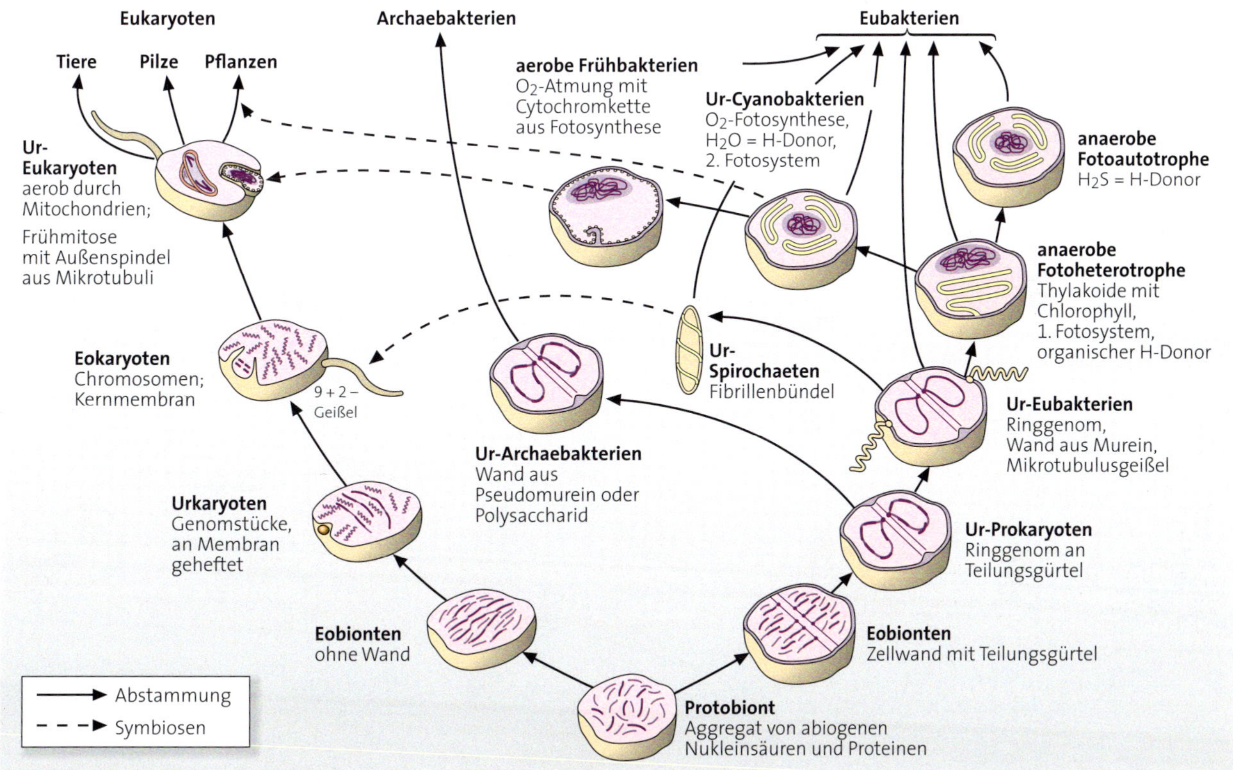

1 Hypothetischer Evolutionsweg von Protobionten zu Ur-Eukaryoten. Endosymbiosen erfolgten wahrscheinlich mehrfach.

Evolution im Großen: Massenaussterben und Evolutionsschübe bei der Entfaltung des Lebens

Unsere Vorstellung, wie die erste Zelle entstanden sein könnte, ist nach wie vor Gegenstand intensiver Diskussion und Forschung. Das ist zum großen Teil darauf zurückzuführen, dass aus dieser frühen Epoche des Lebens nur wenig belastbares Datenmaterial zur Verfügung steht. Die Entwicklung muss deshalb aus Merkmalen rezenter Organismen rekonstruiert werden.

Anders verhält es sich mit der danach einsetzenden Entfaltung des Lebens hin zu mehrzelligen, komplexeren Lebensformen. Für diesen Teil der Geschichte des Lebens liegen uns datierbare Fossilfunde vor, und je näher wir an die Jetztzeit heranrücken, desto klarer können die großen Linien der Evolution auch mittels molekularbiologischer Methoden (► S. 17) rekonstruiert werden. Eine der erstaunlichen Tatsachen dabei ist, dass die Geschichte des Lebens keine kontinuierliche Zunahme der Arten erkennen lässt, sondern vielmehr von Phasen des Massenaussterbens und anschließenden Evolutionsschüben geprägt war.

Kennzeichen und Ursachen von Massenaussterben. Phasen des Massenaussterbens werden zwar vom mehr oder weniger gleichmäßigen „Aussterben im Hintergrund" unterschieden, sie ereignen sich in der Regel aber nicht „auf einen Schlag". Man versteht darunter weltweite biologische Krisen, die – nach geologischen Zeitmaßstäben – recht plötzlich hereinbrachen und höchstens wenige Millionen Jahre dauerten. In diesen relativ kurzen Zeitspannen wurden unverhältnismäßig viele Arten, Gattungen oder Familien vernichtet; die Paläontologie bezeichnet dies als „Faunenschnitte". Den Krisen des Lebens folgten jedoch immer neue adaptive Radiationen (► S. 38), weil frei gewordene ökologische Lizenzen der Biosphäre an andere Organismen vergeben werden konnten. Auf diese Weise folgte jedem Massenaussterben ein erneuter Anstieg der Artenzahl, ein Evolutionsschub. Bei allen großen Einschnitten waren vor allem Meerestiere betroffen, die im freien Wasser oder am Meeresboden lebten.

Die Ursachen von Massenaussterben sind vielfältig. Wahrscheinlich tragen mehrere Faktoren zum kurzfristigen Anstieg der Aussterberate bei: Vulkanismus und Meteoriteneinschläge können die Sonneneinstrahlung so verändern, dass die Fotosyntheserate und damit die Biomasseproduktion global sinkt, wodurch weniger Nahrung zur Verfügung steht. Klimaschwankungen können zu Verwüstung oder Vergletscherung führen und einen Anstieg des Meeresspiegels oder das Trockenfallen von Schelfgebieten zur Folge haben. So werden in kurzer Zeit ganze Großlebensräume zerstört und riesige Flächen zur Neubesiedelung frei.

Evolutionsschübe und Massenaussterben. Insgesamt wurden mindestens ein Dutzend Massenaussterben nachgewiesen, fünf davon erreichten ein globales Ausmaß (► Bild 1). Man geht deshalb heute davon aus, dass ca. 99 % aller jemals auf der Erde existierenden Arten wieder ausgestorben sind. Es ist noch nicht geklärt, ob ein Massenaussterben immer einem Evolutionsschub vorausging. Ganz offensichtlich erfolgte beispielsweise die *kambrische Radiation* ohne Massensterben. In dieser Epoche sind innerhalb von etwa 20 Millionen Jahren einfache Vertreter fast aller heute bekannten Tierstämme entstanden. Das Leben spielte sich im Meer ab, die Entwicklung räuberischer Arten erzeugte einen Selektionsdruck hin zu gepanzerten Außenskeletten und zu Innenskeletten, die eine hohe Mobilität ermöglichen. Primitive Vorläufer der Wirbeltiere, Gliedertiere (v. a. Trilobiten) und Weichtiere

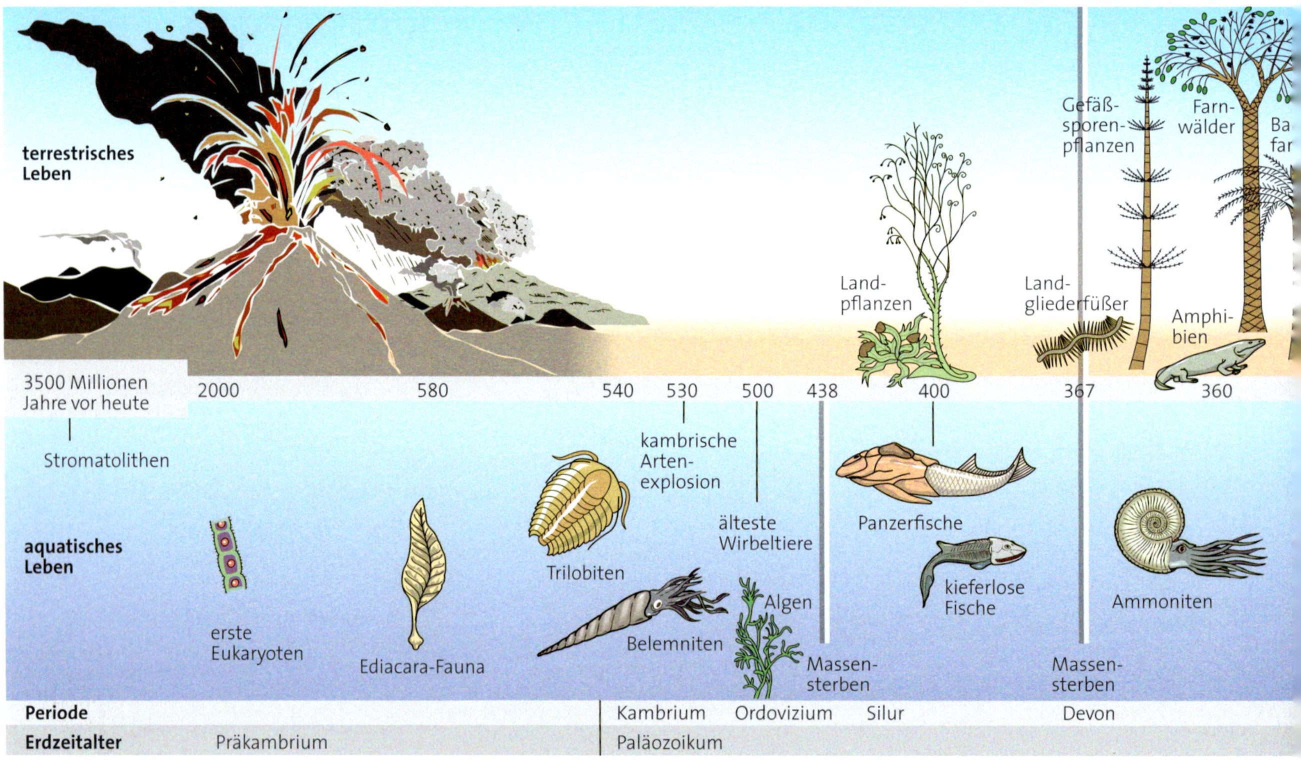

1 Die Entwicklung des Lebens vom Präkambrium bis zur Gegenwart

sind fossil in den Schichten des Kambriums erhalten. Nach einem Massensterben am Ende des Ordoviziums (bis zu 85 % aller Meeresorganismen, ▶ Bild 2 ①) findet im Devon ein wichtiger Evolutionsschub statt: Obwohl sie bei der Fortpflanzung noch auf Wassertropfen angewiesen sind, besiedeln Sporenpflanzen wie Bärlappe und Nacktfarne erstmals das Land; ihre Riesenformen bilden im Karbon die feuchten „Kohlensümpfe" und „Karbonwälder". Auch Gliedertiere und Amphibien nutzen die neu entstandenen ökologischen Lizenzen im terrestrischen Lebensraum.

Zwischen Perm und Trias. Das verheerendste Massenaussterben aller Zeiten folgte Ende des Perms (▶ Bild 2 ③): Es betraf 80–90 % aller marinen Arten und über die Hälfte der Landlebewesen. Vermutlich bewirkten Klimaveränderungen eine Absenkung des Meeresspiegels und Trockenlegung weiter Kontinentalflächen. Die Zusammenballung der Landmassen zu einem einzigen Riesenkontinent Pangaea (▶ S. 18) ließ darüber hinaus ausgedehnte trockene Binnenflächen entstehen. Im Wasser verschwanden Trilobiten vollständig; an Land wurden zwei Drittel der Amphibien- und Reptilienarten vernichtet, unter ihnen der Mastodonsaurus, ein Riesenlurch mit einer Schädellänge von 1 m. Die Riesenformen der Sporenpflanzen verschwanden vollständig; ihre Stelle wird in der Trias von den Samenpflanzen eingenommen, deren Fortpflanzung nicht mehr an Wasser gebunden ist. Bei den Tieren nimmt vor allem die Anzahl der Reptilien wieder zu und führt letztlich zu der bekannten und faszinierenden Formenvielfalt der Saurier.

Die Kreide-Tertiär-Grenze. Der wohl bekannteste Faunenschnitt ereignete sich am Übergang von der Kreide zum Tertiär vor ca. 65 Millionen Jahren (▶ Bild 2 ⑤), als die Saurier ihre Vorherrschaft zugunsten der Säugetiere verloren. In Gesteinsschichten dieser Epoche findet man erhöhte Gehalte von Iridium, einem Element, das in bestimmter außerirdischer Materie enthalten ist. Auch Umrisse eines Riesenkraters auf der Halbinsel Yucatan (Mexiko) deuten auf einen Meteoriteneinschlag als Ursache hin. Betrachtet man den Aussterbeprozess der Dinosaurier jedoch genauer, so erkennt man, dass viele Arten bereits mehrere Millionen Jahre vor dem Ende der Kreidezeit verschwanden. Zur gleichen Zeit kam es zu einer Einwanderungswelle der Säugetiere von Asien über die Beringstraße nach Nordamerika, zu einer starken Radiation der Säugetiere und zum Auftreten erster Primaten.

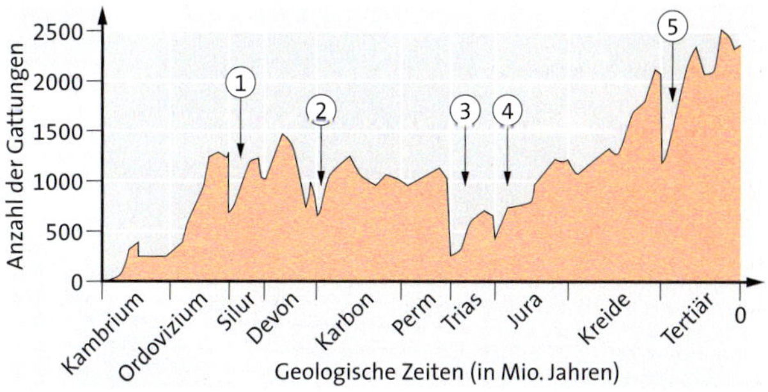

2 Veränderungen der Anzahl von Meerestiergattungen während der Erdgeschichte seit dem Kambrium. Die Ziffern 1–5 bezeichnen die belegten Massenaussterben.

❶ Begründen Sie, warum nach dem Massenaussterben im Perm vor allem die Anzahl der Reptilien wieder zunahm.

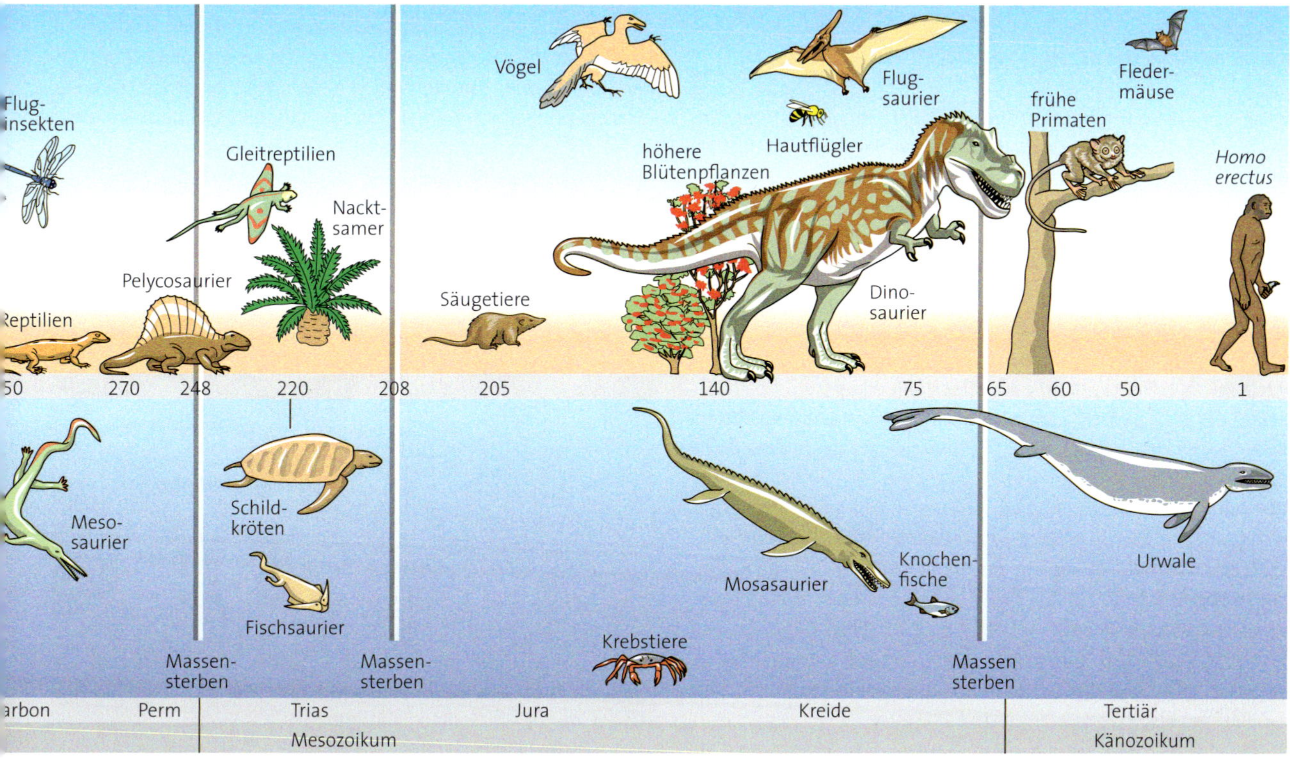

Evolution im Kleinen: Koevolution

1 Blüte des „Sterns von Madagaskar" und ihr Bestäuber. Diese Schwärmerart wurde 132 Jahre zuvor von DARWIN vorhergesagt.

In seinem 1862 veröffentlichten Buch über Orchideen und ihre Bestäuber befasste sich DARWIN auch mit der ungewöhnlichen Blüte des „Sterns von Madagaskar", die einen bis zu 33 cm langen Nektarsporn besitzt (▶ Bild 1). DARWIN stellte die Hypothese auf, dass es ein Bestäuberinsekt mit einem ebenso langen Saugrüssel geben müsse. Nach Jahrzehnten des Spotts wurde 1903 tatsächlich ein Schwärmer mit entsprechendem Rüssel gefunden. Man nannte ihn *Xanthopan morganii praedicta* („der Vorhergesagte"). Aber erst 1994 stand endgültig fest, dass dieser Schmetterling der vorhergesagte Bestäuber ist: An seiner Rüsselbasis wurde Pollensekret des Sterns von Madagaskar nachgewiesen und sein Blütenbesuch, bei dem ihm die untere Blütenlippe als Landeplatz dient, wurde dokumentiert.

Koevolution. Wenn Artenpaare sehr weitgehend einander angepasst sind, ist die Ursache meist *Koevolution*. Darunter versteht man einen Evolutionsvorgang, bei dem sich Arten in ihren Anpassungen wechselseitig beeinflussen. Dabei übt jede Art auf die andere einen Selektionsdruck aus und reagiert gleichzeitig auf den Selektionsdruck der anderen Art, indem sich ihre Merkmale adaptiv verändern. Die Folge der Koevolution ist daher Koadaptation, eine immer engere wechselseitige Anpassung.

Beispiele für Koevolution kennt man von vielen biotischen Beziehungen, beispielsweise zwischen Pflanzen und den tierischen Verbreitern ihrer Samen, zwischen Fressfeinden und ihrer Beute, vor allem aber zwischen Symbionten und zwischen Parasiten und ihren Wirten.

Blüten und ihre Bestäuber. Bereits in „The Origin of Species" führt DARWIN die Koevolution zwischen Blüte und Bestäuber an, um die Wirkung der natürlichen Selektion zu erläutern. Danach könnten sich einige Individuen einer Blütenpflanzenpopulation dadurch ausgezeichnet haben, dass an ihren Blüten geringe Mengen Nektar leicht zugänglich waren. Insekten, die auf Nahrungssuche diese Nektarquelle nutzten, bestäubten die Blüten mit Pollen von anderen Nektar absondernden Individuen. Durch diese Fremdbestäubung entsteht ein besonders hoher Ertrag an Samen. Der Anteil der Nektar bildenden Individuen nimmt zu – allerdings auch die Konkurrenz um Bestäuber. So entsteht ein Selektionsdruck hin zur Bildung größerer, für Bestäuber attraktiverer Nektarien. Unter den Bestäubern wiederum bewirkt die Konkurrenz um Nektar einen Selektionsdruck zur Entwicklung von Mundwerkzeugen oder Verhaltensweisen, die eine effiziente Ausbeutung der Nektarquelle ermöglichen. Dies kann dazu führen, dass die Bestäuber zwar Nektar aufnehmen, dabei aber keine Bestäubung mehr erfolgt. Damit entsteht ein Selektionsdruck hin zu einer Blütengestalt, in der die Nektarien so platziert sind, dass die Bestäubung gesichert ist. Nun besteht der Selektionsdruck bei den Bestäubern wieder hin zu passgenaueren Mundwerkzeugen usw.

So hat die rund 140 Millionen Jahre andauernde Koevolution zwischen Blüten und ihren Bestäubern – Insekten, Vögeln und Säugetieren – bei den Blütenpflanzen zu einer Fülle von Blütenformen, bei den Bestäubern zu entsprechend angepassten Bestäubungsorganen und Verhaltensweisen geführt (▶ Bild 1 und 2). Die dabei entstandenen Spezialisierungen führen beim Anbau von Kulturpflanzen immer wieder zu Problemen. Beispielsweise können Rotklee oder Tomaten nur von Hummeln, aber nicht von Honigbienen bestäubt werden: Nur der lange Rüssel der Hummeln erreicht den Nektar in der Tiefe der Kleeblütenröhre und nur der Brummton ihres Flugs erzeugt die Vibrationen, durch die sich die Staubblätter der Tomatenblüte öffnen und Blütenstaub freigeben.

2 Die Spiegelragwurz (Ophrys speculum) „imitiert" das Aussehen eines Dolchwespenweibchens (Scolina sp.).

Zwischen Gegenseitigkeit und Einseitigkeit. In symbiontischen Beziehungen wie der Blütenbestäubung profitieren in der Regel alle durch Koevolution verbundenen Partner. Allerdings gibt es auch hier Beispiele, wo Vor- und Nachteile in der Beziehung sehr ungleich verteilt sind:

- Ganz aufseiten der Blütenbesucher liegen die Vorteile, wenn sie die Blüten „illegitim" besuchen, das heißt Nektar „stehlen", ohne die Blüte zu bestäuben. In Schalenblüten umgehen diese „Nektarräuber" dazu die Staubblätter seitlich, Röhrenblüten werden aufgebissen.
- Dagegen verschaffen Sexualtäuschblüten der Pflanze einseitig Vorteile gegenüber ihren Bestäubern. Solche Blüten besitzen verschiedene Orchideenarten der Gattung Ophrys. Sie ahmen in ihrem Blütenbau die Gestalt und Behaarung von Weibchen bestimmter Insektenarten nach (► S. 46, Bild 2). Die Anlockung von Männchen wird zum Teil sogar noch durch die Abgabe von Duftstoffen verstärkt, die denen paarungsbereiter Weibchen ähneln. Beim Versuch, sich mit den vermeintlichen Weibchen zu paaren, übertragen die Männchen dann die Pollenpakete.

Parasiten und ihre Wirte. Im Gegensatz zur symbiontischen Beziehung zwischen den Blüten und ihren Bestäubern liegt bei einer Parasit-Wirt-Beziehung der Vorteil vor allem aufseiten des Parasiten. Der Wirt versucht, den Parasiten loszuwerden oder zumindest „unschädlich" zu machen, der Parasit „antwortet" mit entsprechenden Gegenstrategien. Durch dieses Gegenspielerprinzip entsteht ein fortwährender starker Selektionsdruck, der vor allem den Parasiten zu einer Spezialisierung auf eine Wirtsart zwingt. Parasiten sind daher in der Regel so eng an den Wirt gebunden, dass sie nur selten mehrere Wirte effektiv befallen können. So befallen alle vier Malaria-Erreger der Gattung Plasmodium ausschließlich den Menschen. Selbst der Kuckuck, der als Brutparasit verschiedene Singvogelarten zum Wirt hat, ist streng spezialisiert: Ein Kuckucksweibchen legt seine Eier nur in Nester der Wirtsvogelart, von der es aufgezogen wurde (► S. 82).

Wirt und Parasit befinden sich in einem evolutionären Wettrennen, bei dem keine Seite dauerhaft einen Vorteil erlangt. Würde sich die Evolutionsgeschwindigkeit von einem der Gegenspieler verlangsamen, würde der andere dauerhaft die Oberhand gewinnen. Gelingt es dem Parasiten zum Beispiel nicht mehr, die Immunabwehr des Wirts zu umgehen, so bedeutet dies den Tod des Parasiten. Diese Koevolution von Parasit und Wirt konnte inzwischen auch experimentell an Wasserflöhen und deren Bakterienparasiten belegt werden.

1 Der Rittersporn blüht von unten nach oben auf. Da Hummeln die Nektarsuche von unten beginnen, sichern sie die Fremdbestäubung.

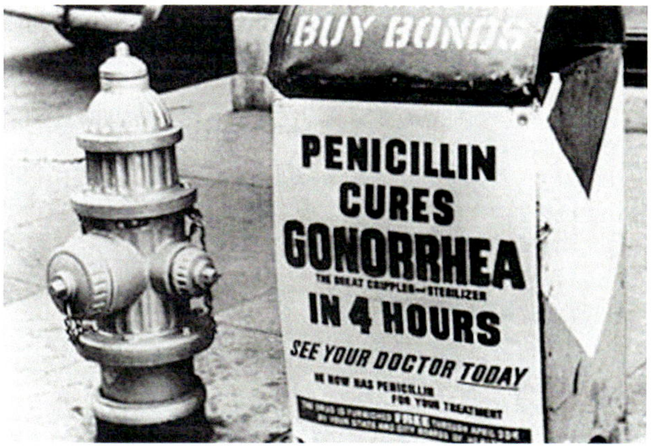

2 Historische Werbung für Penicillin als Wirkstoff gegen Gonorrhöe

Modellfall Antibiotika. Durch die breite Anwendung von Penicillin nach dem Zweiten Weltkrieg schien ein „Sieg" über die bakteriellen Parasiten des Menschen nur eine Frage der Zeit zu sein (► Bild 2). Bald traten aber resistente, gegen dieses Medikament unempfindliche Bakterien auf: Penicillin blockiert ein bakterielles Enzym zur Bildung der Bakterienzellwand. Penicillinresistente Bakterien besitzen eine Variante dieses Enzyms, die durch Penicillin nicht mehr blockiert werden kann. Auch gegen viele andere seither entdeckte Antibiotika wurden Bakterien resistent. Inzwischen sind in den USA etwa 70 % der in Krankenhäusern erworbenen infektiösen Keime resistent gegen mindestens ein Antibiotikum. Oft sind Patienten mit Bakterienstämmen infiziert, die gegen mehrere Antibiotika resistent sind (Multiresistenz). Der Wettlauf zwischen der Bildung resistenter Bakterien und der Entwicklung neuer Antibiotika kann als Modellfall der Koevolution betrachtet werden. Gegenspieler der Parasiten ist in diesem Fall allerdings der Mensch – nicht als biologischer Wirt, sondern als Erfinder.

---

1 Während viele Insekten auf „ihre" Blütenpflanze spezialisiert sind und dementsprechend nur während der Blütezeit dieser Pflanzenart fliegen, ist die Honigbiene den gesamten Sommer aktiv. Erklären Sie, welche Verhaltensleistungen bei der Honigbiene erforderlich sind. Erläutern Sie die Problematik, die sich daraus für die Bestäubung ergibt.

2 Erläutern Sie, welche Bedingungen vorliegen müssen, damit die Strategie der Sexualtäuschblüten längerfristig Erfolg hat.

3 Überlegen Sie, welche Merkmale eines Parasiten dem stärksten Selektionsdruck unterliegen.

4 „Der Parasit verliert den Wettlauf mit dem Wirt auch, wenn er als Sieger hervorgeht." Erläutern Sie diese Aussage.

5 Begründen Sie mit Ihrem Wissen um Artbildungsprozesse, warum man bei verwandten Arten auch häufig verwandte Parasiten findet.

[Z] Evolutionsprozesse – Ergebnisse und offene Fragen

Einteilung der Organismen im Spiegel der Forschung. Seit Aufkommen der Evolutionstheorie versucht die Biologie, die Organismen nach ihrer Stammesgeschichte zu gliedern. Insbesondere die Einteilung in Reiche spiegelt den Wandel sowohl des wissenschaftlichen Erkenntnisstands als auch der Gewichtung von Merkmalen wider:

- Die ursprüngliche *Drei-Reiche-Gliederung* in Pflanzen, Tiere und Pilze beruht im Wesentlichen auf äußeren Baumerkmalen.
- Die Unterscheidung von *Pro-* und *Eukaryoten* berücksichtigt vor allem die unterschiedliche zelluläre Organisation.
- Im heute allgemein verwendeten *Fünf-Reiche-System* werden biochemische und genetische Merkmale stärker gewichtet.

Das Fünf-Reiche-System. Diese Gliederung teilt die Lebewesen in die folgenden Reiche ein:

- Das *Reich Prokaryoten*, zu dem Eubakterien, Cyanobakterien und Achaebakterien gehören, umfasst einzellige Organismen mit kernlosen Protocyten. Bei Prokaryoten kommen alle bekannten Formen der Energiebereitstellung vor, während in den anderen Reichen nur wenige davon auftreten. Alle übrigen Organismen sind Eukaryoten mit kernhaltigen Eucyten.
- Das *Reich Protisten* umfasst einzellige oder koloniale Eukaryoten sowie sämtliche Rotalgen, Braunalgen und Grünalgen, unabhängig davon, ob ein- oder vielzellig. Aufgrund molekularbiologischer Erkenntnisse werden die Protista seit Kurzem noch in weitere Reiche unterteilt, da sich die Eukaryoten schon sehr früh stark aufgespalten haben.
- Das *Reich Pilze (Fungi)* umfasst heterotrophe Organismen mit Zellwänden aus Chitin, die saprophytisch, parasitisch oder symbiontisch leben.
- Zum *Reich Pflanzen (Plantae)* zählen vielzellige, zur Fotosynthese fähige Organismen mit Generationswechsel.
- Das *Reich Tiere (Animalia)* bilden die heterotrophen Vielzeller mit diploiden Körperzellen und haploiden Keimzellen.

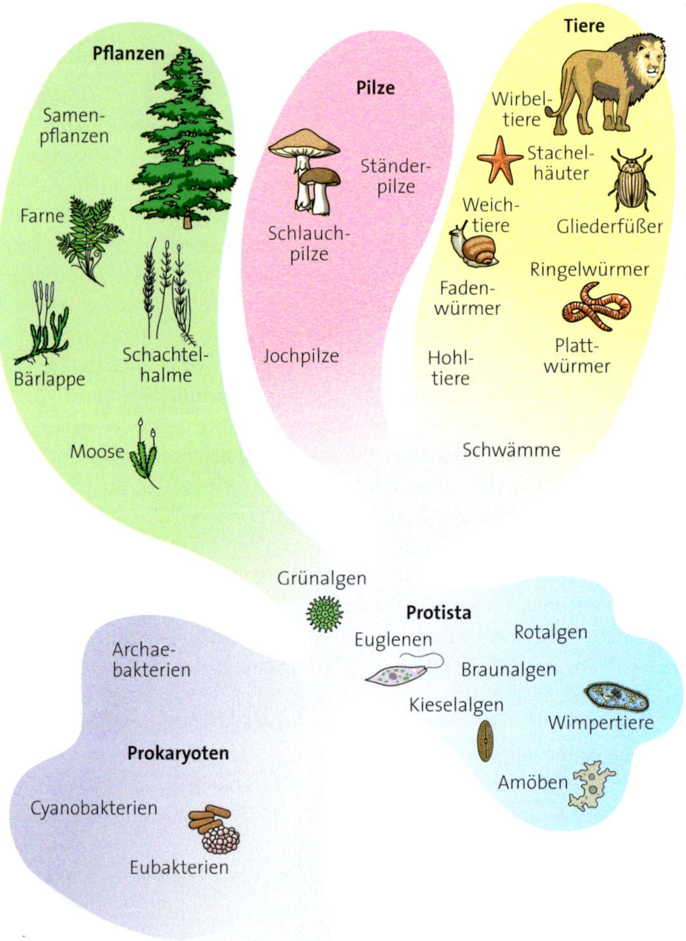

1 *Das Fünf-Reiche-System*

Weiterentwicklung und offene Fragen. Wie jede Theorie ist auch die erweiterte Evolutionstheorie kein abgeschlossenes Konzept. Manche Fragen sind nach wie vor Gegenstand der Forschung:

- Artbildung lässt sich durch gleichmäßige, graduelle Veränderung von Populationen erklären. Nach gradualistischer Auffassung erfolgen auch große evolutive Wandlungen durch Anhäufung vieler kleiner Veränderungen in langen Zeiträumen. Allerdings könnten lange Perioden evolutiven Stillstands punktuell von Zeiten des Artenwandels unterbrochen worden sein.
- Dieser *Punktualismus* stützt sich auf die Sprunghaftigkeit fossiler Funde, die der *Gradualismus* auf fehlendes Fossilmaterial zurückführt. Unsere gegenwärtigen Datierungsmethoden sind zu ungenau, um diese Frage entscheiden zu können.
- Wie evolutive Prozesse unterhalb des Artniveaus (intraspezifische oder *Mikroevolution*) ablaufen, gilt in den Grundzügen als verstanden. Ob die Entstehung systematischer Großgruppen (*Makroevolution*) einfach durch Addition kleiner Veränderungen erklärt werden kann oder ob dafür andere Evolutionsmechanismen gelten, wird kontrovers diskutiert.
- Unumstritten ist, dass zufällige Prozesse wie Mutation und Gendrift in der Evolution wirken. Zweifelhaft ist, ob die äußere Selektion als einziger richtender Mechanismus wirkt. Man sucht nach weiteren Faktoren, die eine Richtung in die zufällige Variabilität einer Population bringen.
- Die Experimente von MILLER und anderen führten zwar zu Hypothesen, wie das Leben entstanden sein könnte, jedoch ist damit bisher nur nachgewiesen, dass unter den Bedingungen auf der jungen Erde einfache Biomoleküle aus anorganischen Verbindungen entstehen konnten.
- Jeder Evolutionsschritt ist ein historisches Ereignis, das sich in dieser Form aller Wahrscheinlichkeit nach nicht wiederholen oder umkehren wird. Experimente zur Evolution können deshalb nur kleine Veränderungen innerhalb einer Art simulieren.

1 **Vergleichen Sie die heutige, in großem Umfang und in kurzer Zeit erfolgende Ausrottung von Tier- und Pflanzenarten durch den Menschen mit den Massenaussterben in der Erdgeschichte.**

Mithilfe dieses Kapitels können Sie

- erklären, was man unter chemischer Evolution versteht
- die Bedingungen auf der Urerde und die Zusammensetzung der Uratmosphäre angeben
- durch Simulationsexperimente begründete Hypothesen zur präbiotischen Synthese von Biomolekülen darstellen
- die Entstehung eukaryotischer Zellen mithilfe der Endosymbiontentheorie erklären
- Massenaussterben und damit zusammenhängende Evolutionsschübe an Beispielen aus der Erdgeschichte beschreiben
- das Prinzip der Koevolution und deren Folgen für die beteiligten Arten an einem Beispiel erläutern
- offene Fragen der erweiterten Evolutionstheorie erörtern
- die Großgruppen der Organismen stammesgeschichtlich begründet ordnen

Testen Sie Ihre Kompetenzen

Während die Nacktsamer, beispielsweise Nadelbäume, fast immer durch den Wind bestäubt werden, erfolgt die Bestäubung der Bedecktsamer (Angiospermae) zum überwiegenden Teil durch Tiere. Sie gilt als ein wichtiger Selektionsvorteil bei der Entstehung der Bedecktsamer-Blütenpflanzen vor etwa 140 Millionen Jahren. Die stammesgeschichtliche Entwicklung der Blüten zu „Tierblumen" und ihrer Bestäuber zu „Blumentieren" unterliegt seitdem einer Koevolution, die wahrscheinlich die große Artenvielfalt der Blütenpflanzen und ihrer häufigsten Bestäuber, der Insekten, mitbedingt. Die enge Beziehung zwischen Blüten und bestäubenden Insekten wurde erstmals 1793 von dem Spandauer Gymnasialrektor CHRISTIAN KONRAD SPRENGEL durch Untersuchungen an über 400 Pflanzenarten erkannt. Zu seiner Zeit unverstanden und – z.B. von JOHANN WOLFGANG GOETHE – abgelehnt, wurden SPRENGELS Erkenntnisse später von DARWIN genutzt und gewürdigt.

1. Erklären Sie mit Bezug auf die Erkenntnis von CHRISTIAN KONRAD SPRENGEL (▶ Text unten), was man unter Koevolution versteht.
2. Stellen Sie die Vor- und Nachteile der Blütenbestäubung durch den Wind und durch Tiere einander gegenüber.
3. Blüten und deren Bestäuber sind in unterschiedlichem Ausmaß durch Koevolution aneinander angepasst. Vergleichen Sie dazu die im Bild rechts oben beschriebenen Blüten bzw. Bestäuber von Hahnenfuß (links) und Lichtnelke und begründen Sie Ihre Folgerungen.

„Meine Untersuchungen überzeugten mich immer mehr davon, dass viele, ja vielleicht alle Blumen, welche Saft [Nektar] haben, von den Insekten, die sich von diesem Saft ernähren, befruchtet [bestäubt] werden, und dass folglich diese Ernährung der Insekten zwar in Ansehung ihrer selbst Endzweck, in Ansehung der Blumen aber nur ein Mittel, und zwar das einzige Mittel zu einem gewissen Endzweck ist, welcher in ihrer Befruchtung besteht ..."

nach C.K.SPRENGEL (1793): „Das entdeckte Geheimnis der Natur im Bau und in der Befruchtung der Blumen"

Blüte: Schale oder Scheibe
Staubblätter: viele, unbestimmte Zahl
Nektar und Pollen: frei zugänglich
Bestäuber: Fliegen, Käfer, Wespen

Blüte: enge Röhre mit flacher Krone
Staubblätter: wenige, in festgelegter Zahl und Ordnung
Nektar und Pollen: am Grund bzw. Eingang der Röhre
Bestäuber: Schmetterlinge

Pollen	Nektar (Inhaltsstoffe)
Proteine 16–30 %	Zucker 8–75 %
Fett 3–10 %	Mineralstoffe
Stärke 1–9 %	Vitamine

4. Erklären Sie Vor- und Nachteile einer sehr weitgehenden, in Koevolution entstandenen Anpassung zwischen einer Blütenpflanze und der sie bestäubenden Tierart.
5. Bilden Sie eine Hypothese, warum Blütenpflanzen im Lauf der Evolution ihren Bestäubern statt großer Pollenmengen immer häufiger Nektar angeboten haben (▶ Tabelle oben).
6. Stellen Sie dar, wie Koevolution die Artenvielfalt sowohl der Blütenpflanzen als auch ihrer Bestäuber steigern kann.
7. Bei der Untersuchung von Orchideenblüten fand SPRENGEL keinen Nektar und musste „gestehen, dass diese Entdeckung mir keineswegs angenehm war". Er entdeckte dann aber, dass Fliegen in die Blüte kriechen, „welche durch das Ansehen der Blüten getäuscht im Horn Saft vermuten". Überprüfen Sie diese Erklärung der Orchideenbestäubung mithilfe Ihres Wissens.

Evolution des Menschen

1 In der 1940 entdeckten Höhle von Lascaux sind etwa 600 gut erhaltene Malereien aus der Altsteinzeit zu bewundern.

Die ältesten Kunstwerke der Welt wurden vermutlich vor etwa 35 000 Jahren von den ersten Menschen unserer Art in Europa geschaffen. Wahrscheinlich sind diese Menschen von Afrika her über Vorderasien eingewandert. Ihre Kunstwerke bezeugen einen Entwicklungssprung in der menschlichen Evolution: die Fähigkeit zum abstrakten und symbolischen Denken. Dass und wie sich aus tierischen Vorfahren ein denkendes, sprechendes und kulturfähiges Wesen entwickelte, gehört zu den wichtigsten biologischen Erkenntnissen über uns selbst.

Im Blickpunkt

- Der Mensch, ein junger Zweig am Stammbaum der Lebewesen
- Einzige Art mit doppelter Evolution: biologische und kulturelle Evolution des Menschen
- Primaten, die Verwandtschaftsgruppe des Menschen, und ihre kennzeichnenden Merkmale
- Anpassungen früher Primaten an das Baumleben als Prädispositionen für die Evolution zum Menschen
- Das Besondere am Menschen: ein Vergleich mit Menschenaffen
- Schlüsselereignisse in der Evolution des Menschen
- Fossilgeschichte des Menschen
- Wie die Evolution des Menschen erforscht wird – Methoden der Paläoanthropologie
- Fragen zur Herkunft des modernen Menschen Homo sapiens

GRUNDLAGEN Der Mensch unterscheidet sich unverkennbar von den Tieren. Aber ebenso unverkennbar teilt er viele Merkmale mit allen Lebewesen, noch mehr mit Tieren und besonders viele mit Säugetieren. Dieser scheinbare Widerspruch wird nur verständlich, wenn man die biologische Vergangenheit des Menschen und seine Abstammung in Betracht zieht.

Aus biologischer Sicht zählt der Mensch zusammen mit Halbaffen (Nacktnasenaffen) und Affen (Haarnasenaffen) zur Ordnung Primaten. Die Trennung der Vorfahren des Menschen von denen der Menschenaffen, die sich bis dahin gemeinsam entwickelt hatten, erfolgte vor 8 bis 5 Millionen Jahren in Afrika. Die weitere durch Fossilfunde dokumentierte Entwicklung verlief mit zahlreichen Seitenlinien, von denen viele in einer Sackgasse endeten, da deren Vertreter ausstarben. Es gilt also auch für die Evolution des Menschen, dass bestehende Merkmale immer wieder variiert, der Selektion unterworfen und abgewandelt wurden.

Als DARWIN seine Evolutionstheorie aufstellte, glaubten die meisten Menschen, dass sie eine eigenständige Schöpfung Gottes seien. Viele empfinden auch heute noch die Tatsache, dass sich der Mensch aus tierischen Vorfahren entwickelt hat, als „Kränkung“. Diese Menschen haben vor allem die kulturelle Evolution im Blick, die unser Leben in der Regel viel auffälliger bestimmt als die durch biologische Evolution entstandene, selbstverständlich erscheinende biologische Natur. Mit dieser doppelten Evolution sind wir tatsächlich einzigartig.

Doppelte Evolution des Menschen

Ein herausragendes Merkmal des Menschen ist seine unvergleichliche Lernfähigkeit. Bereits frühe Vorfahren des Menschen übernahmen offensichtlich erlerntes Verhalten von erfahrenen Artgenossen. Überschritt diese Weitergabe von Erfahrung und Wissen die Generationengrenze, entstand *Tradition*. Sie ist die Grundlage von *Kultur*. Darunter versteht man die Gesamtheit erlernter Verhaltensweisen und Fähigkeiten einer Gruppe, die von Generation zu Generation weitergegeben wird. Mit der Fähigkeit zur Kultur haben die Menschen als einzige Lebewesen neben der *biologisch-genetischen Evolution* eine zweite, *kulturelle Evolution* entwickelt, um Information zu erwerben, zu vermehren und an die nächste Generation weiterzugeben.

Kulturelle Evolution. Im Vergleich mit der biologischen Evolution erfolgt der Informationsfluss durch kulturelle Evolution „horizontal" in der gesamten Population, nicht nur „vertikal" von Eltern auf Kinder und ist dadurch viel schneller und anpassungsfähiger. Durch die Entwicklung der *Sprache*, viel später auch durch die Erfindung der *Schrift* wurde die Wirkung dieser Besonderheiten enorm gesteigert.

Wann die Wortsprache entstanden ist, lässt sich zeitlich nur schwer zuordnen. Dagegen erlauben fossile Zeugnisse wie Werkzeugfunde, Feuerstellen, Bestattungen oder Kunstwerke nicht nur die Rekonstruktion der materiellen Kulturentwicklung der Menschen, sondern lassen auch Rückschlüsse auf ihre geistigen Leistungen und religiösen Vorstellungen zu.

Mit den Errungenschaften der kulturellen Evolution wurde der Mensch immer besser in die Lage versetzt, seine Umwelt zu verändern und den eigenen Bedürfnissen anzupassen. Der Zwang zur Anpassung an die Umwelt, wie er die biologische Evolution kennzeichnet, wird damit in sein Gegenteil verkehrt.

Biologische Evolution. Die Kulturfähigkeit der Menschen hat biologische Grundlagen. Dazu zählen in erster Linie:

- die mit dem *aufrechten Gang* verknüpfte Entwicklung universell verwendbarer *Greifhände*, die – von der Fortbewegungsfunktion befreit – sich zum herausragenden „Kulturorgan" entwickeln konnten;
- die als *Cerebralisation* bezeichnete Größenzunahme, Komplexitäts- und Leistungssteigerung des menschlichen Gehirns. Auf dieser Cerebralisation gründen sich letztlich Lernfähigkeit und Sprachvermögen.

Nach allen fossilen Zeugnissen, die uns vorliegen, haben sich aufrechter Gang oder *Bipedie* und Gehirn während der Evolution der Hominiden nicht im Einklang miteinander entwickelt, sondern mit unterschiedlicher Geschwindigkeit. Man spricht von *Mosaikevolution*. Zuerst entstand der aufrechte Gang. Weitgehend unabhängig davon vergrößerte sich später das Gehirn, das beim Menschen nach der Geburt noch viel länger weiterwächst als bei anderen Primaten.

1 **Recherchieren und vergleichen Sie verschiedene Definitionen von Kultur in Lexika und im Internet.**

2 **Kulturelle Evolution verläuft nach lamarckistischem Prinzip. Begründen Sie diese Aussage. Vergleichen Sie die Mechanismen, die bei biologischer beziehungsweise bei kultureller Evolution jeweils wirksam sind. Gehen Sie ein auf Evolutionsgeschwindigkeit und Informationsträger.**

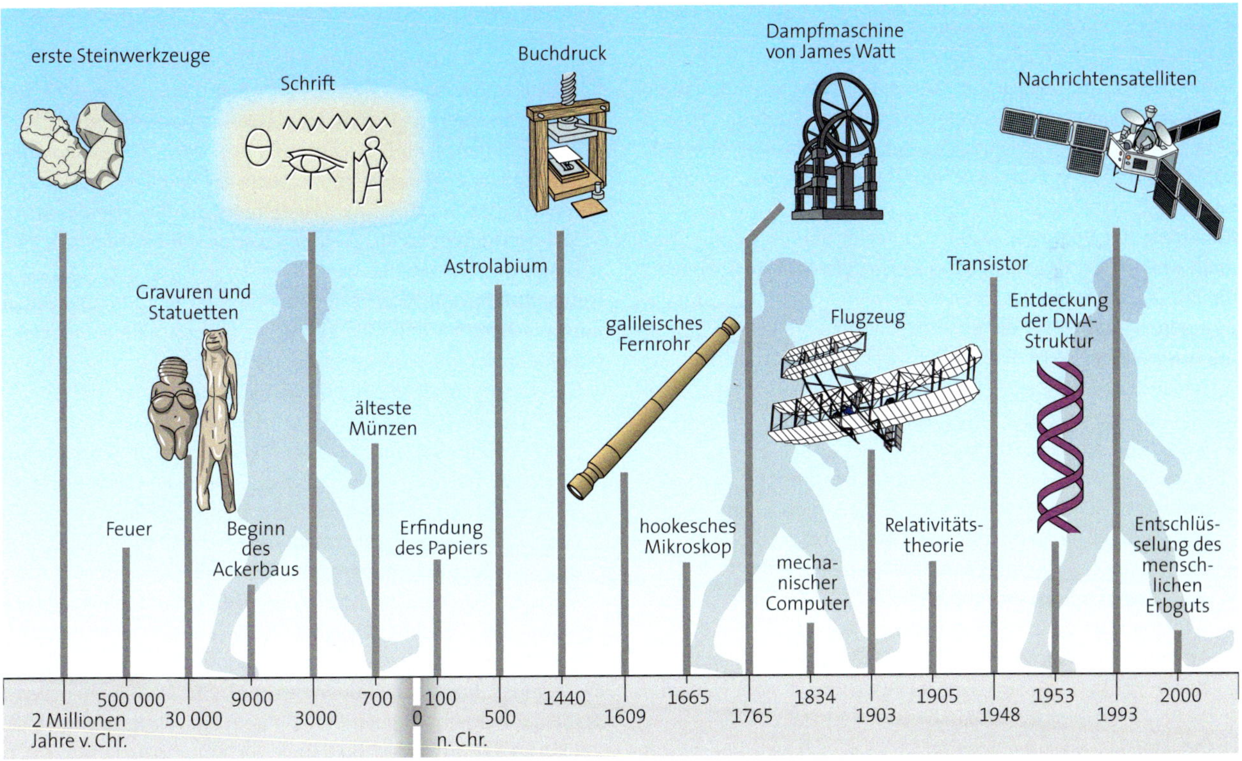

1 *Meilensteine in der kulturellen Evolution des Menschen*

Primaten

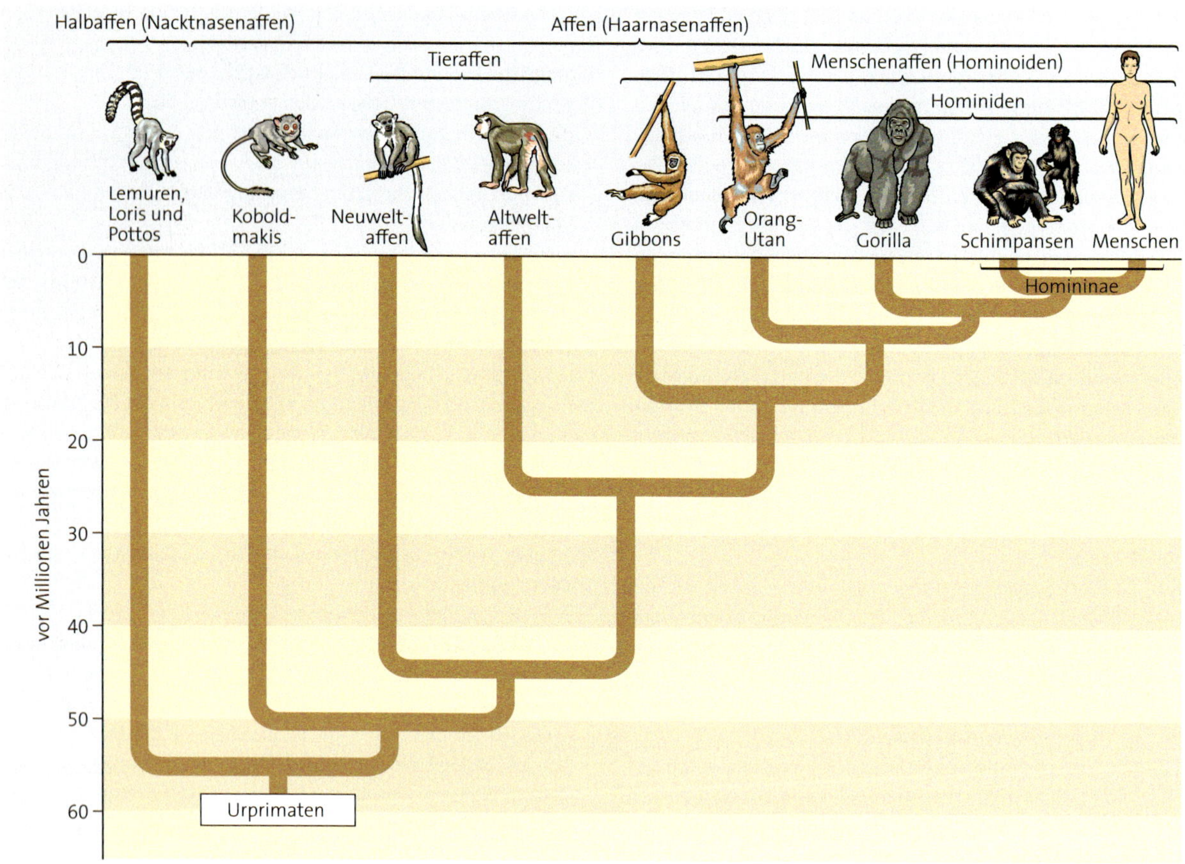

1 Verwandtschaftsbeziehungen der Primaten

Schon LINNÉ, der Begründer der systematischen Kategorien, stellte den Menschen zur Säugetierordnung *Primaten* – „Herrentiere" –, lange bevor die Tatsache der Evolution erkannt wurde. Diese Zuordnung ist durch eine Vielzahl von Übereinstimmungen begründet.

Merkmale der Primaten. Durch ihre recht ursprünglichen *Gliedmaßen mit je fünf Fingern* und das *wenig differenzierte Gebiss* sind die Primaten schwieriger zu kennzeichnen als andere Säugetierordnungen. Typisch für die überwiegend baumlebenden Bewohner warmer Gebiete ist eine Kombination von Merkmalen:

- *vier zum Greifen fähige Füße*, deren erste Zehe sich weit abspreizen und anderen Zehen gegenüberstellen lässt;
- *flache* Nägel anstelle von Krallen;
- ein *gut ausgebildeter, farbtüchtiger Gesichtssinn* mit *nach vorn gerichteten Augen*, die räumliches Sehen ermöglichen;
- ein *Gehirn*, das im Verhältnis zum übrigen Körper *groß* ist;
- relativ *späte Geschlechtsreife* und *lange Lebensdauer*.

Verwandtschaftsgruppen. Innerhalb der Primaten unterscheidet man folgende Verwandtschaftsgruppen:

- *Halbaffen* oder *Nacktnasenaffen* sind die kleinen *Galagos* und *Loris* in Afrika, Süd- und Südostasien sowie die überwiegend nachtaktiven *Lemuren* Madagaskars.
- *Koboldmakis* mit außergewöhnlich großen Augen und besonderem Sprungvermögen sind mausgroße Waldbewohner Südostasiens. Sie stehen den *Echten Affen* nahe und werden mit diesen als *Haarnasenaffen* den Halbaffen gegenübergestellt.
- *Neuweltaffen*, auch Breitnasenaffen genannt, aus Südamerika sind durchweg Baumbewohner, viele mit einem Greifschwanz.
- *Altweltaffen*, auch Schmalnasenaffen genannt, leben in Afrika, Süd- und Südostasien. Zu ihnen zählen die langschwänzigen Languren sowie Meerkatzen, Makaken und Paviane.

Neuweltaffen und Altweltaffen zusammen werden manchmal auch als *Tieraffen* den *Menschenaffen* (Überfamilie *Hominoidea* oder *Menschenähnliche*) gegenübergestellt.

- Die *Hominoiden* umfassen die als Schwinghangler hoch spezialisierten südostasiatischen *Gibbons* und die Familie *Hominidae* (Hominiden) mit den großen Menschenaffen (Orang-Utan, Zwergschimpansen oder Bonobo, Schimpanse, Gorilla) und dem Menschen. Schimpansen und Mensch ordnet man in die gemeinsame Unterfamilie *Homininae* (Homininen) ein. In welchen systematischen Kategorien die enge Verwandtschaft von Mensch und Menschenaffen ausgedrückt wird, hängt jedoch davon ab, welches Gewicht man einzelnen Merkmalen zuerkennt.

Ein eigenes Taxon für den Menschen? Die traditionelle Systematik der Primaten zog zur Einteilung in die verschiedenen Kategorien im Wesentlichen Merkmale im Körperbau heran. Meist stand dann der Mensch als einziger Vertreter des Taxons „Hominiden" den „Pongiden" mit Orang-Utan, Gorilla und den beiden Schimpansenarten gegenüber. Auch wenn dies aufgrund der großen körperlichen und genetischen Ähnlichkeit von Mensch und Schimpansen der Logik des natürlichen Systems widersprach, sollte dadurch die besondere Stellung des Menschen hervorgehoben werden.

Ursprüngliche Primaten. Die Primaten leiten sich wahrscheinlich von Insektenfressern ab und bilden seit etwa 65 Millionen Jahren eine eigene Gruppe. Ursprünglich waren sie kleine, bodenlebende, nachtaktive Tiere mit gutem Geruchssinn und geringem Sehvermögen, passten sich aber früh schon an das Leben auf Bäumen an. Diese Lebensweise in einem dreidimensionalen, lückenreichen Lebensraum erforderte Umstellungen beim Einsatz der Fortbewegungsorgane, der Sinnesorgane und des Gehirns.

Prädispositionen für die Evolution des Menschen. Millionen Jahre später erwiesen sich eine ganze Reihe dieser Anpassungen an das Baumleben als wichtige *Prädispositionen* (▶ S. 31) für die Evolution des Menschen:

- *Greifhände und Plattnägel.* Greifhände mit abspreizbarem Daumen und mit Plattnägeln als Widerlager erhöhen die Griffsicherheit an Ästen.
  Für die spätere menschliche Evolution war die Entwicklung der Hand zu einem – besonders an den Fingerspitzen – hochsensiblen Greiforgan von entscheidender Bedeutung.
- *Räumliches Sehen und Farbensehen.* Der Stereoblick der nach vorn gerichteten Primatenaugen verbessert das Abschätzen von Entfernungen. Da die Tiere überwiegend tagaktiv sind, erleichtert die Unterscheidung von Farben den Nahrungserwerb. Auch unter allen Sinnesfunktionen des Menschen nimmt der Gesichtssinn eine dominierende Stellung ein.
- *Gehirn.* Mit der anspruchsvollen Sinneswahrnehmung und der notwendigen schnellen Bewegungskoordination ging bei den baumbewohnenden Primaten eine Vergrößerung und Verfeinerung von Klein- und Großhirn einher.
  Die Fähigkeit, umfangreiche Informationen im Gehirn zu speichern und zu verarbeiten, bedingt die Sonderstellung des Menschen unter allen Lebewesen. Vermutlich ist Denken an räumliches Vorstellungsvermögen gebunden.
- *Fortpflanzung.* Verglichen mit Säugetieren ähnlicher Größe dauert die Schwangerschaft bei höheren Primaten lange. Meist kommt ein relativ unselbstständiges Junges zur Welt. Der enge körperliche und soziale Kontakt von Mutter und Jungem über lange Zeit ermöglicht ein *Lernen durch Nachahmung*.
  Die Bildung gruppenspezifischer Traditionen ist eine wichtige Wurzel für die kulturelle Evolution des Menschen.
- *Unspezialisiertheit.* Primaten sind, verglichen mit anderen Säugetieren, wenig spezialisierte Generalisten. Diese Unspezialisiertheit erfordert aber ein „offenes" Verhaltensprogramm mit hoher Flexibilität, was wiederum eine besondere Entwicklung der Intelligenz voraussetzt.
  Die kulturelle Evolution des Menschen war nur aufgrund besonderer Intelligenz möglich.

2 *Altes Primatenerbe beim Halbaffen Plumplori: Greifzehen mit Plattnägeln und binokulares Sehen*

---

❶ Diskutieren Sie Gemeinsamkeiten und Unterschiede, die sich aus der Interpretation der beiden Stammbäume (▶ Bild 2) ergeben. Begründen Sie, warum nach einem von beiden dem Menschen nicht als zweite Gruppe die Menschenaffen gegenübergestellt werden können.

❷ Primaten gelten als unspezialisiert. Nennen Sie Spezialisierungen von einigen Säugetierordnungen, in denen diese den Primaten überlegen sind.

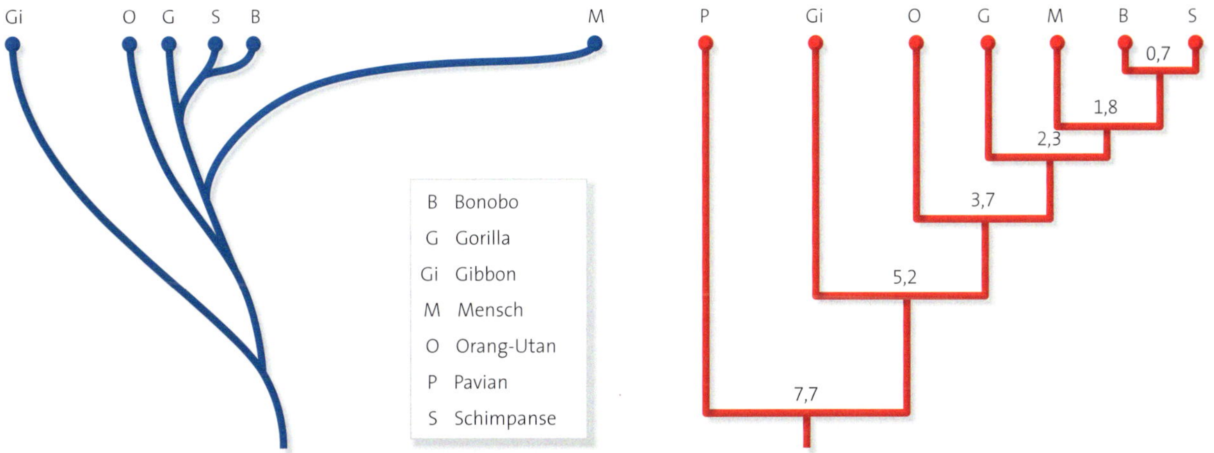

1 *Stammbaumschema der Hominoiden aufgrund anatomischer Merkmale (links) und DNA-Homologie (rechts; die Zahlen stehen für relative Unterschiede der DNA-Sequenzen)*

Der Mensch – ein Primat mit Besonderheiten

Unter allen heutigen Primaten sind die Schimpansen mit dem Menschen am nächsten verwandt. Ihr letzter gemeinsamer Vorfahre muss vor etwa 8–5 Millionen Jahren gelebt haben. Ein Vergleich von Schimpanse und Mensch kann daher die für den Menschen typischen und besonderen Merkmale am besten aufzeigen. Dabei musste man sich lange Zeit auf Befunde der Anatomie, Physiologie und Verhaltensbiologie beschränken. Inzwischen gewinnen Daten aus molekularbiologischen Untersuchungen immer mehr an Bedeutung.

DNA. Das Genom von Mensch und Schimpanse stimmt nach Unterschieden in der Basensequenz ihrer DNA zu 98,7 % überein. Allerdings weisen die bislang untersuchten für Proteine codierenden Gene deutliche Unterschiede auf. Auch die Aktivitätsmuster von Genen unterscheiden sich stark, besonders in Zellen des Gehirns.

Chromosomen. Die Chromosomen gleichen sich weitgehend in Form, Größe und Bandenmuster. Menschenaffen haben jedoch 48 Chromosomen in jeder Körperzelle, Menschen durch Fusion von Chromosom 2 und 3 nur 46 (▶ S. 55, Bild 1).

Skelettbau und Fortbewegung. Auch wenn sich Menschenaffen aufrichten und kurzzeitig aufrecht gehen können, ist der *aufrechte Gang*, die *Bipedie*, für den Menschen kennzeichnend. Damit stehen typische Merkmale seines Bewegungsapparats in Zusammenhang:

- Der Schädel wird *nahe an seinem Schwerpunkt von der Wirbelsäule unterstützt* und kommt ohne starke Nackenmuskulatur aus.
- Die Wirbelsäule ist *doppelt S-förmig gebogen*. Sie trägt Kopf und Rumpf federnd.
- Der *Schwerpunkt des Körpers* liegt *im Beckenbereich* nahe der Wirbelsäule.
- Das *schüsselförmige Becken* trägt die Eingeweide. An den breiten Darmbeinschaufeln setzen die Hüftmuskeln an, die den Rumpf beim Gehen halten und balancieren. Der kräftige Gesäßmuskel dient außerdem für den Vorschub beim Gehen.
- Die Oberschenkelknochen sind im Becken so eingehängt, dass die Knie nahe unter dem Schwerpunktlot liegen und eine kennzeichnende *X-Beinstellung* entsteht.
- Die *längs und quer gewölbte Fußsohle* federt den Druck beim Gehen ab und optimiert die eingesetzte Kraft. Die starke Großzehe ist nicht abspreizbar. Statt des Greiffußes der Menschenaffen hat der Mensch einen *Stand- und Gehfuß*.

Bis heute erinnern den Menschen häufige Skelettschäden an schwierige Kompromisse bei der Evolution des aufrechten Gangs: Bandscheibenverschleiß, Gelenkschäden von Hüfte, Knie und Fuß, Senk- und Plattfüße; außerdem Krampfadern als Folge von Blutstauungen in den Beinvenen.

Universalhand. Die Vordergliedmaßen von Schimpanse und Mensch stimmen in Bau und Beweglichkeit der Arme weitgehend überein. Dagegen besitzt die menschliche Hand vor allem durch die *besondere Beweglichkeit des Daumens*, der sich allen anderen Fingern gegenüberstellen lässt, viel mehr Bewegungsmöglichkeiten als die Greifhand der Menschenaffen. Insbesondere der *Präzisions-* oder *Pinzettengriff* mit Daumen und Zeigefinger ist typisch menschlich.

1 und 2 Mensch und Zwergschimpanse gehend

Schädel und Gebiss. Der *steil nach oben gewölbte Gehirnschädel* des Menschen bietet Platz für das mit etwa 1 400 cm³ im Vergleich zum Schimpansen viermal größere Gehirn. Der *Gesichtsschädel* ist *deutlich kleiner*, die Kiefer sind kurz.

Die *Gebisse* von Mensch und Menschenaffen stimmen in der Zahnformel und im Schmelzfaltenmuster der Backenzähne überein. Beim Menschen bilden die Zähne jedoch eine geschlossene Reihe, die Eckzähne unterscheiden sich kaum von den Schneidezähnen. Beim Schimpansen steht den stark entwickelten Eckzähnen im Oberkiefer jeweils eine Zahnlücke im Unterkiefer gegenüber. Der *Kieferbogen* des Menschen ist *parabelförmig*, der des Schimpansen *U-förmig*.

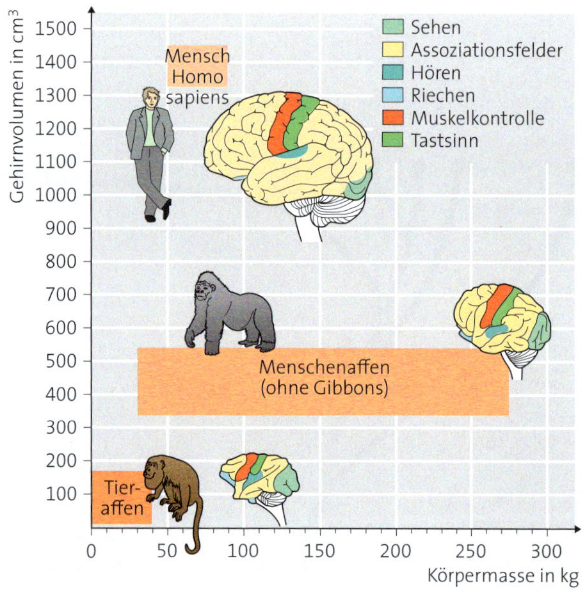

3 Größenzunahme des Gehirns bei Primaten

Sprache und Gehirnleistung. Am stärksten unterscheiden sich Menschenaffen und Mensch in der *Größe und Leistung des Gehirns*. Dem Menschen ermöglicht sein großes und komplexes Gehirn die so nur ihm eigene *Lernfähigkeit*, ein *sehr differenziertes Sozialverhalten* und die *Kommunikation durch Sprache*. Voraussetzung für das Sprechenkönnen sind der Luftraum zwischen Kehlkopfdeckel und Gaumensegel, die geschlossene Zahnreihe, die bewegliche Zunge, vor allem aber ein spezielles motorisches Sprachzentrum im Großhirn.

Auch Schimpansen sind in der Lage, eine Zeichensprache zu erlernen und zu gebrauchen. Die Wort- und Begriffssprache des Menschen ist aber einzigartig. Sie muss individuell erlernt werden, wobei die Fähigkeit zum Spracherwerb, zur differenzierten Lauterzeugung und zum exakten Hören genetisch bedingt ist.

Lange Jugend- und Altersphase. Menschenkinder sind – noch wesentlich länger als Schimpansenkinder – nach der Geburt viele Jahre auf Fürsorge angewiesen. Das ermöglicht ihnen ein intensives *Lernen durch Nachahmung*. Da die Lebensdauer des Menschen weit über das Fortpflanzungsalter hinausgeht, leben zudem mehrere Generationen zur gleichen Zeit. Dieser Umstand erleichtert die Weitergabe von Traditionen. Durch die lebenslang anhaltende Lernfähigkeit wird wiederum die kulturelle Entwicklung beschleunigt.

Kultur. Große, auf Lernfähigkeit beruhende Flexibilität im Verhalten, verbunden mit ausgeprägter Traditionsbildung innerhalb sozialer Gruppen, ist die Grundlage menschlicher *Kulturen*. Ansätze dazu finden sich auch bei Schimpansen, doch kann man Kultur als ein für den Menschen typisches Merkmal ansehen.

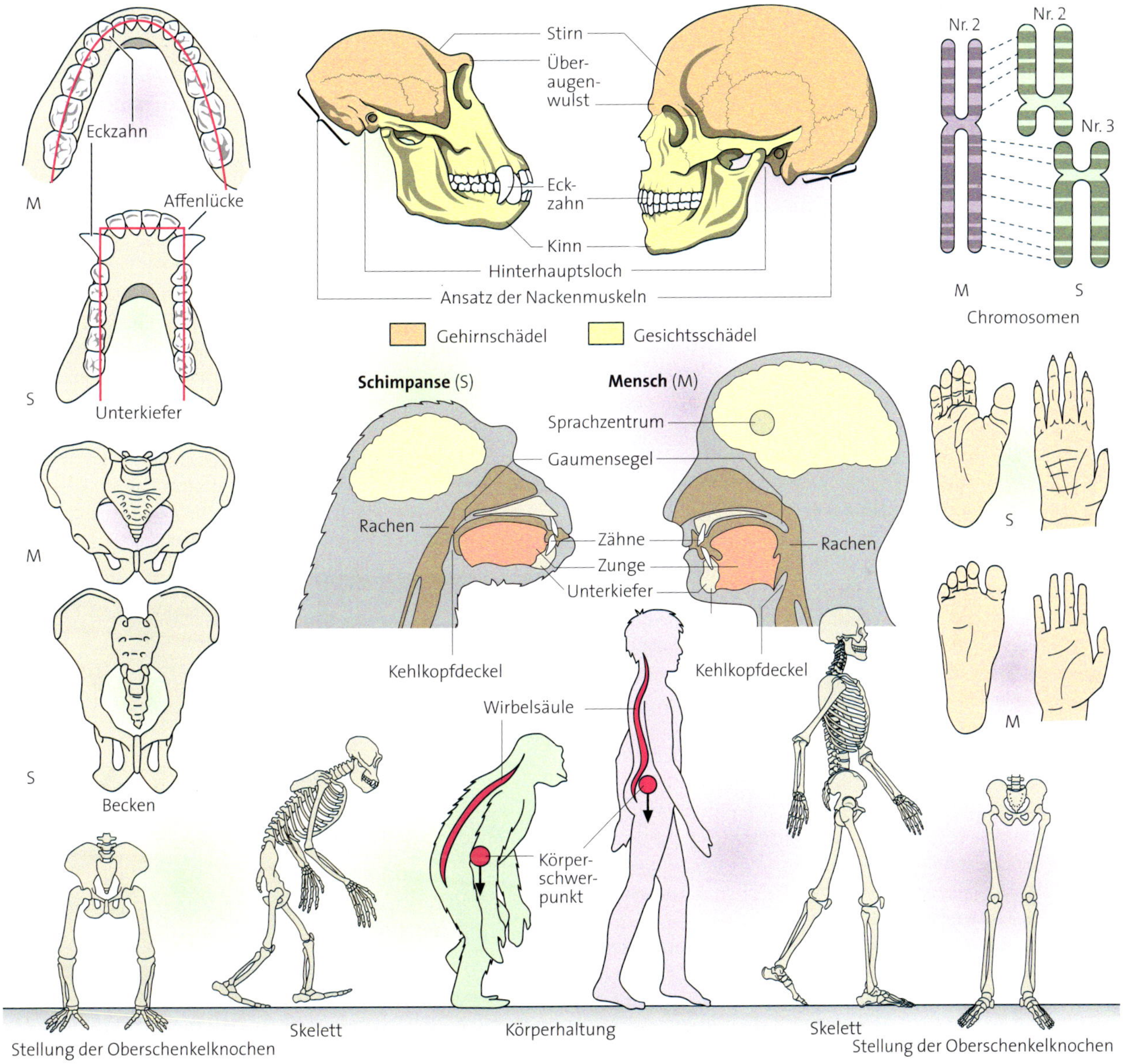

1 Merkmale von Schimpanse und Mensch im Vergleich. Die Chromosomen können anhand ihres Bandenmusters homologisiert werden.

Schlüsselereignisse in der Evolution des Menschen

Aus dem Grundmuster der Primatenmerkmale (▶ S. 53) haben sich die spezifisch menschlichen Merkmale in einem Millionen Jahre dauernden Prozess mit vielen Umwegen und Sackgassen entwickelt. Zwar lassen sich die dabei wirksamen Faktoren im Einzelnen nicht mehr rekonstruieren, doch besteht kein Zweifel an der Wirksamkeit der bekannten Evolutionsmechanismen.

Baumbewohner. Die bislang ältesten Fossilien von Hominoiden sind etwa 38 bis 24 Millionen Jahre alt. Zu ihnen zählt der in Ägypten gefundene *Aegyptopithecus*, der einerseits Merkmale baumlebender, früchtefressender Tieraffen, andererseits hominoide Merkmale aufweist: Die Kronen seiner unteren Backenzähne haben 5 Höcker, getrennt durch Y-förmige Schmelzfalten. Dieses *5-Y-Muster* kennzeichnet alle Hominoiden innerhalb der Primaten.

Entstehung der Bipedie. Zunehmende Trockenheit und Abkühlung führte vor etwa 6 Millionen Jahren zum Rückgang der tropischen Regenwälder. In Ostafrika verstärkten außerdem tektonische Landhebungen den klimatischen Effekt. Aus dem zusammenhängenden Regenwald entstanden Waldinseln und Savannen. Primaten, die wie *Ardipithecus* (▶ S. 58) gut klettern, sich aber am Boden auch zweibeinig bewegen konnten, hätten hier einen Selektionsvorteil gehabt. Deshalb wurde lange Zeit vermutet, dass sich der aufrechte Gang erst in der Savanne entwickelt hätte *(Savannenhypothese)*. Inzwischen kennt man aber ältere Fossilien von vermutlich aufrecht gehenden Hominiden wie *Sahelanthropus* (▶ S. 58), die noch zu Zeiten dichter Regenwälder lebten. Eine andere Hypothese nimmt an, die Bipedie könnte über das Waten in Gewässern entstanden sein *(Aquatic-Ape-Hypothese)*, wie man es heute gelegentlich bei Gorillas (▶ Bild 2) und Schimpansen beobachten kann. Auf diese Weise könnten sich frühe Hominiden mit proteinreicher Nahrung wie Muscheln versorgt haben.

Offenbar bot die Bipedie aber auch in der Savanne Selektionsvorteile: Mit den freien Vordergliedmaßen können Nahrung oder Kinder leichter getragen werden, das Aufrichten erlaubt im hohen Savannengras ein Sichern über weite Flächen und die Regulierung der Körpertemperatur fällt leichter. In Verbindung damit könnte auch die Reduktion des Haarkleids stehen, wodurch überschüssige Wärme bei körperlicher Anstrengung besser abgeleitet wird. Von den Angehörigen der Hominidengattung *Australopithecus* (▶ S. 58), die erstmals vor etwa 4,5 Millionen Jahren auftraten, weiß man jedenfalls, dass sie aufrecht gingen und vorwiegend Savannenbewohner waren.

Gehirnwachstum. Bei der Gattung *Homo* (▶ S. 59) übertrifft vor 2,5 Millionen Jahren das Gehirnvolumen erstmals deutlich das Niveau der Menschenaffen und verdoppelt sich etwa innerhalb einer weiteren Million Jahre. Sehr wahrscheinlich ging die Größenzunahme mit einer Komplexitäts- und Leistungssteigerung einher. Welche Faktoren dafür entscheidend waren, ist unklar; ihre Folgen – die kulturelle Evolution – sind dagegen offenkundig.

Entwicklung einer Werkzeugkultur. Schon die Australopithecinen benutzten vermutlich Steine oder Stöcke als Werkzeuge, ähnlich wie es heute lebende Menschenaffen tun. Doch die *systematische Herstellung und Verwendung von Werkzeugen* – die älteste Form von Kultur – setzt erst mit dem Auftreten der Gattung Homo ein. Damit könnte in Beziehung stehen, dass bei diesen Frühmenschen die zuvor auf Kraftwirkung ausgerichtete Greifhand zur vielfältig einsetzbaren Universalhand (▶ S. 54) wird und der Kauapparat an Bedeutung für die Zerkleinerung der Nahrung verliert und reduziert wird.

Erwerb der Sprache. Wann und unter welchem Selektionsdruck sich die Wortsprache der Menschen entwickelt hat, ist unbekannt. Manche Wissenschaftler bringen das Aufkommen von Schmuck, Elfenbeinskulpturen, Musikinstrumenten und Höhlenmalereien vor rund 30 000 Jahren damit in Zusammenhang. Die Wurzeln sprachlicher Kommunikation dürften aber viel weiter zurückreichen.

1 In den Baumsavannen Ostafrikas war Bipedie von Vorteil.

---

1 Der Verlust des Haarkleids und das ausgeprägte Unterhautfettgewebe des Menschen könnten auch für die Aquatic-Ape-Hypothese sprechen. Erklären Sie die Zusammenhänge.

2 Gorilla beim Waten in einem Gewässer

Auf der Suche nach den Ursprüngen

Die *Paläoanthropologie* befasst sich mit den Ursprüngen des Menschen und den Ursachen seiner Evolution. Dabei ist sie auf die scharfsinnige Auswertung fossiler Zeugnisse angewiesen.

Fossilien

Um die wenigen fossil erhaltenen Reste menschlicher Vorfahren zu finden, ist viel Glück, Geduld und Können erforderlich. So trugen beispielsweise der Frankfurter Wissenschaftler FRIEDEMANN SCHRENK und seine afrikanischen Mitarbeiter in zwölfjähriger Arbeit in Malawi lediglich 599 katalogisierenswerte Bruchstücke zusammen, oft nur Knochenklumpen und -splitter. Der Fund wird fotografiert, registriert und seine Lage mit dem Global Positioning System (GPS) ermittelt. Kleinere Überreste werden zum Transport in Tüten verpackt. Oft muss der gesamte Gesteinsblock samt Fossilien freigelegt und abtransportiert werden. Erst im Labor wird jedes einzelne Bruchstück präpariert und mit anderen Funden der Umgebung verglichen.

Werkzeugfunde

Mit der Verwendung und Herstellung von Steinwerkzeugen kommen neuartige Zeugnisse zu den Fossilfunden hinzu. Die ältesten, etwa 2,5 Millionen Jahre alten *Werkzeuge* aus der *Olduvai-Schlucht* in Tansania sind einfache ein- oder zweiseitig grob behauene Kieselsteine („Chopper"). Diese Kulturstufe hielt sich mehr als eine Million Jahre, bis sie vor rund 1,4 Millionen Jahren in Afrika durch feiner bearbeitete Werkzeuge abgelöst wurde: Mit einem Schlagstein wurden Geröllsteine so behauen, dass scharfkantige Abschläge und ein Kernstück entstanden. Die Abschläge eigneten sich zum Schneiden von Haut, Fleisch und Sehnen, das Kernstück zum Aufschlagen von Knochen.

Fundplatzanalyse

Ziel einer *Fundstättenanalyse* ist die Rekonstruktion der Lebensweise früherer Populationen. Vielfach ist das bloße Vorhandensein von Steinwerkzeugen rund um fossile Tierknochen schon ein Beleg für menschliche Aktivitäten. Die Knochen werden auf mögliche Schnitt-, Säge- oder Schlagspuren untersucht. Bei der Auswertung der Ergebnisse werden alle Elemente der Fundstätte nach Alter, Anzahl, Beschaffenheit, Bearbeitung oder Veränderung analysiert und interpretiert. Solche Details erlauben Aussagen darüber, ob es sich bei der Fundstätte um Wohnplatz, Schlachtstätte, Vorratsplatz oder Kultstätte gehandelt hat.

Das Bild unten zeigt einen Fund am Turkanasee in Ostafrika. In einer 1,5 Millionen Jahre alten vulkanischen Ascheschicht, die einen ehemaligen Flussarm und seine Ufer bedeckte, wurden Steinwerkzeuge und fossile Knochen eines einzelnen Flusspferds gefunden. Unbearbeitete Steine fanden sich nicht. Die von den Paläoanthropologen über die Ausgrabungsstätte gelegten Quadrate haben eine Seitenlänge von 1 m.

---

1. **Nennen Sie Fragen, die sich aus dem Fundort ergeben.**
2. **Analysieren Sie die Funde im Hinblick darauf, ob und gegebenenfalls wie das Flusspferd erbeutet wurde.**
3. **Fassen Sie Ihre Beobachtungen und Schlussfolgerungen tabellarisch zusammen.**
4. **Entwickeln Sie Hypothesen zu folgenden Befunden: Tierbissspuren an den Knochen, Zusammenpassen von Abschlägen und Kernstücken.**

☞ Stichworte zu weiteren Informationen

MARY und LOUIS LEAKEY • Homo habilis • Steinwerkzeuge

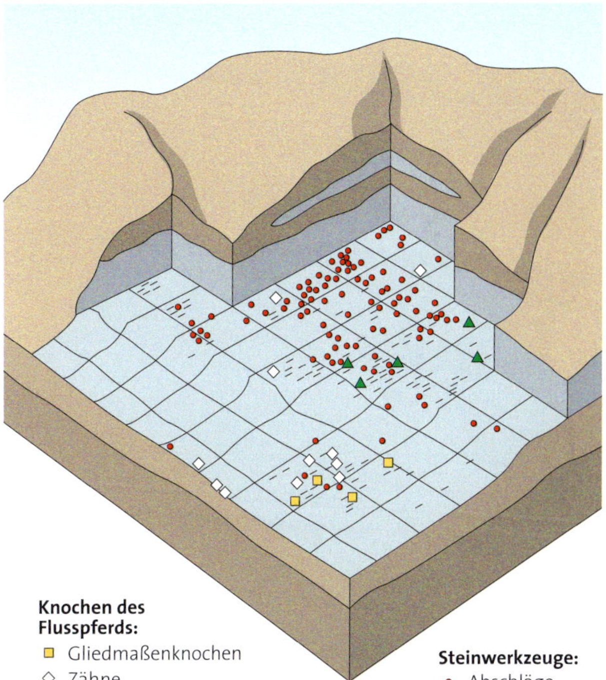

[Z] Frühe Fossilgeschichte des Menschen

Auch ohne einen einzigen Fund fossiler Vorfahren bestünde kein Zweifel an der Primatenverwandtschaft des heutigen Menschen. Für die Rekonstruktion seiner Stammesgeschichte sind Fossilien jedoch von herausragender Bedeutung.

Seit etwa 25 000 Jahren wird die Erde nur noch von einer einzigen Menschenart bewohnt, der Art *Homo sapiens*. Fossilfunde zeigen aber, dass in den letzten 4 Millionen Jahren mehrere – verschiedenen Arten und Gattungen zugeordnete – Menschenformen teils zur gleichen Zeit, teils nacheinander existiert haben. Von manchen Formen sind umfangreiche Reste erhalten, von anderen kennt man nur Schädel- oder Kieferfragmente. So lässt sich die menschliche Abstammungsgeschichte heute in ihren Grundzügen nachzeichnen, wenngleich die Seltenheit fossiler Erhaltung eine „lückenlose" Rekonstruktion prinzipiell unmöglich macht.

Ursprung der Hominiden. 25 bis 9 Millionen Jahre alte Fossilfunde aus Europa und Afrika, die man als *Dryopithecinen* zusammenfasst, gelten als Stammgruppe aller Hominiden.

Etwa 7 Millionen Jahre alt ist der Schädel von *Sahelanthropus tchadensis*, dessen Einzelteile 2001 von einer Forschergruppe im Tschad gefunden und zusammengesetzt wurden. Mit relativ kleinen Eckzähnen und kurzer Schnauze zeigt er schon einige menschliche Merkmale. Es wird vermutet, dass er auch bereits aufrecht gehen konnte. Aufgrund des Einzelfunds ist eine sichere Einordnung in die Verwandtschaft des Menschen aber nicht möglich.

Prähominine. Als *Vormenschen* oder *Prähominine* bezeichnet man Formen, die noch nicht alle Merkmale der echten Menschen besaßen und keine Werkzeuge bearbeiteten. Man fasst die verschiedenen Gattungen und Arten in der Verwandtschaftsgruppe *Australopithecinen* zusammen:

- *Ardipithecus ramidus* lebte vor rund 4,4 Millionen Jahren in der Randzone des Regenwalds in Ostafrika, konnte aufrecht gehen, gut klettern und ähnelte stark heutigen Menschenaffen.

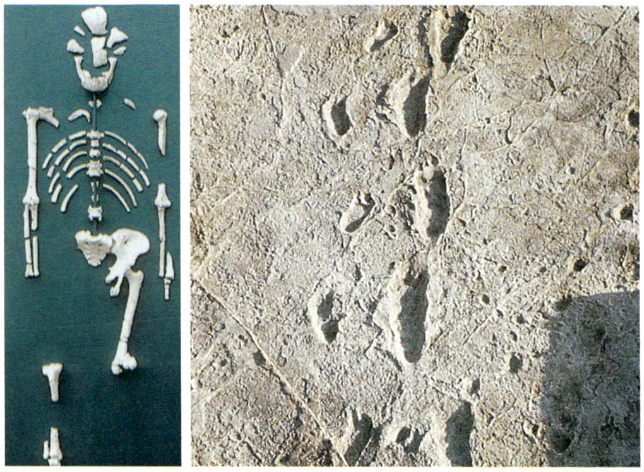

1 Zeugen der Bipedie: „Lucy", Skelett eines Australopithecus afarensis und Fußspuren bei Laetoli (Tansania)

- Von *Australopithecus afarensis* wurde zuerst ein fast komplettes weibliches Skelett gefunden und unter dem Namen „Lucy" bekannt (▶ Bild 1). Inzwischen liegen fossile Überreste von über 120 Individuen vor, die zwischen 3,8 und 2,9 Millionen Jahre alt sind. Die Fundorte erstrecken sich von Äthiopien bis Südafrika. Der aufrechte Gang lässt sich durch den Bau des Beckens, aber auch durch in vulkanischer Asche konservierte Fußspuren direkt belegen. Das Hirnvolumen lag zwischen 400 und 500 cm^3.
- Weitere Australopithecinen wie *Australopithecus anamensis*, *A. africanus*, *A. boisei* und *A. robustus*, die in einem Zeitraum von knapp 4 bis vor etwa 1,3 Millionen Jahren in Afrika lebten, zeichnen sich alle durch drei Merkmale aus: Sie gingen aufrecht, ihr Gehirn war kaum größer als das eines Schimpansen und ihre Eckzähne waren nur wenig größer als die übrigen Zähne.

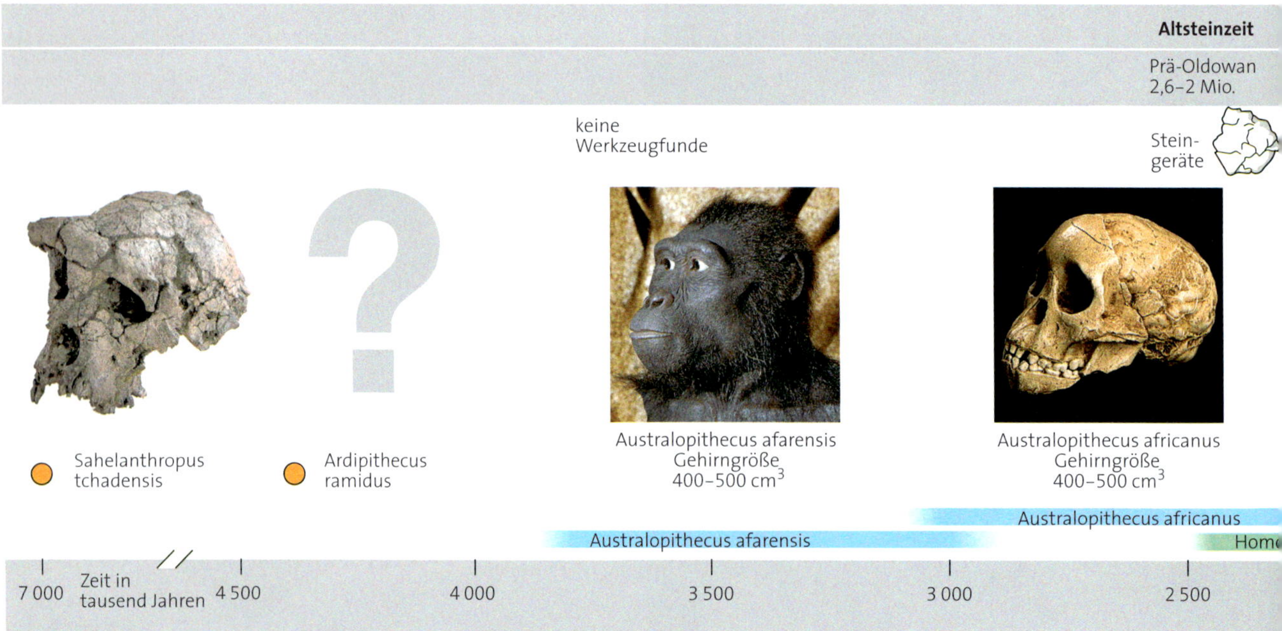

2 Biologische und kulturelle Evolution des Menschen (Fotos: Fossilien, Rekonstruktionen und Werkzeugfunde)

Euhominine. Die Vertreter der Gattung *Homo*, die als *Frühmenschen* oder *Euhominine* bezeichnet werden, finden sich erstmals vor rund 2,5 Millionen Jahren in Ostafrika, zeitgleich mit Australopithecinen. Von diesen unterscheiden sie sich durch ein deutlich größeres Gehirn, kleinere Zähne und längere Beine sowie durch das Herstellen von Werkzeugen. Man vermutet eine monophyletische Abstammung der Gattung Homo von einer der Australopithecus-Arten.

- *Homo habilis* und *Homo rudolfensis* wiesen beide ein Mosaik ursprünglicher und fortschrittlicher Merkmale auf und besaßen ein Gehirnvolumen von etwa 600 bis 750 cm^3. Sie konnten scharfkantige Abschläge von Steinen herstellen, die das Zerlegen von Tieren ermöglichten. Damit erschloss sich ihnen als Fleischesser gegenüber den vorwiegend von Pflanzen lebenden Australopithecinen eine neue ökologische Nische.
- Vor 1,8 Millionen Jahren tauchte mit *Homo ergaster* eine dem modernen Menschen viel ähnlichere Art auf, deren Gehirn mit 870 cm^3 bereits zwei Drittel des Gehirnvolumens heutiger Menschen erreichte. Er wird auch als frühe Form des Homo erectus angesehen.
- Von den vor 1,6 Millionen Jahren gleichzeitig existierenden fünf oder sechs Homininenarten überlebte schließlich nur *Homo erectus*. Angehörige dieser Art hatten ein Gehirnvolumen von 750 bis 1 250 cm^3. Ihr Skelett entsprach weitgehend dem des modernen Menschen. Allerdings waren die Knochen kräftiger. Die Hirnschale war länglicher und flacher, der Gesichtsschädel dagegen größer und besaß vorstehende Überaugenwülste.
  Homo erectus nutzte bereits das Feuer und stellte verschieden geformte Werkzeuge aus Feuerstein her. Er wanderte als erste der fossilen Menschenformen von Afrika aus nach Asien und Europa (▶ Bild 1). Fossilien aus den verschiedenen Teilen der Alten Welt zeigen, dass die räumlich getrennten Linien eine unterschiedliche Evolution durchliefen. In Eurasien überlebte Homo erectus bis vor etwa 250 000 Jahren, in tropischen Regionen wurde er später durch unsere eigene Art *Homo sapiens* verdrängt.

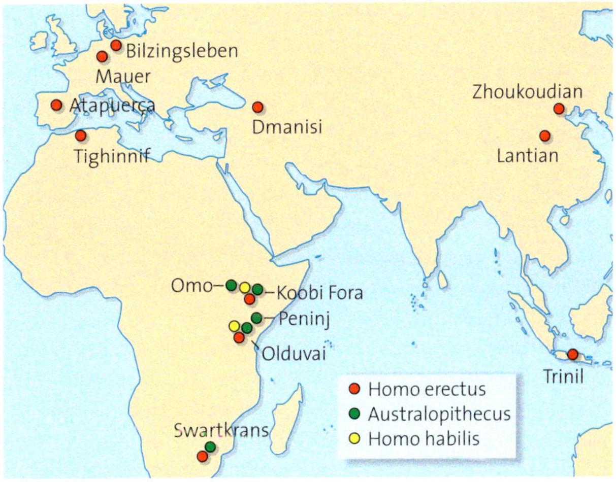

1 Fundorte von Australopithecus, Homo habilis und Homo erectus

❶ **Obwohl von den Australopithecinen keine Steinwerkzeuge bekannt sind, lassen die im Vergleich zu heutigen Menschenaffen relativ kleinen Eckzähne vermuten, dass sie möglicherweise Knüppel oder Steine als Waffen einsetzten. Begründen Sie diese Vermutung.**

❷ **Vertreter der Gattungen Australopithecus und Homo konnten über lange Zeit nebeneinander in Afrika existieren. Stellen Sie eine Hypothese zur Erklärung dieses Sachverhalts auf.**

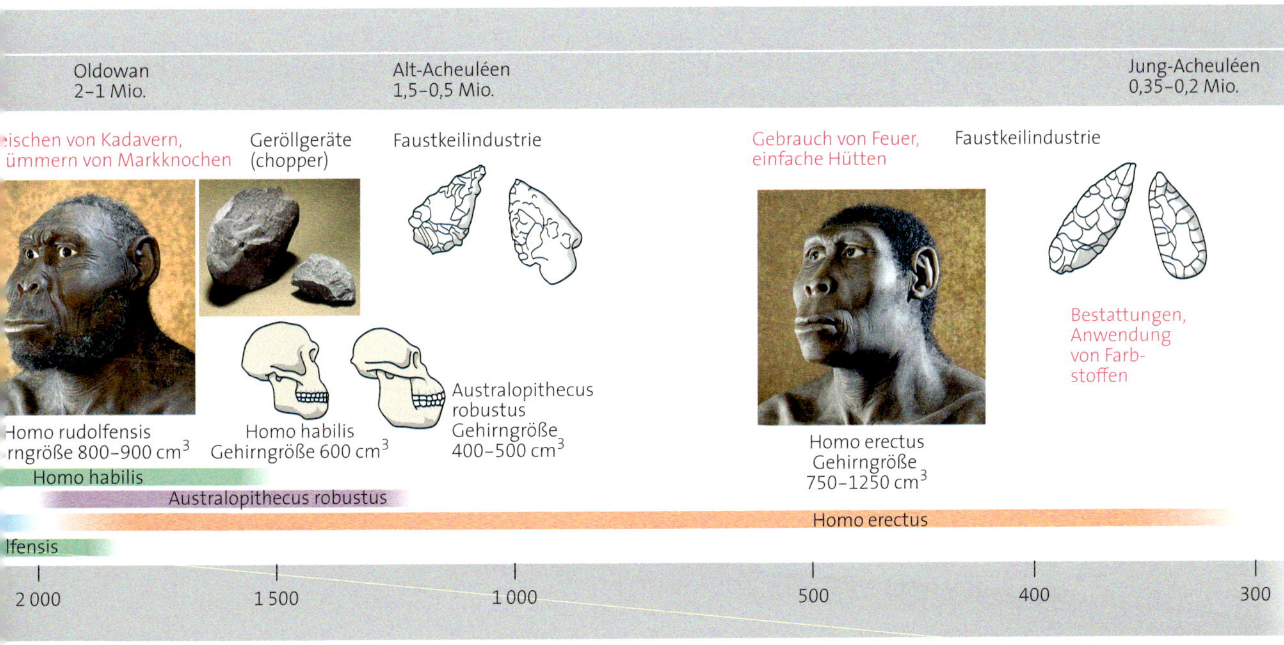

[Z] Jüngere Fossilgeschichte des Menschen

Die Entstehung des „modernen“ Menschen *Homo sapiens*, vor allem aber seine Verwandtschaft mit dem in Europa und Vorderasien während der Eiszeit verbreiteten *Neandertaler Homo neanderthalensis*, ist nicht zweifelsfrei geklärt. Wären Neandertaler direkte Vorfahren des heutigen Menschen – was man lange vermutete –, müsste die DNA der Europäer der DNA von Neandertalern mehr ähneln als die DNA anderer Menschen. Das ist nicht der Fall. Wahrscheinlich ist, dass Jetztmenschen und Neandertaler *unterschiedliche Zweige* einer etwa 500 000 Jahre alten afrikanischen *Homo-erectus-Stammgruppe* sind. Ob sie wirklich getrennten Arten zugehören, ist strittig.

Neandertaler. Die Bezeichnung Neandertaler geht auf den weltweit ersten Fund eines fossilen Menschen 1857 im Neandertal bei Düsseldorf zurück. Inzwischen kennt man viele Neandertaler-Fossilien. Ihr Alter liegt zwischen 130 000 und 30 000 Jahren. Noch ältere europäische Funde wie der in Mauer bei Heidelberg gefundene *Unterkiefer* oder der *Steinheimer Schädel* könnten nach Ansicht mancher Wissenschaftler von Vorfahren des Neandertalers stammen.

Der Neandertaler wurde bis 1,60 m groß, wog bis 80 kg und hatte mit 1 200 bis 1 750 cm^3 ein Hirnvolumen, das größer sein konnte als das des modernen Menschen. Vom Jetztmenschen unterschied er sich durch einen muskulöseren Körperbau, massivere Knochen, eine flache Stirn, Überaugenwülste und ein fliehendes Kinn. Er war als erfolgreicher Jäger an ein eiszeitliches Leben in den kühlen Regionen Europas und Vorderasiens angepasst. Zumindest gelegentlich bestattete er seine Toten in Gräbern. Ob diese Begräbnisse kultische Handlungen waren oder zum Schutz vor Raubtieren erfolgten, ist unbekannt. Den nach Europa einwandernden modernen Menschen sind die Neandertaler zunächst nicht gewichen. Bis sie schließlich vor 30 000 Jahren spurlos verschwanden, lebten beide Menschenformen einige Tausend Jahre nebeneinander, am längsten wohl im Nahen Osten.

Homo sapiens. Durch Artumbildung entwickelte sich aus afrikanischen Populationen des Homo erectus der *Homo sapiens*. Altertümliche Formen mit großem Gehirn und flachem Gesicht erwarben vor etwa 260 000 Jahren nach und nach immer mehr Eigenschaften, die für den modernen Menschen typisch sind. Funde aus Äthiopien gelten mit 195 000 Jahren als die ältesten Fossilien von Homo sapiens. Etwa zur gleichen Zeit nahm die Kreativität bei der Werkzeugherstellung schnell zu. Es bildeten sich in Afrika unterschiedliche Regionalstile und es wurden erstmals Schmuck und einfache Skizzen aus Ockerfarbe hergestellt.

Gegenwärtig vertritt die Mehrzahl der Forscher die Ansicht, dass alle heutigen Menschen von einer kleinen Gruppe von Afrikanern abstammen, die sich beginnend vor 100 000 Jahren von Afrika aus über die ganze Welt verbreitete. Gegen Ende der Eiszeit, vor rund 40 000 Jahren, wanderte eine Teilpopulation auch in Europa ein.

Nach Fundorten in Frankreich werden die ältesten europäischen Jetztmenschen *Cro-Magnon-Menschen* genannt. Anatomisch unterschieden sie sich von ihren Vorfahren durch kleinere Zähne, den hochgewölbten Hirnschädel, einen Unterkiefer mit vorstehendem Kinn und einem grazileren Körperbau. Sie fertigten feinste Steinwerkzeuge an und schufen Kunstwerke wie die Höhlenmalereien von Chauvet und Lascaux (► S. 50). Die Figuren aus Mammutelfenbein aus dem Lonetal bei Ulm gelten mit einem Alter von mehr als 30 000 Jahren als älteste plastische Figuren der Menschheit.

1 Stellen Sie Hypothesen auf, die das Verschwinden des Neandertalers vor etwa 30 000 Jahren erklären können.

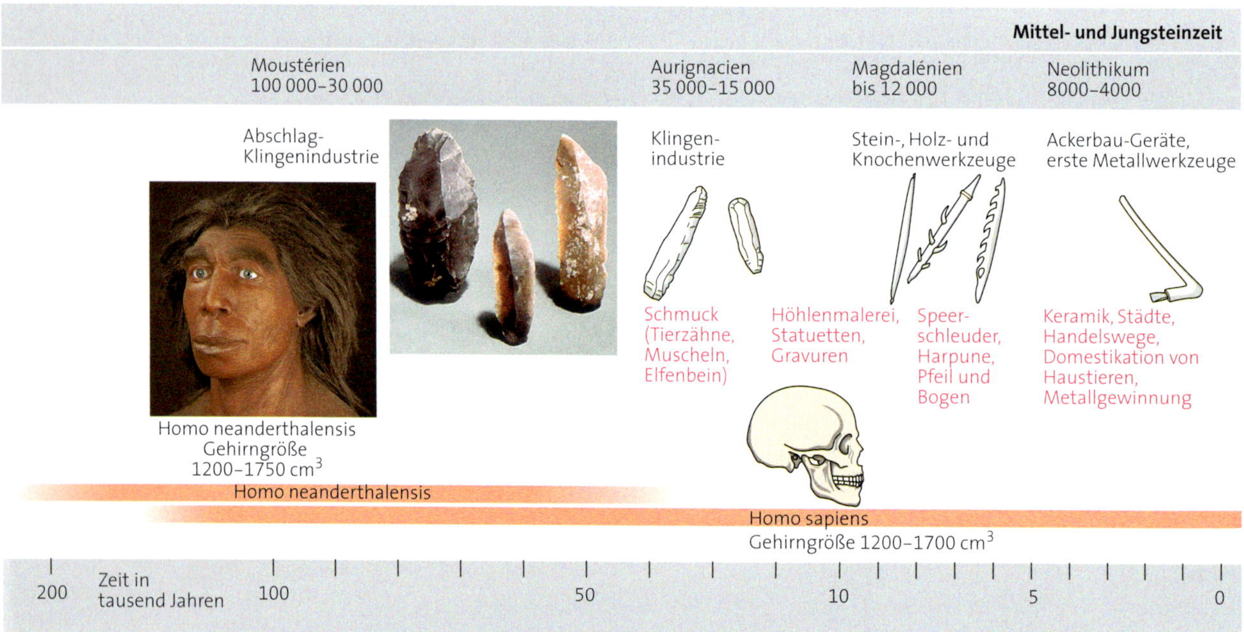

Biologische und kulturelle Evolution des Menschen (Fotos: Rekonstruktionen und Werkzeugfunde)

Mithilfe dieses Kapitels können Sie

- die Sonderstellung des Menschen in der Natur aus seiner doppelten Evolution begründen und die biologische mit der kulturellen Evolution vergleichen
- den Menschen in das natürliche System einordnen und seine Stellung innerhalb der Primaten erörtern
- Anpassungen der Primaten an das Baumleben beschreiben und ihren Charakter als Prädispositionen für die Evolution des Menschen erläutern
- Mensch und Menschenaffen vergleichen und die Unterschiede und Gemeinsamkeiten begründen
- Schlüsselereignisse in der Evolution des Menschen zeitlich einordnen und ihre Bedeutung erklären
- einige Methoden der Paläoanthropologie beschreiben
- wichtige Funde aus der Fossilgeschichte des Menschen nennen
- bedeutende Schritte der kulturellen Evolution anhand von Kulturfossilien beschreiben

Testen Sie Ihre Kompetenzen

"Descended from the apes! My dear, let us hope it is not true, but if it is, let us pray that it will not become generally known!" – das soll die Frau eines anglikanischen Bischofs kurz nach DARWINS Veröffentlichung zu einer Freundin gesagt haben. Heute besteht über die Verwandtschaft des Menschen mit den anderen Primaten kein Zweifel mehr und eine beträchtliche Anzahl von Fossilfunden wirft Licht auf seine Stammesgeschichte.

1. Nennen Sie vier systematische Gruppen der Primaten und erläutern Sie die systematische Stellung des Menschen innerhalb der Primaten.
2. Beschreiben Sie mindestens drei Merkmale am Skelett des Menschen, die für ihn typisch sind und in denen er sich selbst von den Menschenaffen unterscheidet.
3. Erläutern Sie an zwei Beispielen, wie sich ursprüngliche Anpassungen der Primaten an das Baumleben als Prädispositionen für die menschliche Evolution erwiesen haben.
4. Das Bild ganz rechts zeigt das Skelett eines modernen Menschen. Teile des Skeletts sind mit Zahlen versehen, die – in Millionen Jahren – das älteste fossil belegte Auftreten des betreffenden Merkmals angeben. Beschreiben Sie die farbig markierten Merkmale und nennen Sie die zugehörigen Fossilfunde.
5. Aus dem Bild unten (Skelett) lassen sich viele Fakten zum Verlauf der Evolution des modernen Menschen erschließen. Erläutern Sie diese Fakten.
6. Die Bildreihen A und B links unten stellen zwei Hypothesen zur Abfolge von Schlüsselereignissen in der menschlichen Evolution dar (Gehirnwachstum, Übergang zum Bodenleben, Werkzeugkultur, Bipedie). Überprüfen Sie die Hypothesen anhand Ihrer Kenntnisse.

A

B

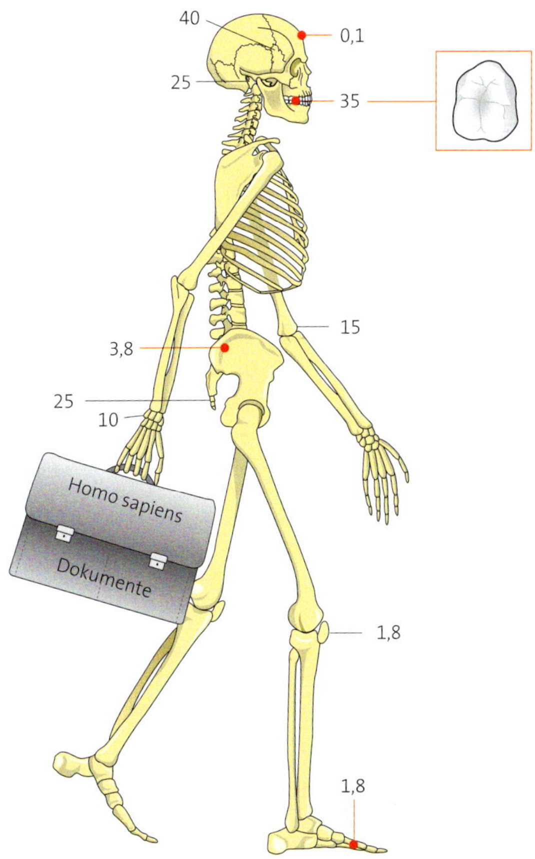

Umweltfaktor Mensch – Populationsdynamik und Biodiversität

1 Auf der Müllkippe am Rand der indischen Millionenstadt Delhi suchen Tier und Mensch nach Verwertbarem.

Unter Plastik, Blech, Fasern und verderblichen Abfällen lässt sich nicht nur Wiederverwertbares finden, sondern auch Nahrung für die Armen einer mit hoher Dynamik wachsenden Bevölkerung: Allein in und um Delhi leben heute etwa 18 Millionen Menschen – rund eineinhalbmal so viele wie in Bayern.
Wie in Indien zieht es überall auf der Erde immer mehr Menschen in die Städte, wo sie versuchen, am wachsenden Wohlstand, an Industrie, Arbeit und Fortschritt teilzuhaben. Mehr als die Hälfte der Weltbevölkerung lebt inzwischen in Städten. Die offenbar attraktive städtische Lebensweise nach dem Vorbild der Industriestaaten mit ihrem hohen Energiebedarf und dem verschwenderischen Umgang mit Ressourcen gefährdet die Vielfalt des Lebens auf der Erde und damit auch die Lebensgrundlagen einer immer noch wachsenden Menschheit.

Im Blickpunkt

- Wirkung von Umweltfaktoren und ökologische Vorgänge betrachtet man am besten auf der Ebene von Populationen
- Populationsdynamik: Entwicklung von Populationen im Modell und in der ökologischen Realität
- Fortpflanzungsstrategie und Populationsentwicklung
- Populationsdynamik menschlicher Bevölkerungen
- Bevölkerungswachstum, Lebensweise und Umweltbelastung
- Wer vermisst schon das Braune Bergschaf? – Bedeutung der Biodiversität für Natur und Kultur, Ökologie und Ökonomie
- Natürliche Lebensgrundlagen erhalten durch Umweltmanagement – aber wie?

GRUNDLAGEN Wie jede andere Art ist auch der Mensch auf bestimmte Lebensbedingungen angewiesen, die auf ihn und seine Population als Umweltfaktoren wirken. Und wie jedes andere Lebewesen beansprucht auch der Mensch dabei Ressourcen seiner Umwelt, also Ökofaktoren wie Wasser, Nahrung und Raum, die nicht unbegrenzt verfügbar sind und um die er mit anderen Lebewesen konkurriert.

Aber tiefgreifender als jede andere Art beeinflusst und verändert der Mensch – vor allem mit den Errungenschaften der kulturellen Evolution – die Umwelt, um sie den eigenen Bedürfnissen anzupassen. Auf diese Weise ist er zu einer äußerst erfolgreichen Art geworden, betrachtet man seine weltweite Verbreitung, die Besiedlung fast aller Landlebensräume und die Entwicklung seiner Population.

Gerade die menschliche Populationsdynamik hat dazu geführt, dass die Veränderung der Umwelt durch den Menschen inzwischen ein beispielloses Ausmaß erreicht hat. Dies äußert sich in:
- Beanspruchung von Ressourcen wie Raum, Rohstoffen, Energie;
- Schadstoffeintrag in die Biosphäre, zum Teil mit der Folge globaler Klimaveränderung;
- weltweitem Transfer von Pflanzen, Tieren und Mikroorganismen;
- Gefährdung der biologischen Vielfalt oder Biodiversität.

Für viele Arten, sich selbst eingeschlossen, ist der Mensch zum beherrschenden Umweltfaktor geworden. „Das Problem der Zukunft der Menschheit ist letztlich ein ökologisches Problem“ (ERNST MAYR, deutsch-amerikanischer Biologe).

Umweltfaktoren wirken auf Populationen ein

Auf den Mittel- und Randstreifen der Autobahnen breiten sich seit einigen Jahren Pflanzen der Nord- oder Ostseeküste aus, wie beispielsweise das Dänische Löffelkraut (▶ Bild 1). Auch die Dreikantmuschel, die bis 1830 nur vom Kaspischen und Schwarzen Meer bekannt war, besiedelt inzwischen Flüsse und Seen von der Elbe bis zum Chiemsee. Dagegen nimmt die Verbreitung anderer Arten ab. So lässt sich der jubilierende Reviergesang einer Lerche über unserer Feldflur in der letzten Zeit immer seltener vernehmen. Solange nur einzelne Exemplare oder wenige Standorte betroffen sind, bleiben solche Veränderungen oft unbemerkt. Wenn sich aber – wie in diesen Beispielen – ganze Populationen von Pflanzen- und Tierarten wandeln, stellt sich die Frage nach den Ursachen. Da jedes Lebewesen bestimmte Ressourcen beansprucht und von einer Vielzahl von Ökofaktoren beeinflusst wird, ist eine Antwort darauf nicht einfach und selten eindeutig. Oft ist schon unklar, ob nur „natürliche" Umweltfaktoren wirksam sind oder der Mensch beteiligt ist.

Abiotische Ökofaktoren: die unbelebte Umwelt. Die unbelebte Umwelt bietet dem Leben Grundvoraussetzungen und setzt ihm zugleich Grenzen, wenn sie nicht erfüllt sind:

- *Wasser* ist für alle Organismen als Lösemittel, Transportmittel und Reaktionspartner biochemischer Reaktionen lebensnotwendig.
- *Sonnenlicht* ist die bei Weitem wichtigste Energiequelle für das Leben. Fototrophe Lebewesen können die Lichtenergie durch Fotosynthese direkt verwerten, heterotrophe Lebewesen nutzen sie indirekt über ihre Nahrung. Für viele Organismen ermöglicht Licht als Informationsträger die Orientierung in Raum und Zeit.
- Die *Temperatur* wirkt sich auf fast alle Lebensvorgänge aus, da von ihr die Reaktionsgeschwindigkeit biochemischer Reaktionen abhängt. Für aktives Leben ist in den Zellen normalerweise eine Temperatur zwischen 0° C und etwa 40° C notwendig, bei der Wasser nicht gefriert und Proteine ohne Hitzeschaden bleiben.
- *Mineralstoffe*. Über ein Dutzend chemische Elemente sind für Lebewesen unverzichtbar. Sie werden meist als Ionen – in Wasser gelöst – aus dem Boden oder mit der Nahrung aufgenommen.

Biotische Faktoren: Einflüsse anderer Organismen. Lebewesen beeinflussen sich gegenseitig – je näher sie einander kommen, umso wirksamer:

- *Prädation* bezeichnet Vorgänge des Fressens und Gefressenwerdens, durch die ein Lebewesen zum Fressfeind (Prädator oder Räuber) oder aber zur Nahrung (Beute) für andere wird.
- *Parasitismus*, bei dem Lebewesen andere als Nahrungsquelle nutzen und beeinträchtigen, aber nicht töten, kann als besondere Form von Prädation betrachtet werden.
- *Konkurrenz* entsteht besonders um Faktoren, die nicht unbegrenzt verfügbar sind.
- *Symbiose* ist die regelmäßige Vergesellschaftung artverschiedener Organismen mit wechselseitigem Nutzen.

Populationen als Wirkungsebene von Ökofaktoren. Individuen einer Art, die in einem zusammenhängenden Verbreitungsgebiet leben und sich untereinander fortpflanzen, bezeichnet man als Population (▶ S. 28). Grundsätzlich haben sie zwar alle sehr ähnliche, arttypische Umweltansprüche, doch wirken sich einzelne Umweltfaktoren innerhalb der Population unterschiedlich aus. Der Grund dafür liegt in der hohen *genetischen Variation*, wie sie für Individuen natürlicher, sich geschlechtlich fortpflanzender Populationen typisch ist. Da sich viele dieser Unterschiede im Genom der Individuen direkt oder indirekt auf ökologisch bedeutsame Merkmale beziehen – beispielsweise auf Toleranz gegenüber Klimafaktoren, Verwertbarkeit von Nahrung oder Parasitenabwehr –, lässt sich die Wirkung von Umweltfaktoren auf Organismen praktisch nur auf der Ebene von Populationen zuverlässig verallgemeinern. Als Selektionsfaktoren (▶ S. 32) kommt ihnen in einer Population auch Bedeutung für die Evolution zu.

1 Das Dänische Löffelkraut, ursprünglich eine Art der Strände und Küstensalzwiesen, ist mittlerweile bis nach Bayern vorgedrungen.

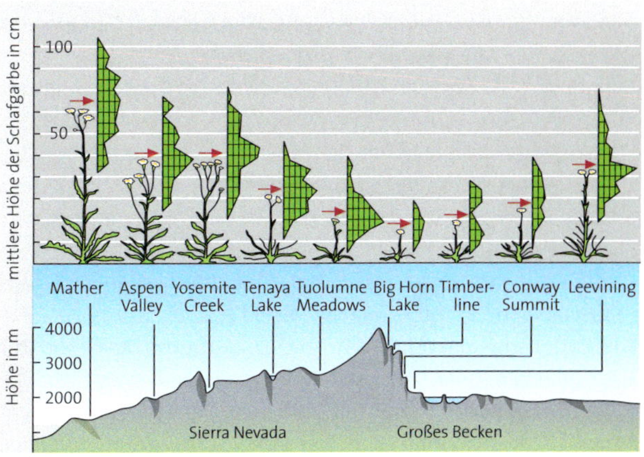

2 Aus Samen gezogene Pflanzen von neun Populationen einer Schafgarbenart der Rocky Mountains (unten) wuchsen in der Küstenebene unter gleichen Bedingungen auf (Ergebnis oben).

❶ Bilden Sie eine Hypothese zum Mechanismus der Ausbreitung salztoleranter Pflanzenarten (▶ Bild 1).

❷ Analysieren Sie die Ergebnisse des Experiments von Bild 2.

❸ Die Wirkung biotischer Faktoren einer Art A auf eine Art B werden oft mit + (positiv) und – (negativ) symbolisiert. Erstellen Sie für die biotischen Faktoren ein solches Plus/Minus-Schema.

❹ Je geringer der Anteil heterozygoter Individuen (Heterozygotiegrad) in einer Population ist, umso stärker ist diese durch plötzliche Umweltveränderungen gefährdet. Erläutern Sie.

Ökologische Vorgänge in Populationen

Forellen in einem Bach, Kormorane eines Flussgebiets, Flöhe einer Kaninchenkolonie, Hainbuchen in einer Region: Individuen einer Art, die zur gleichen Zeit im gleichen Gebiet leben und sich untereinander fortpflanzen können, bilden eine *Population* (► S. 28). Ihre Mitglieder sind weitgehend denselben Ökofaktoren ausgesetzt und konkurrieren um dieselben Ressourcen. Daher lassen sich viele ökologische Vorgänge nur verstehen, wenn man sie auf der Ebene der Populationen betrachtet – dies ist Thema der *Populationsökologie*.

Häufig sind natürliche Populationen einer Art nicht vollständig voneinander getrennt. Durch Zu- und Abwanderung von Individuen kommt es zwischen solchen *Metapopulationen* zu einem genetischen Austausch. Dies gilt für viele Populationen unserer heimischen Lebensräume, die durch Verkehrswege, Siedlungen und andere menschliche Nutzung oft kleinräumig zerteilt sind.

Kenndaten von Populationen. Um den Zustand von Populationen zu beschreiben, braucht man ihre *Kenndaten*: die Individuenzahl einer Population, also ihre *Größe*; ihre Dichte oder *Abundanz*; *Geburten-* und *Sterberate*; *Verteilung im Raum*; *Zu-* und *Abwanderung*. Diese Daten können nur selten durch direktes Zählen, sondern meist nur mithilfe aussagekräftiger *Stichproben* gewonnen werden, z. B. mithilfe von Telemetrie. Dabei werden einzelne Tiere mit einem Sender in Form eines Halsbands ausgestattet (► Bild 1). Grundsätzlich gilt:

- Pflanzen und Tiere mit geringer Beweglichkeit kann man auf zufällig gewählten *Probeflächen* zählen und die Werte auf die Verbreitungsfläche der gesamten Population umrechnen.
- Ähnlich kann man mit Spuren wie Reviermarken oder Niststellen von Tieren verfahren. Inzwischen können auch *Genanalysen* von Haaren oder Kotproben nützliche Daten liefern.
- Zur Abschätzung der Populationsdichte schnell beweglicher Tiere bewährt sich die *Fang-Wiederfang-Methode*. Dazu fängt man einige Tiere, markiert sie (Zahl m), lässt sie wieder frei und führt einige Zeit später einen zweiten Fang durch (Zahl z). Sind unter dem Wiederfang markierte Tiere (Zahl w), errechnet man die Populationsgröße N näherungsweise aus: $N = (m \cdot z) : w$. Zu vergleichbaren Ergebnissen und Rückschlüssen gelangt man durch die Arbeit mit Fotofallen (► Bild 2).

Populationsmodelle. Sind unter großem Aufwand die Kenndaten einer Pflanzen- oder Tierpopulation, vor allem aber ihre Veränderung im Lauf der Zeit ermittelt, kann man damit *mathematische Modelle* bilden. Mit ihrer Hilfe lässt sich die Entwicklung von Populationen verstehen und zum Teil vorhersagen.

Sieht man von Zu- und Abwanderungen ab, entscheiden Geburtenrate (Natalität b) und Sterberate (Mortalität d), ob eine Population abnimmt oder wächst: Ihre Differenz ergibt die Wachstumsrate (r) der Population: $r = b - d$. Hat etwa eine Population von 10 000 Individuen 300 Nachkommen und sterben im gleichen Zeitraum 100 Individuen, dann ist $b = 300 : 10\,000 = 0{,}03$, $d = 100 : 10\,000 = 0{,}01$ und folglich $r = 0{,}03 - 0{,}01 = 0{,}02$. Mit der Wachstumsrate r lässt sich das Wachstum einer Population berechnen.

Exponentielles Wachstum. Unter günstigen Bedingungen, wie sie für Lebewesen in Kultur geschaffen werden oder wie sie natürliche Populationen vorfinden, wenn sie sich neue Lebensräume

1 *Luchs, der mit einem Halsband für die Telemetrie ausgestattet wurde*

2 *Fotofalle für das Fotografieren von Luchsen*

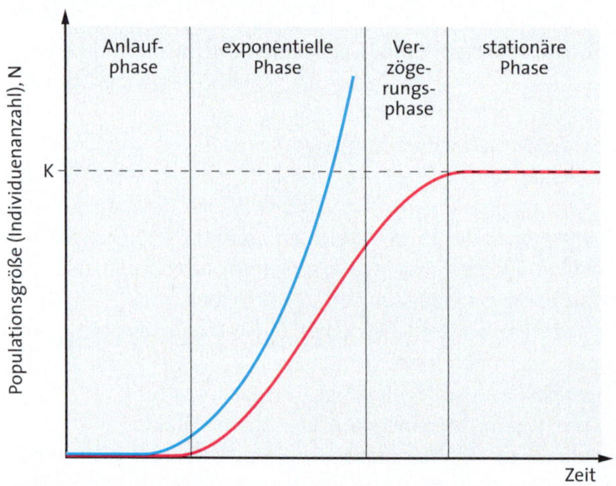

3 *Idealisierte Populationsentwicklung mit ihren Wachstumsphasen*

oder Ressourcen erschließen, wächst eine Population *exponentiell*. Auch wenn eine Art verschleppt wird, wie das Kaninchen nach Australien, oder wenn sie kurz vor dem Aussterben unter Schutz gestellt wird, wie der Kormoran im Jahre 1980 (▶ Bild 1), ist – für eine begrenzte Zeit – exponentielles Wachstum typisch.

Die Veränderung der Individuenzahl (d*N*) in einem Zeitabschnitt (d*t*) ist dann das Produkt aus der Wachstumsrate *r* und der jeweils vorhandenen Individuenzahl (*N*):

$$\frac{dN}{dt} = r \cdot N$$

Es ergibt sich dann, ähnlich wie bei einer Bakterienkultur im Labor, eine *J-förmige Wachstumskurve* mit *Anlaufphase* und *exponentieller Phase* (▶ Bild 1).

Logistisches oder dichteabhängiges Wachstum. Da alle Ressourcen endlich sind, ist exponentielles Wachstum auf Dauer unmöglich. In der Regel schwächt sich daher das Wachstum einer Population mit zunehmender Dichte ab und die Populationsgröße (Individuenzahl) nähert sich einem konstanten Wert. Er stellt die *Tragfähigkeits-* oder *Kapazitätsgrenze* der Umwelt für die Population dar und wird in der Formel für das *logistische Wachstum* mit dem Symbol *K* bezeichnet:

$$\frac{dN}{dt} = r\left(\frac{K-N}{K}\right) \cdot N$$

Diesem logistischen Wachstum entspricht eine *S-förmige Wachstumskurve*, bei der die exponentielle Phase in eine *Verzögerungsphase* und schließlich in eine *stationäre Phase* übergeht (▶ Bild 2).

Der Ausdruck in der Klammer zeigt, dass das Wachstum der Population dichteabhängig ist, also davon abhängt, wie nahe die Individuenzahl *N* der Kapazitätsgrenze *K* gekommen ist. Bei kleinem *N* ist das Wachstum exponentiell. Ist *N* = *K*, wird der Zuwachs null, die Populationsgröße bleibt konstant.

Das logistische Wachstumsmodell kann als *Regelung mit negativer Rückkopplung* betrachtet werden: Je größer die Populationsdichte wird, umso stärker wirken *dichteabhängige Faktoren* wie Raum, Nahrung, Konkurrenten oder Schadstoffe als „Umweltwiderstand" dem weiteren Populationswachstum entgegen. *Dichteunabhängige Faktoren* wie Temperatur oder Hell-Dunkel-Rhythmus, die nicht den Charakter von Ressourcen haben, sind an dieser Regelung nicht beteiligt.

1 Nennen Sie Faktoren, durch die die Kapazität eines Lebensraums für eine Population begrenzt, Übernutzung also verhindert wird.

2 Bei Säugetierpopulationen mit hoher Individuendichte beobachtet man häufig „sozialen Stress". Informieren Sie sich über seine Ursachen und Folgen.

3 Berechnen Sie für eine Population mit N_0 = 10 000 die Populationsgröße N_5 und N_{10} (nach 5 bzw. 10 Generationen) mit *r* = 0,2 und *r* = 0,4.

4 Begründen Sie, warum die Populationsentwicklung von kurzlebigen Arten mit einmaliger Fortpflanzung viel einfacher zu berechnen ist als diejenige von langlebigen Arten mit mehrfacher Fortpflanzung.

5 Erklären Sie, warum der zeitliche Abstand von Fang und Wiederfang zur Abschätzung der Populationsgröße weder zu groß noch zu klein sein darf.

6 Nehmen Sie Stellung zu folgenden Zitaten aus dem Werk CHARLES DARWINS:
- „Es gibt Fälle, in denen eingeführte Pflanzen sich in kaum 10 Jahren über ganze Inseln verbreitet haben."
- „Die Ursachen, die das natürliche Streben einer jeden Art nach Vermehrung beschränken, sind vollkommen unaufgeklärt."

7 Informieren Sie sich über den Konflikt zwischen Naturschutz und Fischerei um die Kormoranpopulation am Bodensee. Bewerten Sie die Argumente mit Ihrem Wissen.

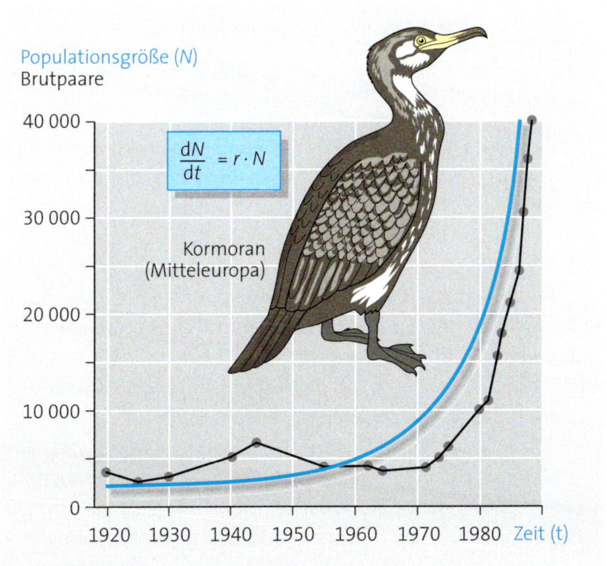

1 *Exponentielle Wachstumskurve und Realbeispiel: Wachstum der Kormoranpopulation (Unter-Schutz-Stellung 1980)*

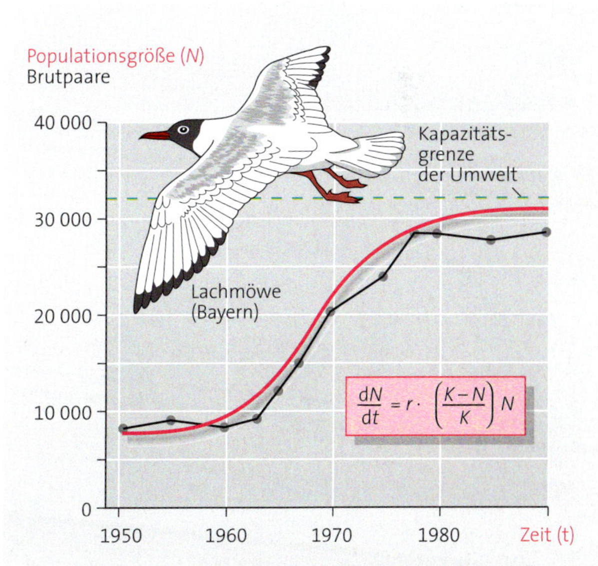

2 *Logistische Wachstumskurve und Realbeispiel: Wachstum der Lachmöwenpopulation in Bayern*

Entwicklung von Populationen

Natürliche Populationen sind einem ständigen Wechsel unterworfen: Individuen wandern zu oder ab, wachsen nach oder sterben. Diese *Populationsdynamik* kann sich in einem *Populationsgleichgewicht* mit weitgehend konstanter Dichte äußern, in Form unregelmäßiger *Fluktuationen* oder in regelmäßigen zyklischen *Oszillationen*. Bisher gelingt es nur zum Teil, die Dynamik von Populationen zu erklären.

Innere Dynamik von Populationen. Bei zahlreichen Insekten, kleinen Nagetieren, einjährigen Pflanzen oder Krankheitserregern *schwankt die Populationsdichte ohne die Mitwirkung anderer Arten stark*. Einer Massenvermehrung unter günstigen Bedingungen folgt der allmähliche Rückgang oder der plötzliche Zusammenbruch der Population. Teilweise bilden sich *regelmäßige Zyklen*. So ist es zum Beispiel beim Lärchenwickler (▶ Bild 1), einem Schmetterling, dessen Raupen an Nadelbäumen fressen, und anderen Forstinsekten.

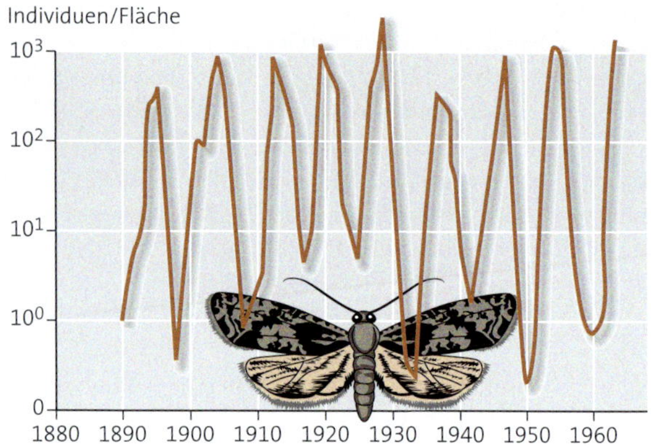

1 *Populationsschwankungen beim Lärchenwickler*

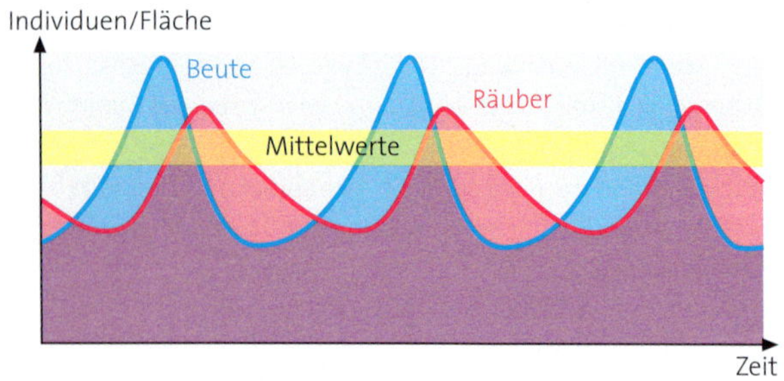

2 *Diagramm zur 1. und 2. Volterra-Regel*

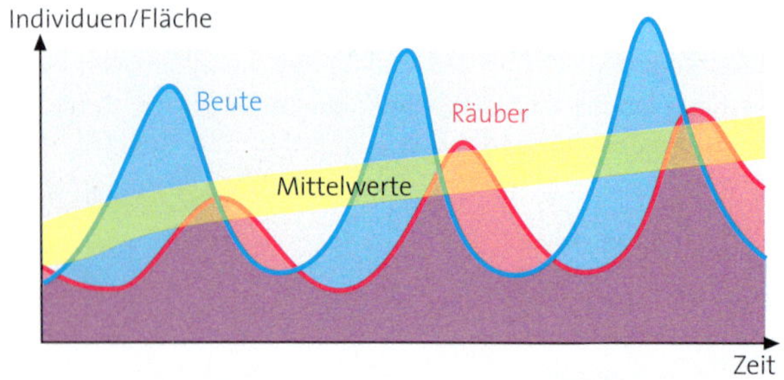

3 *Diagramm zur 3. Volterra-Regel: Die Erhöhung der Beutedichte bewirkt eine Zunahme des Räubers.*

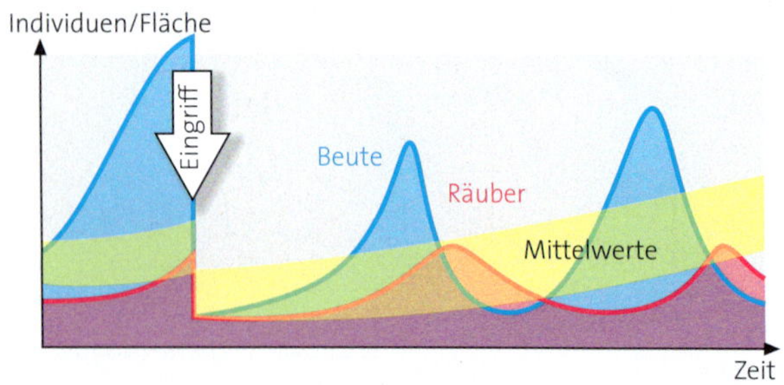

4 *Diagramm zur 3. Volterra-Regel: Werden Räuber und Beute gleich stark vermindert, erholt sich die Population der Beute schneller als die des Räubers.*

Wechselwirkung zwischen Populationen. Alle Ökofaktoren, die für ein Individuum von Bedeutung sind, wirken sich auch auf eine Population als Ganzes aus. Wenn zum Beispiel Feinde, Parasiten und Konkurrenten die Existenz von Individuen beeinträchtigen, hat dies natürlich auch Einfluss auf die beteiligten Populationen: Je dichter die Population einer Beute ist, desto leichter fällt es ihren Fressfeinden, Nahrung zu erwerben, desto stärker wird deren Population wachsen. Je dichter die Population eines Fressfeinds aber wird, desto weniger Beute steht dem Einzeltier zur Verfügung, desto geringer wird die Population des Fressfeinds wachsen, desto rascher wird sich die Beutepopulation wieder erholen. Auch für Konkurrenten und Parasiten existieren ähnliche *Regelkreise mit negativer Rückkopplung*, bei denen die Zunahme beziehungsweise Abnahme einer Größe auf diese selbst hemmend beziehungsweise fördernd zurückwirkt:

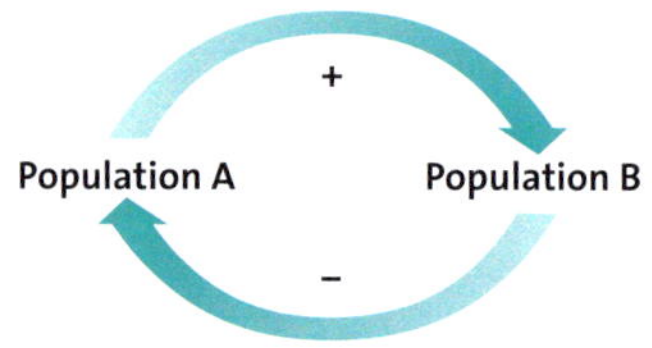

Besonders der Beziehung zwischen Fressfeind – meist einem Räuber – und Beute hat man in der Ökologie früh Aufmerksamkeit geschenkt. Laborversuche und Rechenmodelle der Wissenschaftler G.F. GAUSE, A.J. LOTKA und V. VOLTERRA führten zwischen 1920 und 1930 zu der Erkenntnis, dass die Entwicklung von Beute- und Fressfeindpopulationen durch Regeln miteinander verknüpft ist. Sie werden heute meist in Form der drei Volterra-Regeln formuliert:

1. *Die Populationsdichten von Beute und Fressfeind schwanken periodisch und zeitlich gegeneinander verschoben.*
2. *Die Dichte jeder Population schwankt um einen Mittelwert.*
3. *Erhöhung der Beutedichte bewirkt eine Zunahme der Fressfeinde. Gleich starke Verminderung beider Arten führt dazu, dass sich die Population der Beute schneller erholt als die des Fressfeinds.*

Die Volterra-Regeln können die Populationsentwicklung von zwei Arten in einem geschlossenen System gut beschreiben, zum Beispiel von Laborkulturen aus Pantoffeltier und räuberischem

1 *Ein Luchs jagt einen Schneeschuhhasen.*

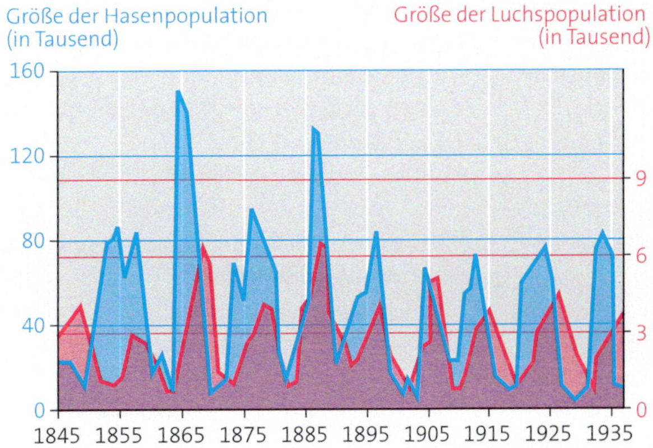

2 *Populationsschwankungen bei Luchs und Schneeschuhhase*

Einzeller Didinium oder von Spinnmilbe und Raubmilbe im Gewächshaus.

In natürlichen Ökosystemen werden größere Populationsschwankungen meist durch ein vielfältiges Faktorengefüge ausgeglichen. In einigen Fällen zeigt sich aber auch in der Natur eine enge Abhängigkeit der Populationen von Beute und Fressfeind, Wirt und Parasit. Das gilt beispielsweise für Lemminge und Schneeeulen in der Tundra, für Schneeschuhhasen und Luchse in Kanada (▶Bild 2) oder für Kiefernspinner und Schlupfwespen in unseren Kiefernwäldern. Wahrscheinlich schwankt hier aber die Dichte der Beute auch ohne den Einfluss der Feinde oder Parasiten. Diese sind dagegen in ihrer Vermehrung an die Beute gekoppelt und machen deren Dichteschwankungen zeitlich verzögert mit.

Schädlingspopulationen. *Monokulturen* begünstigen einzelne Arten, deren Populationen oft massenhaft anwachsen. Für den Menschen werden sie damit zu *Schädlingen*, also zu Nahrungs- oder Rohstoffkonkurrenten. Auf die Beziehungen zwischen Nutzpflanzen und Fressfeinden beziehungsweise Parasiten lassen sich die Volterra-Regeln anwenden. So wachsen – entsprechend der 3. Volterra-Regel – nach Anwendung unspezifisch wirkender Bekämpfungsmittel die Populationen der Schädlinge viel schneller an als die ihrer Feinde. Sie müssen daher bald erneut bekämpft werden.

Fortpflanzungsstrategien. Je nach den Umweltbedingungen werden von der *Selektion* (▶ S. 30) gegensätzliche Typen der Populationsentwicklung gefördert:

- Arten mit *stark schwankender Populationsdichte* sind meist klein, kurzlebig und erzeugen schnell viele Nachkommen. Dadurch nutzen sie günstige Bedingungen ihrer sich häufig ändernden Umwelt „opportunistisch" aus. Ihre Fortpflanzungsweise wird als *r-Strategie* bezeichnet. Sie wird durch Selektion einer hohen Wachstumsrate *r* bewirkt und danach benannt. Beispiele sind einjährige Pflanzen, Blattläuse, Wasserflöhe, Rädertierchen oder Planktonalgen.
- Arten mit *langfristig konstanter Populationsdichte* sind oft groß, langlebig, haben wenige Nachkommen und sind darauf angelegt, sich trotz starker Konkurrenz in einer beständigen Umwelt dauerhaft zu behaupten. Da die Selektion die optimale Ausnutzung der Umweltkapazität bewirkt, spricht man von *K-Strategie*. Beispiele sind Bäume, große Säugetiere und der Mensch.

Zwischen reiner *r*- und *K*-Strategie existieren alle Übergänge.

r-Strategie		*K*-Strategie
kurz	Lebensdauer	lang
kurz	Zeit bis zur Geschlechtsreife	lang
einmalig	Häufigkeit der Fortpflanzung	mehrmals
viele	Zahl der Nachkommen	wenige
keine	elterliche Fürsorge	ausgeprägt
schnell	Entwicklung	langsam
hoch, dichteunabhängig	Sterberate	niedrig, dichteabhängig
wechselhaft	Umweltbedingungen	konstant
weit unterhalb *K*	Populationsgröße	nahe bei *K*

3–5 *Fortpflanzungsstrategien im Vergleich. Als Beispiele dienen Rosenblattlaus und Zwergschimpanse (Fotos).*

Populationsentwicklung des Menschen

Im ersten Buch Mose heißt es: „Und Gott segnete sie [die Menschen] und sprach zu ihnen: Seid fruchtbar und mehret euch und füllet die Erde und macht sie euch untertan und herrschet über die Fische im Meer und die Vögel unter dem Himmel und über das Vieh und alles Getier, das auf Erden kriecht."

Zur Zeit des Mose lebten auf der Erde schätzungsweise 200 bis 250 Millionen Menschen. Ende 2008 waren es etwa 6,7 Milliarden Erdbewohner. Das exponentielle Wachstum der Erdbevölkerung bewirkt, dass sich die Einwohnerzahl in immer kürzeren Zeitabständen verdoppelt. Täglich werden es rund 220 000 Menschen mehr. Bis zum Jahr 2050 leben schätzungsweise 9,2 Milliarden Menschen auf der Erde.

Für wie viele Menschen reichen der Platz zum Leben, die Nahrungsmittelproduktion, die Energie- und Wasservorräte? Wann sind die Grenzen der Belastung der Meere, Böden, Wälder, der Atmosphäre erreicht, wann die Ressourcen auf der gesamten Erde und in den einzelnen Regionen erschöpft?

Regionale Überbevölkerung gibt es längst, und zwar in den Steppen und Savannen, in den Wüsten und den kargen Kälteregionen der Erde. Obwohl dort oft nur 10 bis 20 Menschen pro Quadratkilometer leben, gelten diese Regionen als übervölkert, da die Kapazität für Nahrungsmittelerzeugung und Trinkwasserversorgung bereits ausgeschöpft ist. Kenia ist mit seinen 49 Einwohnern pro Quadratkilometer eindeutig übervölkert, während in den Niederlanden bei knapp 400 Menschen zwar von Enge, nicht aber von Übervölkerung gesprochen wird. In Bangladesch leben über 800 Menschen auf einem Quadratkilometer Land. Zwei Drittel aller Kinder leiden dort an Unter- oder Mangelernährung. Übervölkerung ist also keine absolute Größe, sondern sie zeigt die *Überlastung der Kapazität* einer bestimmten Region an.

Regionale Wachstumsunterschiede. Das *Bevölkerungswachstum* ist in verschiedenen Teilen der Erde *höchst unterschiedlich*. Derzeit entfallen 23 % des weltweiten Bevölkerungswachstums allein auf Afrika südlich der Sahara. In Indien wächst die Bevölkerung jährlich um rund 19 Millionen Menschen. In Europa, wo jedes Jahr etwa 900 000 Menschen mehr sterben als geboren werden, ist der Trend umgekehrt: Eine Europäerin bringt durchschnittlich 1,2 bis 1,4 Kinder zur Welt. Verallgemeinernd kann man sagen, dass in den Industrieländern eine deutliche Verlangsamung des Wachstums, mancherorts eine Stagnation eingetreten ist. Die USA sind mit 2,1 Geburten je Frau und einer starken Zuwanderung eine Ausnahme. In vielen Entwicklungsländern wächst die Bevölkerung dagegen exponentiell.

Ursachen des Wachstums. Wenn die Geburtenrate die Sterberate übersteigt, ergibt sich aus der Differenz die Wachstumsrate (▸ S. 64). In Mitteleuropa fand seit dem Dreißigjährigen Krieg eine rasante Bevölkerungsexplosion statt, die darauf zurückging, dass die Sterberate sank. Ursachen waren vor allem *Innovationen im Agrarbereich*. Bodenreformen, verbesserte Anbautechniken wie die Dreifelderwirtschaft, gezieltere Auswahl von Saatgut, Kreuzungsexperimente, Ent- und Bewässerungstechniken konnten die Ernährungssituation der Bevölkerung nachhaltig verbessern. Der Bau von Eisenbahnen milderte Verteilungsprobleme. Bessere *Hygiene* verhalf zu einer deutlich geminderten Seuchengefahr. Außerdem ließ der Ausbau der medizinischen Grundversorgung und Geburtshygiene mehr Kinder als zuvor überleben.

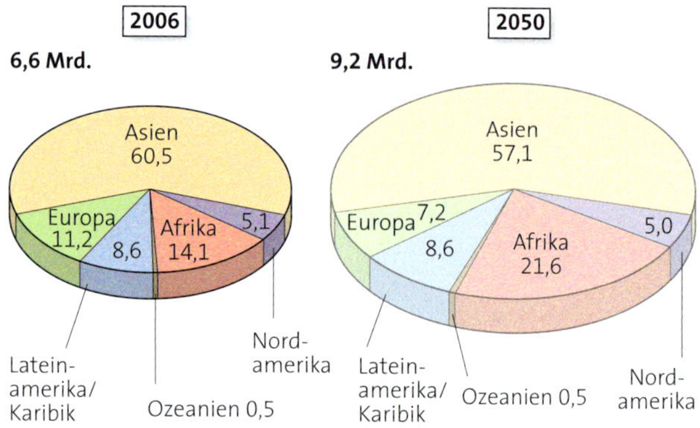

1 *Voraussichtliche Bevölkerungsentwicklung, nach Regionen getrennt (Anteile in %)*

Demografischer Übergang. Seit den Anfängen der Industrialisierung Europas dauerte es etwa 80 Jahre oder 3 bis 4 Generationen, bis sich in der Bevölkerung der Glaube an bessere Überlebenschancen der Neugeborenen durchsetzte und weniger Kinder geboren wurden. Bei einer gleichzeitigen Verlängerung der Lebenserwartung dauerte die Phase des schnellen Bevölkerungswachstums noch bis in die Fünfzigerjahre des 20. Jahrhunderts an; erst danach pendelten sich Geburten- und Sterberaten auf einem nahezu konstant niedrigen Niveau ein. Man nennt diesen Verlauf der Bevölkerungsentwicklung den ***demografischen Übergang***. Die meisten Entwicklungsländer befinden sich in der frühen Übergangsphase: Aufgrund des schnellen medizinischen Fortschritts sinkt die Sterberate. Die Geburtenrate bleibt jedoch weiterhin sehr hoch (▸ S. 69, Bild 1). Dies führt zu einem rasanten Bevölkerungswachstum. Erst wenn die soziale Absicherung gerechter, die Ernährungs- und Ausbildungssituation der Mütter und Kinder in diesen Ländern besser würden, wäre wohl mit weniger Geburten zu rechnen.

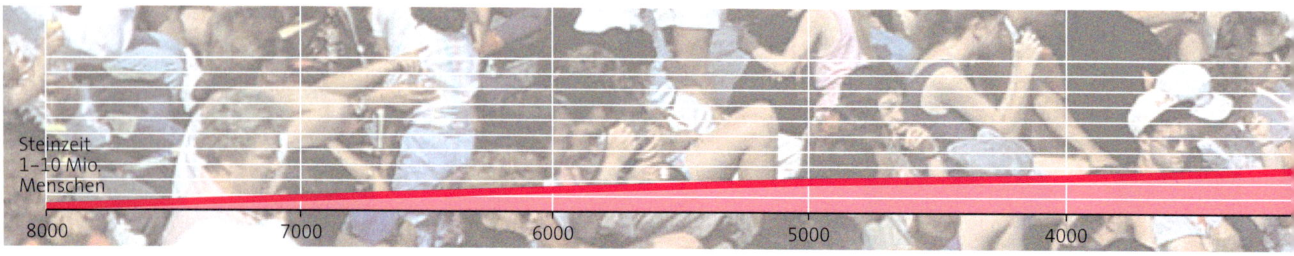

2 *Entwicklung der Weltbevölkerung in den letzten 10 000 Jahren*

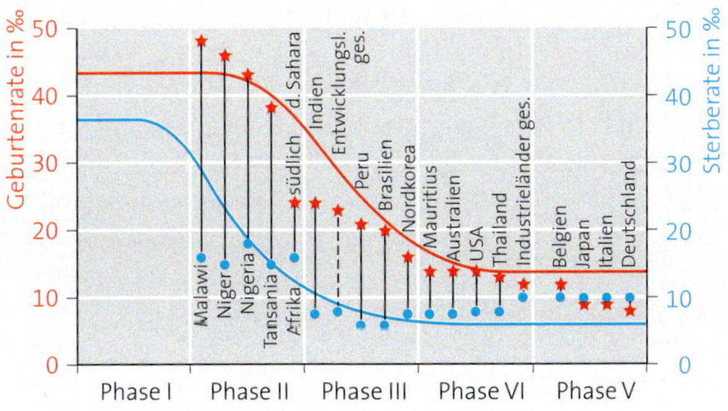

1 *Stand des demografischen Übergangs in verschiedenen Ländern 2008*

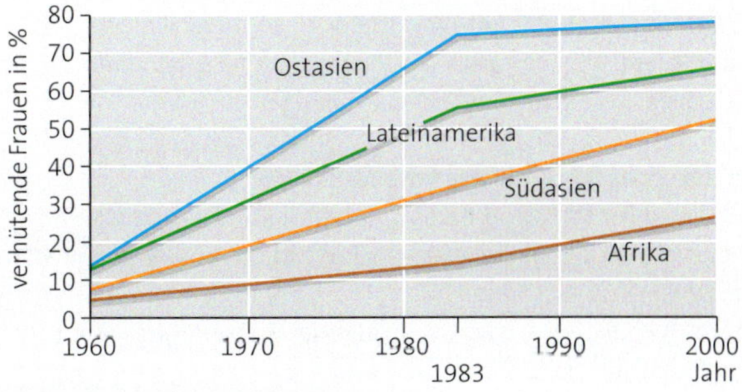

2 *Verwendung von Verhütungsmitteln in verschiedenen Regionen seit 1960*

Geburtenkontrolle. In China beispielsweise versucht der Staat mit sehr rigorosen Mitteln dem Bevölkerungswachstum Schranken zu setzen: Er belohnt Einzelkinder mit Fördermaßnahmen zu ihrer Erziehung und Ausbildung. Möchte eine Familie aber mehr als ein Kind aufziehen, muss sie dies von lokalen Behörden genehmigen lassen oder deutliche Kürzungen der staatlichen Unterstützung in Kauf nehmen. Eine solche Einmischung in private Entscheidungen ist menschlich höchst problematisch. Seitdem auch in vielen Entwicklungsländern eine vorgeburtliche Ultraschalluntersuchung üblich ist, werden weibliche Feten häufig nicht mehr ausgetragen, sondern abgetrieben: Kann die Familie nur eine begrenzte Kinderzahl ernähren, wird oft nur dem männlichen Fetus eine Chance gegeben. In Indien hat diese Praxis bereits zur Verschiebung des Geschlechterverhältnisses geführt.

Grundlage einer bewussten *Familienplanung* ist selbstverständlich der Zugang zu modernen *Verhütungsmethoden*. Wo aber das gesellschaftliche Ansehen von Frauen durch Mutterschaft bestimmt ist, wird die Möglichkeit zur Schwangerschaftsverhütung nur in geringem Maß angenommen. Dasselbe gilt, wenn eine möglichst hohe Kinderzahl für das Überleben und die soziale Absicherung der Familie notwendig ist oder Familienplanung aus religiösen Gründen abgelehnt wird. Entscheidend für die Zahl der Geburten ist der soziale Entwicklungsstand und das generative Verhalten der Bevölkerung des Landes: Je besser beispielsweise die Ausbildung der Mädchen ist, desto später werden sie heiraten, desto weniger Kinder werden sie gebären und desto besser sind die Überlebenschancen ihrer Neugeborenen. Diese Zusammenhänge werden weltweit beobachtet und waren auch für Europa zutreffend.

Bevölkerungswachstum und Nahrungsproduktion

Die Menschheit wächst exponentiell. Die zur Ernährung des Menschen nutzbaren Flächen sind und bleiben aber begrenzt. Produktivitätssteigerungen im Agrarbereich können dieses Problem nicht grundsätzlich lösen. Verteilungskonflikte scheinen unausweichlich zu sein.

Bevölkerungsentwicklung nach MALTHUS

1798 veröffentlichte der britische Nationalökonom und Philosoph TH. R. MALTHUS „An Essay on the Principle of Population" mit folgenden Hauptaussagen:

- Die Bevölkerung wächst in geometrischer Progression, also exponentiell (1, 2, 4, 8 ...).
- Bei ungebremstem Wachstum verdoppelt sich die Menschheit etwa alle 25 Jahre.
- Die Nahrungsmittelproduktion kann nicht mithalten, denn sie wächst in arithmetischer Progression, also linear (1, 2, 3, 4 ...), da Ackerland begrenzt ist und pflanzliches Wachstum nicht beliebig gesteigert werden kann.

Die vorhergesagten Hungerepidemien blieben für England zwar aus, dafür sind die malthusschen Thesen über einen Teufelskreis aus Bevölkerungswachstum und Verelendung heute in Ländern der Dritten Welt Wirklichkeit geworden.

Bevölkerungswachstum und Getreideproduktion

Um 1960 umfasste die Weltbevölkerung 3 Milliarden Menschen. Sie wuchs jährlich um 2,5 %. Bis 2008 hat sich die Bevölkerung auf 6,7 Milliarden mehr als verdoppelt. Sie wächst jetzt zwar nur noch mit 1,2 %, dennoch ist der jährliche Zuwachs heute um rund 35 Millionen Menschen größer als vor 45 Jahren, da die Ausgangsbasis breiter ist.

Dem steht ein nur mäßiger Anstieg der weltweiten Getreideproduktion gegenüber. So wird die Ernährungsgrundlage pro Kopf insgesamt knapper. In den Entwicklungsländern sind außerdem Missernten und Dürren für stark schwankende Ernten verantwortlich.

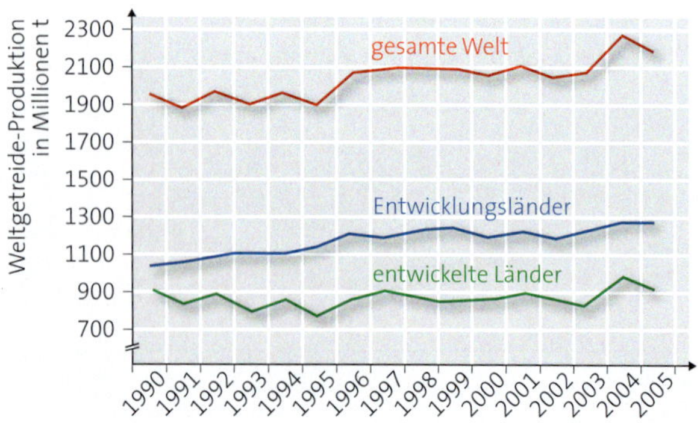

Nahrungsproduktion und Aids

Aids trifft vor allem Erwachsene jungen und mittleren Alters, also jene Menschen, deren Arbeit und Kenntnisse für die wirtschaftliche Produktivität besonders wichtig sind. Hochrechnungen zufolge wird es in Botswana, Namibia und Simbabwe aufgrund von HIV-Infektionen bis 2020 im Landwirtschaftssektor mehr als ein Fünftel und in acht weiteren afrikanischen Ländern mehr als ein Zehntel weniger Arbeitskräfte geben.

Die Verfügbarkeit von Ackerland ist begrenzt

Schon heute werden weite Teile landwirtschaftlicher Nutzfläche nur dadurch ertragreich, weil man mit aufwendigen Verfahren bewässert, weil man zu feuchte Böden trockenlegt, weil man Magerböden düngt, weil man Pflanzen- oder Tierarten züchtet, die genügsamer sind und mit extremer Trockenheit auskommen, salztolerant sind oder in einer extrem kurzen Vegetationsperiode zur Reife heranwachsen. Diese Maßnahmen haben in den Industrieländern zu erheblichen Produktivitätssteigerungen geführt. Während ein Landwirt in Deutschland um 1900 außer sich selbst nur drei weitere Personen ernährte, sind es heute über 140 Personen, die er zusätzlich versorgen kann.

Im Gegensatz dazu nimmt die Zahl der landwirtschaftlich nutzbaren Flächen jedoch ab und Siedlungen, Industrie-, Verkehrs- sowie Handelsflächen breiten sich aus. Infolge des Klimawandels wachsen weltweit Wüsten und Trockensteppen. Standen 1960 pro Kopf der Weltbevölkerung 0,44 ha Ackerland zur Verfügung, waren es im Jahr 2003 noch 0,22 ha und 2025 werden es nur noch etwa 0,17 ha sein.

1 **Berechnen Sie mithilfe des Bildes links den Zuwachs der Weltgetreideproduktion zwischen 1991 und 2005 in Prozent und vergleichen Sie mit dem prozentualen Bevölkerungszuwachs im selben Zeitraum (1991: 5,3 Mrd.; 2005: 6,5 Mrd.).**

2 **Gegenwärtig hält man eine Fläche von 0,4 ha (Äcker, Weide- und Grünland) zur Ernährung einer Person für ausreichend. In den USA liegt der Flächenbedarf derzeit bei 0,9 ha. Berechnen Sie, wie viele Menschen die Erde bei diesem Flächenbedarf jeweils maximal ernähren könnte.**

☞ Stichworte zu weiteren Informationen

Populationsdynamik • ökologische Pyramiden • Energiefluss • Welternährungsprogramm

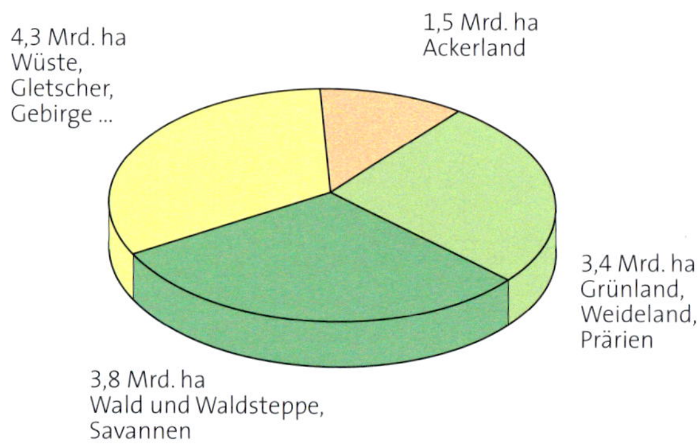

Intensivlandwirtschaft und ihre Auswirkungen

1 Intensivlandwirtschaft erfordert große Flächen sowie den Einsatz von Mineraldüngern und Pestiziden.

2 und 3 In ihrem Bestand bedrohte Ackerwildkräuter: Sommeradonisröschen (links) und Frauenspiegel (rechts)

Nahrungsmittelknappheit nach dem Zweiten Weltkrieg, besonders aber der Nahrungsbedarf einer ständig wachsenden Weltbevölkerung führten zur heutigen Intensivlandwirtschaft mit vielen die Produktivität steigernden Maßnahmen:

- *Flurbereinigung*, mit dem Ziel Ackerflächen zu rentablen, von Maschinen befahrbaren Flächen zusammenzulegen;
- *Vergrößerung der Betriebe* durch Zukauf oder Pacht;
- *Bodenbearbeitung, Bodenverbesserung*;
- Einsatz von *Pestiziden* sowie *Mineraldünger*;
- Einführung von *Sorten* und *Rassen mit hohem Ertrag*;
- innerbetriebliche *Umgestaltung von Produktionsabläufen*;
- enormer *Kapitaleinsatz für Maschinen und Energie*;
- *Spezialisierung* auf wenige Produkte;
- *Massentierhaltung*.

Folgen der Intensivlandwirtschaft. Das vorrangige Ziel der Intensivierung, ausreichend Nahrungsmittel zu produzieren, wurde schnell erreicht. In Europa und den USA werden bereits seit Jahren gigantische Überschüsse produziert, deren Transport, Lagerung, Kühlung – und oft genug gezielte Vernichtung – große Energie- und Geldsummen verschlingt, während in vielen Ländern der Dritten Welt Hunger und Mangel herrschen. Jedoch ist eine einfache Umverteilung der Überschüsse in Mangelgebiete auf Dauer gesehen schädlich, da an die heimische Produktion dieser Güter Arbeitsplätze gekoppelt sind, die durch „Kaloriengeschenke" aus den Überschussregionen zerstört werden.

Die *ökologischen Folgen* der Intensivlandwirtschaft sind nur schwer zu beziffern. Extremer „Hege" der Hochertragssorten stehen Gefährdung und Ausrottung von Wildkräutern und Wildtieren gegenüber. Der Mehraufwand an Energie steht in einem Missverhältnis zum Mehrertrag. Der Eintrag von Pestiziden und Nitrat in Böden und Grundwasser führt langfristig zu gesundheitlichen Belastungen. Die Monokulturen sind sehr anfällig für Massenvermehrungen von Schädlingen.

Massentierhaltung. Schweine, Rinder und Legehennen werden zunehmend in sehr großen Tierbeständen gehalten. Stallungen mit 10 000 Tieren sind bei Schweinen nicht selten. In 4 % aller Betriebe mit Legehennenhaltung sind 90 % aller deutschen Legehennen konzentriert. Die Tierhaltung auf engstem Raum in künstlicher Atmosphäre, unter dauerndem Stress durch Artgenossen und bei fehlenden Ausweichmöglichkeiten ist *nicht tiergerecht*. Bis 2011 stehen einer Legehenne in „Käfighaltung" nur 550 cm^2 zur Verfügung, also etwa die Fläche eines DIN-A4-Blattes. Die *Fäkalien* der Großbetriebe belasten die Umwelt erheblich. Ganze Landstriche werden nur dazu verwendet, Gülle zu entsorgen und darauf Mais als Futterpflanze anzubauen. Etwa 80 % des Getreides, darunter auch Weizen, werden an das Vieh verfüttert.

Zucht und Gentechnik. Bei Rindern entdeckten Forscher das „Schwarzenegger-Gen". Es steuert den Muskelzuwachs und führt bei gleichem Futterverbrauch zu einem Fünftel mehr Fleischansatz. Bereits marktreif sind Schweine mit „zusätzlichen" Rippen. Damit lässt sich die Nachfrage nach Koteletts decken. Neuzüchtungen von Tomaten, Soja und Mais wurden gentechnisch so verändert, dass sie langsamer faulen oder pestizidresistent sind.

Produktivitätssteigerung bei ausgewählten landwirtschaftlichen Erzeugnissen

	1950	1999	2005
Getreide (dt/ha)	23	58	74
Zuckerrüben (dt/ha)	362	586	581
Kartoffeln (dt/ha)	250	349	401
Körnermais (dt/ha)	26	51	93
Milch (kg/Kuh)	2498	4895	6760
Eier (Stück/Henne)	120	260	278

1 Vergleichen Sie Vor- und Nachteile der Ernährung in den Jahren 1900 und 2005. Beziehen Sie ökologische Aspekte mit ein.

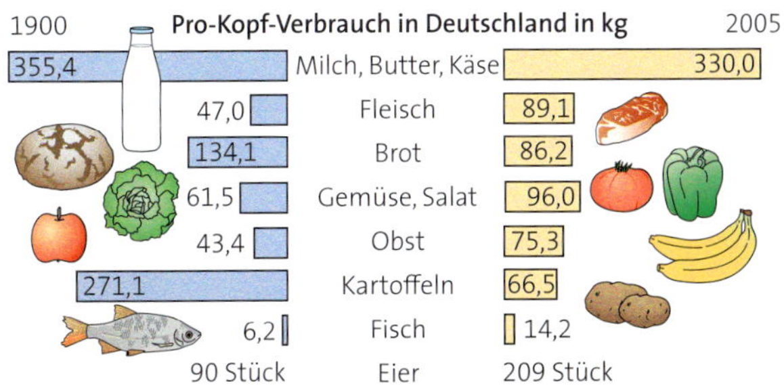

4 Nahrungsmittelverbrauch in Deutschland

Gewässerbelastungen und ihre Auswirkungen

Schon in vorindustriellen Zeiten wurden mit Wasserkraft Mühlräder bewegt, wurde Wasser in Gerbereien, Färbereien, Brauereien und Manufakturen als Prozesswasser, Lösemittel und Transportmedium genutzt und durch Abwässer verschmutzt. Aber erst mit dem Einsetzen der Industrialisierung begann die Belastung der Gewässer in großem Maßstab. Flüsse wurden zu bevorzugten Standortfaktoren. Entlang den großen schiffbaren Flüssen begann die Ausbreitung bedeutender Industrieachsen, wie beispielsweise an Rhein, Neckar und Fils oder an Weser, Saale, Elbe und Oder. Das Wachstum von Städten und der Bevölkerung sowie die Intensivlandwirtschaft sind weitere Einflussgrößen für die steigende Gewässerbelastung.

Kanalisierung. Die meisten größeren Flüsse wurden zur Schiffbarmachung *kanalisiert*. Man begradigte Mäander, zwängte Flüsse in Betonbetten, schnitt Nebenarme ab, versiegelte ehemalige Überschwemmungsbereiche mit Industrie-, Hafen-, Wohnanlagen und Straßen. Dadurch erhöhte sich die Fließgeschwindigkeit und Transportkraft der Flüsse. Nach starken Niederschlägen strömen die Wassermassen aus kanalisierten Nebenflüssen so schnell in die Hauptströme, dass diese über die Ufer treten. Die sogenannten „Jahrhunderthochwasser" an Oder (▶ Bild 1), Rhein, Mosel und Weser und immer häufiger auch an kleineren Flüssen können durch „Puffergebiete" verhindert werden: *Polder* und *naturnahe Auenbereiche*, die überflutet werden dürfen und zugleich den Tier- und Pflanzenarten der Feuchtgebiete wieder Lebensräume bieten.

Eutrophierung. Einleitungen aus den Kläranlagen und die von Äckern ausgewaschenen Überschüsse an Stickstoffverbindungen der Mineral- und Gülledüngung sind in erster Linie für das *übernormale Nährstoffangebot* in Gewässern verantwortlich. Sie sorgen besonders in stehenden Gewässern während der bei uns etwa halbjährigen Vegetationsperiode für ein verstärktes Algenwachstum, die „Algenblüte". Sterben die Algen ab, sinken große Mengen organischer Substanz zu Boden, deren Abbau den Destruenten nur unvollständig gelingt. Infolge Sauerstoffmangels gewinnen Anaerobier die Oberhand: Am Gewässergrund herrschen *Fäulnisprozesse* vor. Die Faulgase, beispielsweise Schwefelwasserstoff, verschärfen noch die Lebensfeindlichkeit des Gewässers. Ein Fischsterben kann die Folge sein.

1 und 2 *Überschwemmung an der Oder nach Deichbruch (links); Vorfluter Gewässer: Abwassereinleitung einer Kläranlage*

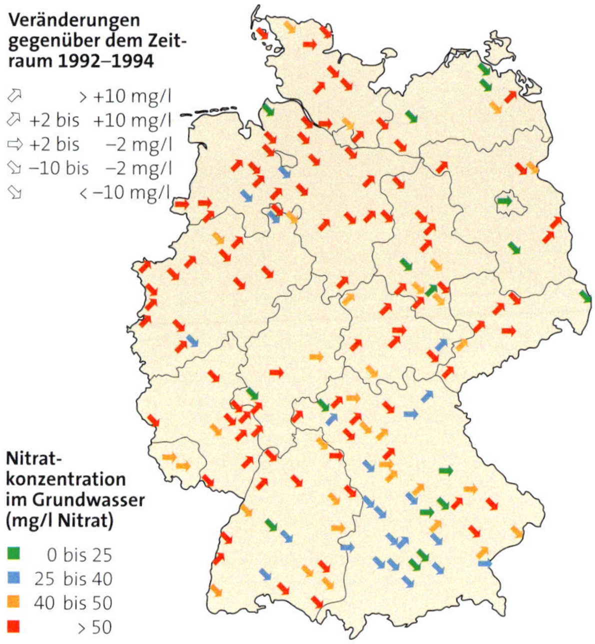

3 *Nitratgehalt des Grundwassers (Mittelwert 2000/02)*

Nitratbelastung des Grund- und Trinkwassers. Nitrat wird im Stoffwechsel von Mensch und Tier in Nitrit umgewandelt, aus dem sich krebserregende *Nitrosamine* bilden können. Besonders bei Babys und Kleinkindern muss mit gesundheitlichen Schäden gerechnet werden. Daher legt die Trinkwasserverordnung einen gesetzlichen Nitratgrenzwert von 50 mg/l fest. Hauptverursacher der Nitratbelastung von Gewässern ist die Landwirtschaft. Mehr als die Hälfte der aufgebrachten Stickstoffverbindungen aus Mineraldüngern und Gülle bleibt für ein bis drei Wochen in den oberen 30 cm des Bodens und ist damit der direkten Abspülung durch Niederschläge ausgeliefert, dies gilt besonders für leichte und wasserdurchlässige Böden. Vom Rest wird ein Teil von Bodenbakterien zu Nitrat umgewandelt und kann in dieser Form von den Wurzelhaaren der Pflanzen aufgenommen werden. Der andere Teil sickert tiefer und gelangt somit irgendwann ins Trinkwasser. Vor allem in Gebieten mit Massentierhaltung und anspruchsvollen Sonderkulturen stehen Zufuhr und Abfuhr von Stickstoffverbindungen in einem umweltgefährdenden Missverhältnis.

1. Als Folge der Eutrophierung kann ein Gewässer „umkippen". Erläutern Sie diese Aussage.
2. Informieren Sie sich über die an der Umwandlung von Stickstoff und Ammonium beteiligten Mikroorganismen und deren Tätigkeit.
3. Ermitteln Sie die Grundwasserbelastung durch Nitrat in Ihrem Bundesland (▶ Bild 3). Beurteilen Sie die Entwicklung zwischen 1992 und 94 und überlegen Sie Gründe dafür.

Gewässerversauerung. Abgase aus den Ballungsräumen können sich auf der Luvseite von Gebirgen stauen. Kommt es dort zur Bildung von Stauniederschlägen, können die Abgase als Säuren ausregnen und lokal Bäche und Seen *versauern*. Da die Schadstoffe aus der Luft kommen, hat man dieses Problem auch in Wasserschutzgebieten. Auch im Schnee können aus Abgasen Säuren entstehen, die bei der Schneeschmelze in die Gewässer verfrachtet werden und vorübergehend pH-Werte um 3 entstehen lassen. Bereits bei pH-Werten von 4 werden die zarten Kiemen von Kaulquappen, Molchen und Jungfischen verätzt, auch der Laich stirbt ab. Da „saurer Regen" überwiegend aus schwefel- und salpetersauren Abgasen entsteht, hat sich dieses Problem mit deren sinkenden Emissionen inzwischen abgeschwächt.

Industriegifte und Schwermetallbelastung. Selbst mit vorgeklärten Abwässern gelangen giftige Industriechemikalien über die Flüsse ins Meer und sogar bis in die Tiefsee. Im Speck von Pottwalen und in Tiefseebewohnern haben holländische Meeresbiologen Anreicherungen längst verbotener Flammhemmstoffe (polybromierte Biphenyle und polybromierte Diphenylether) gefunden. Die Schwermetalle Cadmium, Nickel und Zink können, meist als Ionen im Wasser gelöst, sehr weit verfrachtet werden. Blei- und Chromverbindungen bleiben eher in der Nähe der Einleitungen zurück, da sie sich, an Schwebstoffe gebunden, meistens im Sediment ablagern. In der Nahrungskette werden jedoch auch diese Stoffe von Trophiestufe zu Trophiestufe angereichert und in Fett, Leber und Knochen der Konsumenten abgelagert. Bei hohen Konzentrationen stellen sich Lähmungen oder Krämpfe als akute Vergiftungserscheinungen ein. Spätfolgen wie Missbildungen, Unfruchtbarkeit und Organschäden sind ebenfalls bekannt.

Erwärmung. Die Gewässertemperatur unterliegt einem Jahresrhythmus, der von der Sonneneinstrahlung und von der Lufttemperatur abhängt. Diese Größen verändern sich in der Regel kontinuierlich und vor allem langsam, während die Temperatur durch das Einleiten von *Kühlwasser* aus Wärmekraftwerken kurzfristig stark ansteigen kann. Im Jahresmittel kann die Wassertemperatur mancher Flüsse dadurch um 3 bis 4 Grad erhöht sein. Das führt – nach der RGT-Regel – zu einer gesteigerten biologischen Aktivität der Wasserorganismen, zugleich jedoch zu schlechterer Löslichkeit von Sauerstoff im Wasser. Aerob lebende Organismen geraten dadurch unter Sauerstoffmangel. In der Folge sinkt die biologische *Selbstreinigungskraft* des Flusses und anaerobe Fäulnisprozesse gewinnen die Überhand. In den heißen Sommern der letzten Jahre mussten vereinzelt Kraftwerke abgeschaltet werden, damit die Flüsse durch weitere Kühlwassereinleitungen nicht umkippten.

---

1. **Erstellen Sie eine Mindmap zum Thema „Belastungen der Gewässer".**
2. **Stellen Sie Zusammenhänge dar, die zwischen den einzelnen Formen der Gewässerbelastung bestehen. Beispiel: Erwärmung → O_2-Defizit → verringerter Schadstoffabbau → erhöhte Nitratbelastung.**
3. **Erläutern Sie Möglichkeiten, die biologische Selbstreinigungskraft in akuten Situationen künstlich zu steigern.**

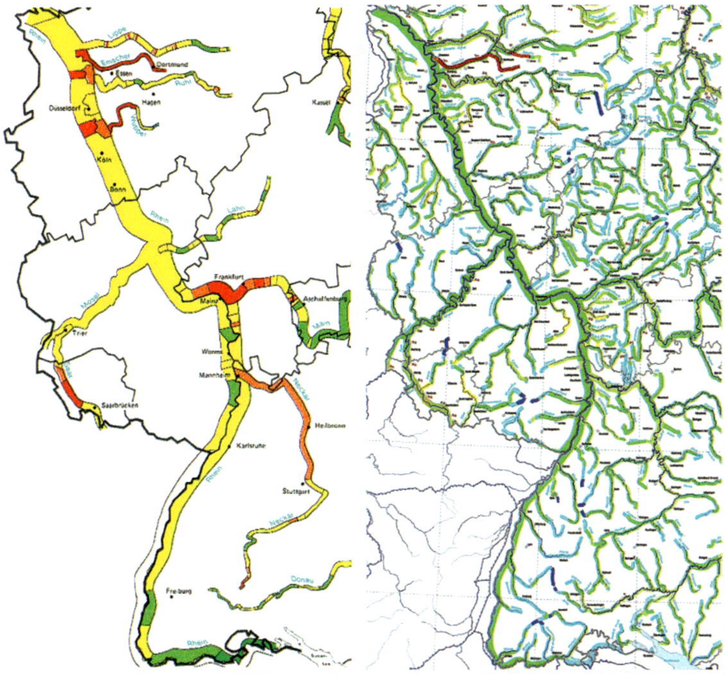

Gewässergüteklassen

- Güteklasse I: unbelastet bis sehr gering belastet
- Güteklasse I – II: gering belastet
- Güteklasse II: mäßig belastet
- Güteklasse II – III: kritisch belastet
- Güteklasse III: stark verschmutzt
- Güteklasse III – IV: sehr stark verschmutzt
- Güteklasse IV: übermäßig verschmutzt

1–3 Gewässergütekarte des Rheins und seiner Nebenflüsse, Stand 1975 und 2000. Nur die größeren Gewässer sind berücksichtigt. Die Gewässergüte hat sich durch den Bau von Kläranlagen in den letzten Jahrzehnten verbessert. Belastungen durch Industriegifte und Schwermetalle bleiben dagegen weiterhin ein Problem. Foto: Geschwüre bei einer Scholle. Solche Missbildungen finden sich bei Meeresfischen aufgrund von Schadstoffbelastungen häufig.

Gefährdung der Artenvielfalt

Weltweite Ausrottung durch Lebensraumzerstörung. Seit dem 17. Jahrhundert sind weltweit etwa 150 Säugetier- und 120 Vogelarten durch den Menschen ausgelöscht worden. Häufigste Ursache der Ausrottung ist die *Zerstörung der Lebensräume* von Tieren und Pflanzen. Gerade die vielfältigsten Lebensräume, die *tropischen Regenwälder*, mit einem geschätzten Artenbestand von 10 bis 50 Millionen, sind besonders bedroht: Der Food and Agriculture Organization (FAO) zufolge werden von den heute noch rund 1,7 Mrd. ha Regenwaldes auf der Erde jährlich 15 Mio. ha abgeholzt. Täglich werden zwischen 10 und 20 bisher unbekannte Tierarten entdeckt, vornehmlich Insekten der tropischen Regenwälder. Jedoch verschwinden nach Angaben des WWF täglich zwischen 3 und 130 Arten! Die Aussterberate wäre danach 100- bis 1000-mal höher als von Natur aus.

Direkte Ausrottung. Die wenigsten Tierarten wurden *direkt* vom Menschen *ausgerottet*, doch auch hierfür gibt es Beispiele: Der *Ur* oder *Auerochse* wurde im 17. Jahrhundert als Fleischlieferant zu Tode bejagt; die flugunfähigen Großvögel *Dodo* auf Mauritius († 1680) und *Riesenalk* auf Island († 1880) wurden durch übermäßiges Einsammeln ihrer Eier ausgerottet.

Artenrückgang in Deutschland und seine Ursachen. In unserem Land sind von den einst bekannten Arten etwa 520 Tier- und etwa 510 Pflanzenarten verschwunden. Rund 70 % von ihnen mussten der Intensivlandwirtschaft weichen. Durch den Doppeleffekt von *Strukturverarmung und Düngung* gehen in Bayern zwischen 70 und 95 % der Bedrohung direkt oder indirekt auf die Landwirtschaft zurück. Auch alte Nutztierrassen, darunter als Beispiele das bayerische *Braune Bergschaf* und das *Murnauer Rind*, sind bestandsgefährdet und werden mittlerweile geschützt.

In den seit etwa 1980 geführten und ständig aktualisierten *Roten Listen* der gefährdeten Arten unterscheidet man potenziell gefährdete, gefährdete, stark gefährdete und vom Aussterben bedrohte Arten. Von bisher über 40 000 Tier- und Pflanzenarten Deutschlands, die hinsichtlich ihrer Gefährdung bewertet wurden, gelten über ein Viertel als bedroht oder bereits ausgestorben.

Die *Zerschneidung ehemals zusammenhängender Biotope* schränkt heute den Lebensraum vieler Tierarten bedrohlich ein, weil ihre „Verbreitungsinseln“ zu klein oder zu einförmig strukturiert sind. Ein Feldhase zum Beispiel hat einen Aktionsradius zwischen 5 und 50 ha, zu dem Acker, Waldrand und Gebüsch gehören. Früher war das kein Problem: Die Felder waren durch Hecken und Baumschutzstreifen miteinander vernetzt. Im Zuge der *Flurbereinigung* sind die Hecken jedoch weitgehend verschwunden. Erdkröten streifen im Sommer nicht weiter als 75 m um ihr Versteck. Nur wenn sie auf diesem engen Raum passende Bedingungen wie Feuchtigkeit, Wasserstellen, Moos und hohes Gras finden, können sie existieren.

Neben der veränderten landwirtschaftlichen Nutzung sind besonders *Flussbegradigung* und *Entwässerung von Feuchtgebieten* verantwortlich für den Rückgang vieler Arten, darunter Storch, Bekassine, Brachvogel und andere Vogelarten, Froschlurche, Wasserinsekten, Weichtierarten, Wasser- und Feuchtpflanzen. Die Ursache für den Artenrückgang ist also der Lebensraumverlust. Biotopschutzmaßnahmen haben daher bei einigen Arten zu einer Erholung der Bestände geführt, etwa beim Weißstorch.

1 *Abbrennen des tropischen Regenwalds*

2 *Riesenmuntjak, erst 1994 im Regenwald von Vietnam entdeckt*

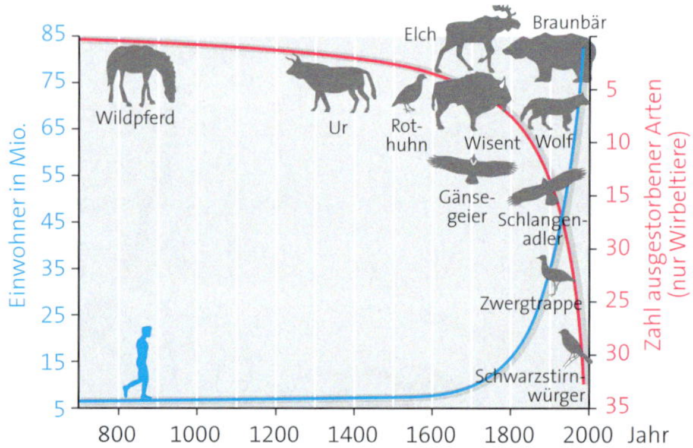

3 *Artensterben und Bevölkerungswachstum in Deutschland*

1 **„Warum Tierarten hinterhertrauern, die man nicht gekannt hat?“ Bewerten Sie diese Frage.**

2 **Ist es fair, nur die Wilderer und kleinen Händler zu bestrafen, wenn sie die Konsumwünsche unserer Gesellschaft z. B. nach Biosouvenirs bedienen? Nehmen Sie dazu Stellung.**

3 **Informieren Sie sich bei Naturschutzverbänden oder im Internet über die Ziele folgender internationaler Naturschutzvereinbarungen: Washingtoner Artenschutzabkommen, Ramsar-Konvention zum Schutz von Feuchtgebieten, Vogelschutzrichtlinie.**

4 **Auf der Roten Liste Bayerns steht das „Bayerische Federgras“ als vom Aussterben bedroht. Bayern trägt für seinen globalen Erhalt die Alleinverantwortung, da die Art auf einen Standort in Bayern beschränkt ist. Nehmen Sie Stellung zu diesem Konzept.**

Biologische Invasoren – Neobiota. Von Menschen beabsichtigter oder ungewollter *Tier- und Pflanzentransfer gebietsfremder Arten* trägt zur Auslöschung einheimischer Formen bei: Eingewanderte und einheimische Arten konkurrieren um Lebensraum und andere Ressourcen. Es handelt sich dabei sowohl um pflanzliche Einwanderer, *Neophyten*, als auch um tierische, *Neozoen*. Bekannte Beispiele sind der Riesenbärenklau (▶ Bild 1) oder der nordamerikanische Waschbär. *Neobiota* werden mit Ballastwasser von Schiffen eingespült (Rippenquallen, „Killeralgen"), reisen als „blinde Passagiere" in Containern mit (Pflanzensamen, Insekteneier), entweichen Züchtern (Halsbandsittich) oder wurden ausgewildert (Waschbär, Bisamratte). Nicht zu den Neobiota zählt man solche Fremdlinge, die hierzulande nur als Kulturpflanzen gedeihen können, wie Tomate, Mais, Kartoffel, Rosmarin usw. Auch viele eingeschleppte Arten haben gegen die einheimischen, gut angepassten kaum eine Chance und sterben, bevor sie sich ausbreiten können.

Wenige Arten werden jedoch zu bedrohlichen Invasoren, da sie in der neuen Umgebung sogar günstigere Bedingungen finden als in ihrer Heimat – und diese gestalten hiesige Ökosysteme sichtbar um. So breitet sich das amerikanische Grauhörnchen in Europa inzwischen rasch auf Kosten des heimischen Eichhörnchens aus, weil es weniger spezialisiert in seiner Nahrungspalette ist und sich erfolgreicher fortpflanzt. Aber auch das berühmte „Kaninchenproblem" Australiens zeugt von Bioinvasion: Europäische Siedler brachten europäische Nahrungstiere auf den Kontinent. Diese vermehrten sich sprichwörtlich „wie die Kaninchen" und wurden zu Konkurrenten der Kängurus, wie die ebenfalls eingeführten Schafe. Aber auch durch eingeführte Raubtiere – vor allem verwilderte Hunde und Katzen – wurden manche Arten ausgerottet, zum Beispiel das Tristan-Teichhuhn auf Tristan da Cunha und die Auckland-Ralle auf den Auckland-Inseln.

Klimawandel. 2007 sagte der Weltklimarat (IPCC) bei einem Temperaturanstieg von mehr als 2,5 °C das Aussterben von bis zu 30 % aller Tier- und Pflanzenarten voraus. Durch die höheren Temperaturen kommt es zu einer *Verschiebung der Verbreitungsgebiete* der einzelnen Arten. Aber dies geschieht unterschiedlich schnell, sodass sich die *Zusammensetzung der Ökosysteme* wandelt. Wenn eine Art nicht mehr ausweichen kann, stirbt sie vermutlich aus. Am Beispiel von 1700 analysierten Spezies zeigte sich eine Verschiebung ihrer Areale pro Jahrzehnt um 6 km nach Norden bzw. 6 m Seehöhe nach oben. Ein ganzer Lebensraum, der dadurch bedroht wird, ist die alpine Zone, weil hier vorkommende Tiere und Pflanzen nicht mehr höher hinaufsteigen können.

Die *verstärkte Eisschmelze* in der Arktis bedrängt die dort lebenden Eisbären (▶ Bild 2). Sie müssen bei der Nahrungssuche immer längere Strecken schwimmend zurücklegen, ihre Jagdsaison wird jährlich kürzer, die Hungerperioden länger. Dadurch wird die Abwehrkraft der Tiere geschwächt und die Zahl der Nachkommen reduziert.

Zugvögel ändern ihre Flugzeiten: Während Langstreckenzieher wie der Kuckuck früher starten, um noch vor der großen Dürre die Sahara zu überqueren, lassen sich Kurzstreckenzieher – klimabedingt – früher „bei uns blicken" und bleiben länger. Es gibt aber auch *Wärmegewinner*, zum Beispiel Insekten wie die Gottesanbeterin, die ihr Verbreitungsgebiet nach Norden erweitern kann, oder mediterrane Pflanzenarten mit Wärmeanspruch.

Ebenso wie viele andere Wirtschafts- oder Freizeitaktivitäten des Menschen führt also auch der anthropogen verstärkte Klimawandel vielerorts zu einer Bedrohung der Artenvielfalt. Es wird deutlich, dass Klimaschutz in diesem Sinne auch Arten- und Naturschutz bedeutet!

1 Invasion aus dem Kaukasus: Der Riesenbärenklau oder Herkulesstaude (Heracleum mantegazzianum) überschattet einfach seine Konkurrenz.

2 Der Eisbär gehört zu den Verlierern des Klimawandels.

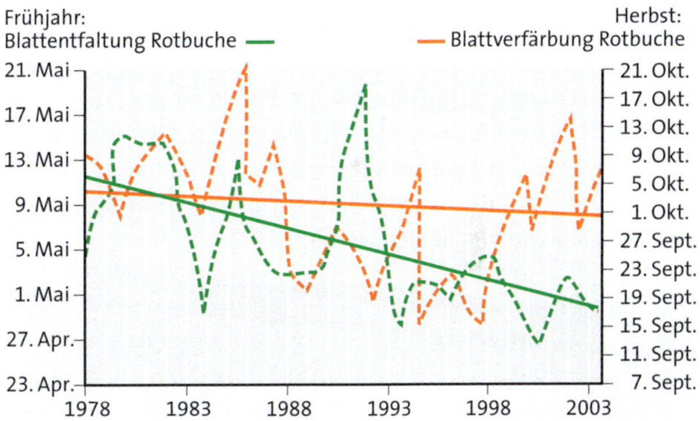

3 Verlängerte Vegetationsperiode, Beispiel Rotbuche: Blattentfaltung (grüne Kurve) und Blattverfärbung (rote Kurve)

---

1 Analysieren Sie Bild 3 und erklären Sie die Ursachen.

Bedeutung der Biodiversität

Biologische Vielfalt oder Biodiversität umfasst die *Artenvielfalt*, die *Vielfalt der Ökosysteme* und die *genetische Vielfalt* der Lebewesen. Als untrennbarer Teil des Lebens und der Evolution stellt Biodiversität im Grunde genommen einen „Wert an sich“ dar, dennoch versucht man ihre Bedeutung in Raum und Zeit zu erfassen, zu vergleichen und zu bewerten. Dazu ermittelt man beispielsweise die Zahl der Arten pro Flächeneinheit, ihre Häufigkeitsverteilung, genetische Variabilität und funktionelle Bedeutung im Ökosystem sowie die Anteile von bedrohten Arten. Weil das im Detail extrem schwierig, wenn nicht unmöglich ist, analysiert man sogenannte *Indikatorgruppen*: für den Menschen auffällige und für einen Raum möglichst repräsentative Formen wie Schmetterlinge, Vögel oder bestimmte Pflanzen. In vielen Gebieten der Erde sind die Kenntnisse auch für diese repräsentative Methode noch zu lückenhaft. Dies gilt oft gerade für die als *Hotspots* bezeichneten Zentren der Biodiversität wie tropische Regenwälder, Flachmeere, Kontinentalabhänge oder die Tiefsee.

Ökologische Bedeutung. Auf Dauer können Lebewesen niemals isoliert, sondern nur als Glieder einer Lebensgemeinschaft existieren. Deren biologische Vielfalt ist eine Grundvoraussetzung dafür, dass Ökosysteme einerseits stabil sind, andererseits anpassungsfähig gegenüber Störgrößen bleiben. Für Ökosysteme ist sie der wichtigste *Stabilitätsfaktor*: Sie kann die Wirkung von Bioinvasoren und Schädlingen ausgleichen, Schadstoffeinträge abpuffern, vor Erosion und Nährstoffverlusten schützen sowie zum Klimaschutz beitragen.

Bei der europäischen Waldbewirtschaftung hat sich diese Sicht schon längere Zeit durchgesetzt: Wälder werden nicht nur als Holzlieferanten betrachtet, sondern ihre ökologischen Funktionen wie Erosionsschutz, Klimaschutz oder Immissionsschutz werden als „Wohlfahrtswirkungen“ gesehen, die sie nur bei hinreichender Diversität erfüllen. Dagegen ist unsere Landwirtschaft im Wesentlichen immer noch auf Produktivität ausgerichtet. So ist eine artenreiche Wiese mit ihrer großen Vielfalt an Blütenpflanzen, Insekten und Bodenorganismen ökologisch besonders wertvoll, im ökonomischen Sinn jedoch eine *Magerwiese* (▶ Bild 1), da sie landwirtschaftlich kaum Ertrag erbringt. Allerdings wird auch *Agrobiodiversität* zunehmend als Wert begriffen.

Ökonomische Bedeutung. Man kann die biologische Vielfalt auch als Wirkstoffreservoir oder Genbank betrachten. Wir verdanken ihr Antibiotika, Fungizide, Betäubungsmittel und Wirkstoffe gegen Fieber genauso wie Werkstoffe, Baustoffe, Energierohstoffe und Nahrung. Diese Auswahl soll in ihrer Unvollkommenheit verdeutlichen, dass es kaum möglich ist, die ökonomische Bedeutung der Biodiversität zu benennen, geschweige denn genau zu beziffern. Es gibt allerdings konkrete Versuche, einen aktuellen oder potenziellen *Nutzwert* für den Menschen zu ermitteln. So kam eine Studie zum Wert der von der Natur kostenlos zur Verfügung gestellten Dienstleistungen 1997 auf einen Betrag von 33 Billionen Dollar im Jahr. Das entsprach nahezu dem doppelten des damaligen Bruttosozialprodukts. Allein für die Bestäubung von Nutzpflanzen errechnete man einen Wert von 117 Milliarden, wobei man annahm, dass die Arbeit von 2 Bienenvölkern durch die Handarbeit von 20 bis 25 Arbeitskräften ersetzt werden müsste. Eine Studie der EU von 2007 beziffert den Verlust durch Zerstörung des Ökosystems Wald auf jährlich 2 bis 5 Billionen Euro. Danach wäre es deutlich billiger, die biologische Vielfalt zu schützen, als ihre Zerstörung zuzulassen. Mit schwindender Biodiversität steigen der technische Aufwand und die Kosten, um „Dienstleistungen“ der Natur künstlich bereitzustellen.

Schatzkammer Biodiversität. Die Biodiversität wird zunehmend als ökonomisches Kapital erkannt. Da diese „Schätze“ zum Großteil in den Entwicklungsländern liegen, meist aber die Industrieländer über die Techniken zu ihrer Verwertung verfügen, gilt es die Gefahren der Ausbeutung abzuwehren und Patentrechte sowie Gewinnverteilung fair zu regeln.

- 250 000 Pflanzenarten stellen ein riesiges Potenzial dar, *neue Nutzpflanzen* zu finden und in Zucht zu nehmen. Beispiele sind die Ölpflanze Jojoba, die Energiepflanze Jatropha und die Süßpflanze Cupuaçu.
- Auch für *Heilmittel* und *Arzneiwirkstoffe* haben Pflanzen eine große Bedeutung, da mehr als die Hälfte unserer Arzneien auf Pflanzen oder deren Inhaltsstoffen beruhen. Beispiele sind die Kalahari-Teufelskralle (▶ Bild 2) mit entzündungshemmenden Inhaltsstoffen und ein Appetitzügler aus der afrikanischen Sukkulenten Hoodia.

1 Magerwiese – ökologisch wertvoll, ökonomisch wertlos?

2 Kalahari-Teufelskralle: ein Schatz der Buschmann-Völker

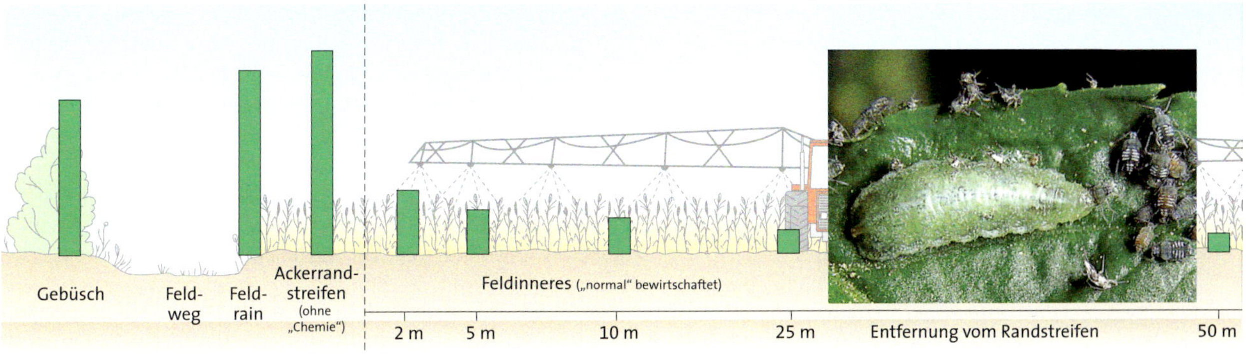

1 *Die biologische Vielfalt am Ackerrand wirkt weit ins Feld hinein: Die Säulenhöhe repräsentiert die Zahl der Schwebfliegen mit blattlausfressenden Larven. Foto: Larve der Schwebfliege*

- Tier- und Pflanzenzucht sind auf die *genetischen Ressourcen* wild lebender und domestizierter Organismen angewiesen. Sie sind das Anpassungspotenzial, um Krankheitserregern und Folgen des Klimawandels zu begegnen; Beispiel: Weizenresistenz gegen Schwarzrost.
- Nur die Biodiversität garantiert auch eine großes Angebot an *Modellen für biotechnische Nutzung*; Beispiel: Lotusblatt und Haihaut als Vorbild für Oberflächentechnik.
- *Biologische Schädlingsbekämpfung* beruht auf der Vielfalt passender Nützlinge. Deren gezielte Zucht und Ausbringung wirkt aber wie bei der Schlupfwespe Trichogramma gegen den Maiszünsler nur dann nachhaltig, wenn Feldraine mit vielfältigen Wirtsinsekten vorhanden sind. Der Erhalt natürlicher Diversität kann allein schon ähnliche Wirkungen erzielen (▶ Bild 1) und die negativen Folgen der Artenarmut in Intensivkulturen mildern.

Bioindikatoren, also „Zeigerarten“, deren Vorkommen eng an eine bestimmte Ausprägung von Ökofaktoren gebunden ist und einen Rückschluss auf diese ermöglicht, sind in doppelter Weise mit Biodiversität verknüpft: Sie können einerseits als Maßstab für die Biodiversität in einem Lebensraum dienen, andererseits bietet nur der Erhalt der Biodiversität die Gewähr, passende Bioindikatoren für eine Vielzahl von Umweltgefahren zu finden. Zum Beispiel lassen sich nur Tier- und Pflanzenarten, die an einen sehr engen Bereich der Sauerstoff- oder Ionenkonzentrationen im Wasser angepasst sind, als *Zeigerarten* für eine bestimmte Wasserqualität heranziehen. Als im Wasser lebende „Dauer-Mess-Systeme“ sind sie für die langfristige Überwachung der Gewässergüte besonders geeignet. Für die Überwachung der Wasserqualität von Fließgewässern hat das Bayerische Landesamt für Umwelt ein *aktives Biomonitoring* mit lebenden Muscheln als Güteindikatoren entwickelt. Muscheln sind festsitzend und filtrieren bei geöffneter Schale mit ihren Kiemen Schwebstoffe aus dem Atemwasserstrom. Dabei nehmen sie im Wasser gelöste oder an Schwebstoffe gebundene Stoffe auf und reichern sie im Körper an. Für das Monitoring werden Muscheln wie die Dreikantmuschel (*Dreissena polymorpha*) oder die Teichmuschel (*Anodonta cygnea*) aus weitgehend unbelasteten Gewässern in die zu überwachenden Gewässer eingebracht. Sie werden dabei in speziellen Netzkäfigen gehalten, die mit Stahlseilen am Ufer fixiert sind. Monatlich kontrolliert man die Muscheln auf ihren Zustand und entnimmt sie endgültig nach 6 Monaten zur Untersuchung ihrer Weichkörper auf Schadstoffe.

Im *Muschelmonitor*, einem anderen Frühwarnsystem, arbeiten mehrere Dreikantmuscheln in einem mit Flusswasser durchströmten Becken. Jede Muschel trägt einen Magneten auf der Schale. Über einen Sensor wird damit das Bewegungsmuster und die Öffnungsweite ihrer Schalen gemessen und von einem Computerprogramm ausgewertet. Gelangen toxische Stoffe ins Wasser, ändern die Muscheln sehr schnell ihr Schalenbewegungsmuster (▶ Bild 2).

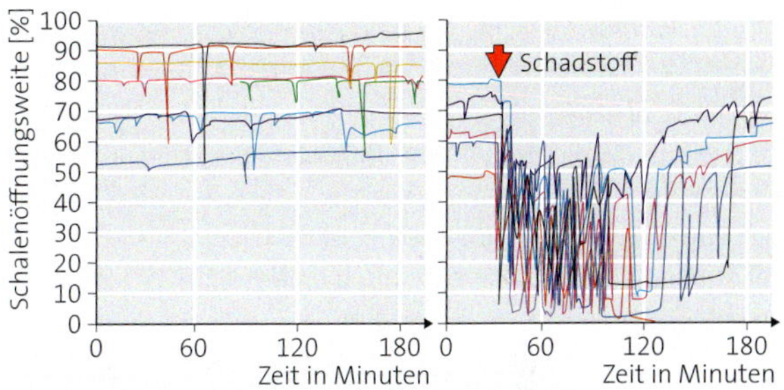

2 *Muschelmonitor*

❶ Über das Internet kann jeder Privathaushalt für etwa 40 Euro Schlupfwespen erwerben, um damit im Vorratsschrank lästige Mehlmotten erfolgreich zu bekämpfen. Stellen Sie Überlegungen zum Wert (Preis-Leistungs-Verhältnis) der Schlupfwespe an.

❷ Der „Materialwert“ eines Blaukehlchens (Phosphor, Calcium und Fluor im Skelett, Fleisch, Blut und Federkleid) beträgt 1,5 Cent. Seine Leistungen als Schädlingsbekämpfer, Verbreiter von Samen, Freude fürs menschliche Gemüt, als Bioindikator für die Umwelt und Symbiosepartner erhöhen seinen Wert auf 154,09 Euro. Das hat FREDERIC VESTER in seinem Buch „Der Wert eines Vogels“ (1983) belegt. Recherchieren Sie unter diesem Titel ein Interview mit dem Autor und weitere Links. Machen Sie sich ein Bild von den Berechnungsgrundlagen.

❸ Informieren Sie sich auf den Seiten des Bayrischen Landesamts für Umwelt über Biomonitore in der Gewässerüberwachung.

[Z*] Umweltmanagement: nachhaltige Entwicklung

Leitbild Nachhaltigkeit. Im 18. Jahrhundert erkannten – nach langen Zeiten des Raubbaus – weitsichtige Forstleute, dass Wälder *nachhaltig* bewirtschaftet werden müssen: Wenn man die Wälder dauerhaft erhalten will, darf man nur so viel Holz einschlagen wie nachwächst. Inzwischen ist klar geworden, dass das Prinzip der Nachhaltigkeit für die gesamte Biosphäre gelten muss, weil in einer Welt mit begrenzten Ressourcen, mit Umweltzerstörung und Armut bei rasch wachsender Bevölkerung die Lebensqualität der Menschen sonst nicht dauerhaft gesichert ist.

Der Begriff *nachhaltige Entwicklung (sustainable development)* wurde 1987 von der *Weltkommission für Umwelt und Entwicklung* geprägt. Er bezeichnet eine Entwicklung, die die *heutigen Bedürfnisse* nach intakter Umwelt, sozialer Gerechtigkeit und wirtschaftlichem Wohlstand *zu decken* vermag, ohne dabei die *Möglichkeiten zukünftiger Generationen zu beschränken*. Dabei gilt es, die drei „Säulen der Nachhaltigkeit" – *Ökologie, Ökonomie und soziale Gerechtigkeit* – in Einklang zu bringen, national und global.

Die UN-Konferenz von Rio. Im Jahr 1992 fand in Rio de Janeiro der bis dahin größte Erdgipfel aller Zeiten statt, die *UN-Konferenz für Umwelt und Entwicklung*. Teilnehmer waren neben Regierungsmitgliedern und UN-Delegierten auch Vertreter von Nichtregierungsorganisationen wie Greenpeace, Internationales Rotes Kreuz, Ärzte ohne Grenzen oder Kirchengruppen. Sie vereinbarten eine *nachhaltige Entwicklung* als *international verbindliches politisches Leitmotiv*. In Rio wurde zum ersten Mal für die Weltöffentlichkeit klar ausgesprochen, was bis dahin immer nur einzelnen „Mahnern und Kritikern" vorbehalten war:

- Die *Industrieländer* sind mit ihrer Produktion und ihrem Verbrauch *Hauptverursacher der globalen Umweltbelastungen*. Daher stehen sie in der Pflicht, den größeren Anteil am Umweltschutz zu übernehmen.
- Den Menschen in den Entwicklungsländern steht die gleiche Chance auf wirtschaftliche Entwicklung zu. Sie sollen dabei die verschwenderischen Wirtschaftsweisen der Industrieländer nicht nachahmen, sondern durch fairen Handel, finanzielle Unterstützung und Informationsaustausch die Möglichkeit zur nachhaltigen Entwicklung erhalten.
- Die Bekämpfung der Armut in den Entwicklungsländern steht im Vordergrund: Raubbau an der Natur – um zu überleben – kann nur gebremst werden, wenn die Lebensbedürfnisse der Menschen gesichert sind.

Ergebnisse von Rio. Mit der *Agenda 21*, dem globalen Aktionsprogramm für das 21. Jahrhundert, haben die 179 Unterzeichnerstaaten in Rio das Abschlussdokument der Konferenz verabschiedet. In ihm sind die dringlichsten Probleme der Menschheit, Lösungsmöglichkeiten für eine nachhaltige Entwicklung und Wege zur Umsetzung angesprochen: Armutsbekämpfung, Eindämmung des Bevölkerungswachstums, nachhaltige Ressourcennutzung, Schutz vor Wüstenbildung, Schutz der Ozeane und Binnengewässer, Schutz der menschlichen Gesundheit, nachhaltige Landwirtschaft, umweltgerechter Umgang mit Biotechnologien und vieles mehr.

Besonders hervorzuheben sind neben der Agenda 21 drei weitere Rahmenvereinbarungen:

- *Erhalt und nachhaltige Bewirtschaftung der Wälder*;
- *Klima-Rahmenkonvention* mit dem Ziel der Reduzierung von Treibhausgasemissionen, allen voran CO_2;
- *Convention of Biological Diversity* mit dem Ziel, den Artenverlust zu bremsen und die Vorteile aus der Nutzung der biologischen und genetischen Vielfalt gerecht zu ermöglichen (► S. 80).

Nachhaltigkeit und Agenda 21 in Deutschland. Im Jahr 1998 wurde Nachhaltigkeit als Regierungsziel festgeschrieben und für die Rio-Folgekonferenz in Johannesburg 2002 die erste Nachhaltigkeitsstrategie verabschiedet. Neben Zielen, die nur in internationaler Zusammenarbeit zu erreichen sind, enthält sie konkrete nationale Aufgaben, zum Beispiel:

- bis 2010 den Anteil des ökologischen Landbaus auf 20 % auszuweiten,
- bis 2015 die Güterverkehrsleistung der Schiene gegenüber 1997 zu verdoppeln,

1 Demonstration für ein „Klima der Gerechtigkeit" und gegen die als schleppend empfundene Umsetzung der Klima-Rahmenkonvention

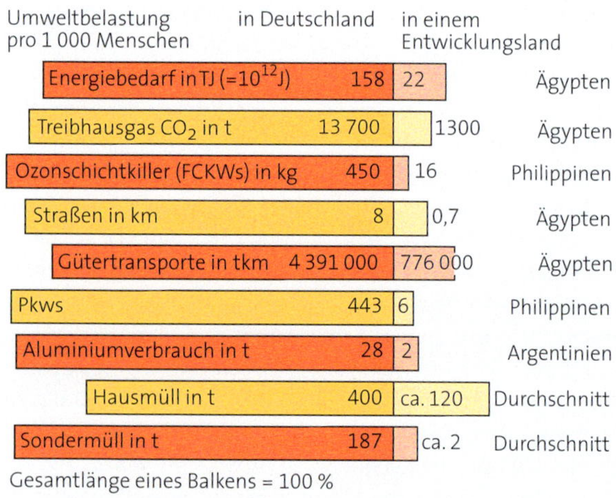

2 Umweltbelastung durch den Menschen in Deutschland und in einem Entwicklungsland

- bis 2020 den Flächenverbrauch von heute 130 auf 30 Hektar pro Tag zu verringern,
- bis 2020 den Anteil erneuerbarer Energien an der Stromerzeugung auf 20 % zu steigern.

Global denken – lokal handeln. Unter diesem Motto sind alle Länder und Kommunen gesetzlich gehalten, Ziele der Agenda 21 zu konkretisieren und umzusetzen. Inzwischen haben die meisten Gemeinden gemeinsam mit Bürgern, örtlichen Organisationen und Wirtschaft lokale Agenden eingesetzt. Darin wird beispielsweise festgelegt, ob Dächer öffentlicher Gebäude mit Fotovoltaikanlagen ausgerüstet werden, mit welchem „Sprit" öffentliche Verkehrsträger fahren, ob sich die Gemeinde an ein Fernwärmenetz anschließt, Mülltrennung durchführt, Ökostrom in öffentlichen Gebäuden einsetzt, für Neubauten Energiesparhäuser vorsieht und ähnliche Maßnahmen.

Lässt sich ökologische Nachhaltigkeit messen? Ob die Energiesparlampen, die uns die EU verordnet hat, oder die herkömmlichen Glühbirnen für ein paar Cent nachhaltiger sind, lässt sich nach Aussage der Hersteller schnell beantworten. Sie rechnen uns vor, dass die höheren Preise durch eingesparte Energiekosten und längere Haltbarkeit wettgemacht werden. Aber sind auch Herstellung und Entsorgung der Sparlampe „ökologischer" als die der herkömmlichen?

Auch wenn es noch keine allgemein verbindlichen Standards für Nachhaltigkeit gibt, lässt sich der Bedarf an Ressourcen für Produkte und Prozesse mithilfe verschiedener Instrumente vergleichen:

- *MIPS* (Material-Input pro Serviceeinheit). Dieses Konzept misst den „Naturverbrauch" (Rohstoffe, Energieträger, Emissionen) eines Produkts über seinen gesamten Lebenszyklus in „kg Natur pro kg Material". Dies ergibt das Gewicht seines *„ökologischen Rucksacks"*: Er wird leichter, indem man den „Input" verringert (durch intelligentere Auswahl der Rohstoffe oder durch ressourcenschonendes Wirtschaften). Auch der Nutzen, die „Serviceeinheit", ist messbar und kann zum Beispiel durch Langlebigkeit, Recycling und Reparierbarkeit erhöht werden.

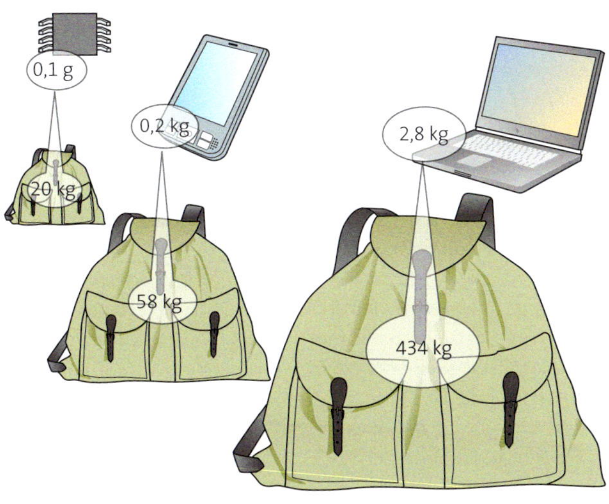

1 *„Ökologischer Rucksack" von Mikrochip, Taschencomputer und Notebook im Vergleich zum Eigengewicht*

Vergleich von Glühbirne und Energiesparlampe

	Glühbirne	Energiesparlampe
Leistung (in W)	60	11
Lebensdauer (in Stunden)	1000	8000
Anschaffungskosten (in EUR)	0,75	7,50
Stromkosten (0,18 EUR/kWh) (in EUR)	86,40	15,84
Gesamtkosten (in EUR)	92,40	23,34
CO_2-Ausstoß (in kg)	276,96	50,78

Die ermittelten Zahlen lassen einen direkten Vergleich wesentlicher Umwelteigenschaften von Produkten, Verfahren und Dienstleistungen zu. Über ihre Sozialverträglichkeit oder Sicherheitsaspekte geben MIPS-Daten keine Auskunft.

- Der *„ökologische Fußabdruck"* oder *global footprint* gibt die Größe produktiver Land- und Wasserflächen an, die bei heutigem Stand der Technik nötig ist, Ressourcen für unseren Konsum bereitzustellen und unseren Abfall aufzunehmen.

Und die Energiesparlampe? Ist sie jetzt nachhaltiger? Über die höhere Serviceeinheit erzielt sie gegenüber der herkömmlichen Glühbirne tatsächlich eine viel bessere Gesamtbewertung.

1 Informieren Sie sich auf den Internetseiten der großen Kirchen, von Umweltschutzorganisationen oder Globalisierungskritikern wie *attac* über deren aktuellen „Umgang" mit den Rio-Vereinbarungen. Herrscht Kritik oder Aufbruchsstimmung? Nennen Sie Ziele und Schwerpunkte der momentanen Arbeit.

2 Erläutern Sie, welche „höheren Ziele" mit den oben aufgeführten nationalen Aufgaben verfolgt werden sollen. Vergleichen Sie mit dem Abschnitt „Ergebnisse von Rio" auf Seite 78.

3 Informieren Sie sich in Ihrer Gemeinde über die lokale Agenda 21. Gibt es ein Gesamtkonzept oder eher Einzelprojekte?

4 Recherchieren Sie die Nachhaltigkeitsbestrebungen eines Unternehmens. Achten Sie dabei verstärkt auch auf Konzepte zur „sozialen Gerechtigkeit".

5 Suchen Sie Informationen im Internet mit den folgenden Suchbegriffen: MIPS, Nachhaltigkeit, Energiesparlampe.

[Z*] Umweltmanagement: Naturschutz

Die *Bewahrung der Artenvielfalt* sowie ihrer Lebensräume, kurz der *Erhalt der Biodiversität* (► S. 7), ist für uns Menschen nicht nur ethische Pflicht, sondern lebensnotwendig: Auch wenn uns technische Entwicklungen dies leicht vergessen lassen, sind wir immer noch *Teil von Ökosystemen*, für deren dauerhafte Stabilität die Artenvielfalt ein elementarer Faktor ist.

Natur- und Artenschutz schließt so gesehen auch den Schutz der menschlichen Umwelt ein. Die Natur ist unsere Lebensgrundlage, unsere einzige *Ressource für zukünftige Nutzpflanzen und -tiere* sowie *für natürliche Arznei- und Wirkstoffe* (► S. 76). Daher wurde 1992 auf der UN-Konferenz von Rio (► S. 78) die *Convention of Biological Diversity (CBD)* ins Leben gerufen. Ihre Unterzeichnerländer, darunter Deutschland und bisher etwa 190 weitere Staaten, verpflichten sich, den weiteren Artenschwund nachhaltig einzudämmen.

Internationaler Naturschutz. Ökosysteme enden nicht an Ländergrenzen. Naturschutz muss daher eine *globale Aufgabe* sein, die ausdrücklich auch die Entwicklungsländer einschließt: Hier, wo etwa 90 % aller Tier- und Pflanzenarten vorkommen, dürfen Naturschutz und Entwicklungsprojekte nicht in Konflikt geraten und gegeneinander ausgespielt werden.

Seit 1980 strebt die UNESCO mit dem Programm „Man and the Biosphere" ein weltumspannendes Netz schützenswerter Ökosystemtypen an. Anfang 2008 gab es über 531 solcher *Biosphärenreservate*, 13 davon in Deutschland. Mit dem Programm „Natura 2000" stellt die EU europaweit nach länderübergreifenden Kriterien Lebensräume heimischer Tier- und Plfanzenwelten unter Schutz. Nach dem Vorbild anderer Länder sind auch in Deutschland von 1970 an *Nationalparks* entstanden (► Bild 2). Dabei handelt es sich um großflächige naturnahe Gebiete mit mindestens 10 000 ha, die ähnlich den Naturschutzgebieten unter strengem gesetzlichem Schutz stehen. Zumindest in ihrer Kernzone darf keine wirtschaftliche Nutzung erfolgen.

Naturschutz in Deutschland. Die gesetzliche Grundlage dafür bildet das *Bundesnaturschutzgesetz* von 2002. Landesgesetze konkretisieren seinen Rahmen. Es enthält neben Zielen und Grundsätzen des Naturschutzes konkrete Vorschriften für den Einzelnen, zum Beispiel für das Verhalten in Schutzgebieten.

Naturschutzgebiete sind die nach dem Gesetz am strengsten geschützten Flächen. Diese aus wissenschaftlichen, ökologischen oder kulturellen Gründen geschützten Gebiete dürfen nur auf den ausgewiesenen Wegen betreten und nicht verändert werden. Ihre Größe ist oft gering. In Bayern zum Beispiel umfassen alle Naturschutzgebiete zusammen rund 159 000 ha – das entspricht 1,6 % der Landesfläche. Seit 1991 wurden weitere Flächen durch ein *Biotopschutzgesetz* geschützt. Es verbietet die nachhaltige Beeinträchtigung bestimmter Biotoptypen wie Moore, Auwälder, Wacholderheiden, Hohlwege, Höhlen und Trockenmauern. Nach Expertenmeinung wären aber mindestens 15 % der Landesfläche für einen effektiven Naturschutz nötig.

Der Schutzgrad von *Landschaftsschutzgebieten* ist dagegen viel geringer. Es handelt sich um größere zusammenhängende Kulturlandschaften, die unter Auflagen land- und forstwirtschaftlich genutzt werden. *Naturparks* werden eingerichtet, um naturnahe Erholungsräume zu erhalten.

1 *Im Nationalpark Bayrischer Wald*

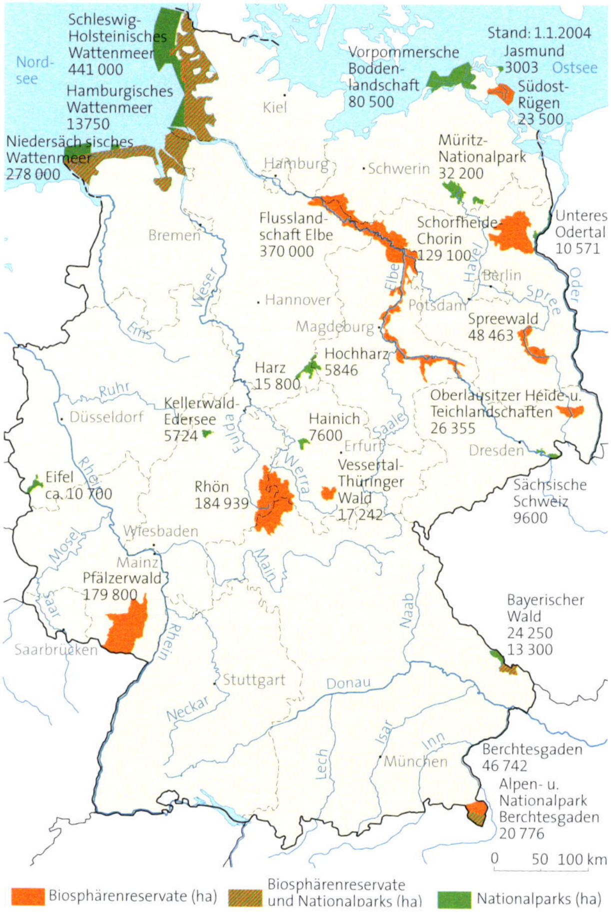

2 *Nationalparks und Biosphärenreservate in Deutschland*

❶ Schlagen Sie im Atlas unter „Naturschutz" oder „Nationalparks" in Europa, in Deutschland und in Ihrem Bundesland nach.

❷ Fordern Sie bei einer Nationalparkverwaltung Informationsmaterial über die Vorschriften, Informationsangebote, Besonderheiten und das „Park-Management" an. Die Parks haben auch Homepages im Internet.

❸ Erkundigen Sie sich bei Ihrer Sparkasse, bei großen Banken, Versicherungen oder ähnlichen Einrichtungen nach Umweltstiftungen, deren Förderzielen und Förderrichtlinien.

Mithilfe dieses Kapitels können Sie

- den Einfluss von Umweltfaktoren auf Lebewesen beschreiben und ihre Auswirkungen auf Populationen begründen
- die Entwicklung idealisierter Populationen beschreiben und die Wirkung daran beteiligter Faktoren erklären
- verschiedene Fortpflanzungsstrategien von Lebewesen und ihre Bedeutung für die Populationsentwicklung erläutern
- die Populationsentwicklung des Menschen darstellen und typische Phasen der Bevölkerungsentwicklung regional zuordnen und begründen
- den Zusammenhang zwischen Bevölkerungswachstum und Problemen der Ernährungssicherung erörtern
- darstellen, wie sich Intensivlandwirtschaft und Gewässerbelastung durch den Menschen auf die Umwelt, insbesondere auf Wildtiere und -pflanzen auswirken
- verschiedene Ursachen für die Gefährdung der Artenvielfalt durch menschliche Einflüsse nennen und erläutern
- die Bedeutung der Biodiversität aus ökologischer und ökonomischer Sicht bewerten
- nachhaltiges Handeln als Leitbild des Umweltmanagements an Beispielen erläutern

Testen Sie Ihre Kompetenzen

Wie sich Populationen von Lebewesen entwickeln und welche Faktoren dabei wirksam sind, ist für das Verständnis ökologischer Zusammenhänge von großer Bedeutung. Dies gilt in besonderer Weise auch für den Menschen, dessen Eingriffe in die Natur zu einem entscheidenden Faktor für viele andere Arten geworden sind.

So war die auf den schmalen Felsbändern der Insel Helgoland brütende Dreizehenmöwe (Bild rechts) bis 1950 durch Bejagung und Kriegseinwirkungen an diesem einzigen Brutplatz der südlichen Nordsee völlig verschwunden. Seitdem hat sich die Population dieser Möwenart, die bis zu 20 Jahre alt wird, mit 4 bis 5 Jahren erstmals brütet und je Brutpaar 1 bis 2 Junge aufzieht, stark vergrößert (Bild Mitte). Vermutlich hat dabei das durch Eutrophierung der Nordsee vergrößerte Nahrungsangebot an kleinen Fischen eine Rolle gespielt.

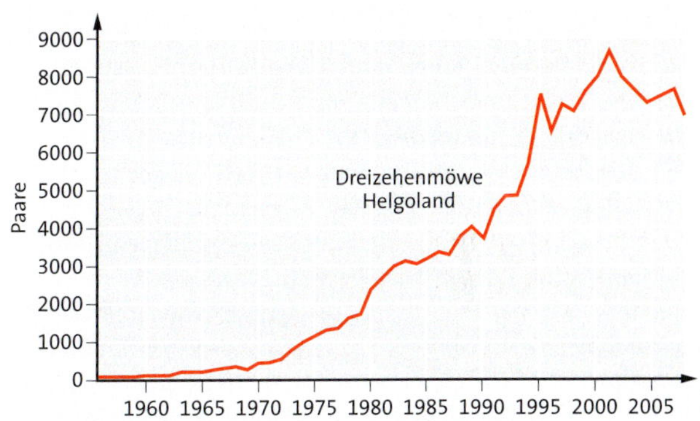

1. Analysieren Sie die Entwicklung der Dreizehenmöwenpopulation auf Helgoland und ihren mutmaßlichen Fortgang.
2. Zeichnen Sie ein idealisiertes, durch die von Ihnen vermutete Weiterentwicklung bis zum Jahr 2020 ergänztes Diagramm der Populationsentwicklung der Dreizehenmöwe.
3. Begründen Sie die bisherige tatsächliche und die vermutete weitere Entwicklung der Möwenpopulation. Berücksichtigen Sie dabei die besonderen Bedingungen der Brutplätze.
4. Stellen Sie eine begründete Hypothese zur Fortpflanzungsstrategie der Dreizehenmöwe auf. Erläutern Sie die für die Populationsentwicklung bedeutsamen Faktoren dieser Strategie.
5. Vergleichen Sie die Wachstumskurve der menschlichen Weltbevölkerung mit derjenigen der Dreizehenmöwe und benennen Sie wesentliche Unterschiede.
6. Zeigen Sie Auswirkungen des menschlichen Bevölkerungswachstums auf die Biodiversität auf und erörtern Sie anhand von Beispielen direkte und indirekte Ursachen für deren Gefährdung.
7. Vergleichen Sie Magerwiese und Getreidefeld (Bilder unten) hinsichtlich Artenvielfalt, ökologischer Funktion und ökonomischer Bedeutung.
8. Erklären Sie, warum es meist sinnvoller ist, ganze Lebensräume anstatt einzelner Arten unter Schutz zu stellen.

Genetisch bedingte Verhaltensweisen und Lernen

1 Ein Rohrsänger füttert einen jungen Kuckuck. Das „Pflegekind" hat gleich nach dem Schlüpfen die Eier der Zieheltern aus dem Nest geworfen.

Ein aufgesperrter Rachen im eigenen Nest, dazu Bettellaute – und schon wird das Erbprogramm „Junge füttern" ausgelöst. Dass das einzige Junge riesig ist und ein auffällig gemustertes Federkleid besitzt, hat für den Rohrsänger offenbar keine Bedeutung. Auch das Verhalten des Jungkuckucks, Eier oder andere Jungvögel aus dem Nest zu werfen, ist weitgehend genetisch bedingt und erfolgt ohne Einsicht – so zweckmäßig es für einen Brutschmarotzer auch erscheinen mag. Die Merkmale seiner Zieheltern muss der Jungkuckuck dagegen erlernen und sich unauslöschlich einprägen: Nur so kann er später die passende Wirtsvogelart wiederfinden, deren Eier in Größe und Färbung seinen eigenen gleichen. Wenn seine Wirtsvögel allerdings aufgrund des Klimawandels plötzlich früher brüten, als er aus seinem Winterquartier in Afrika zurückkehrt, könnte er durch sein hoch angepasstes Verhalten in der Existenz gefährdet sein.

Im Blickpunkt

- Verhalten ist vielschichtig – Betrachtungsebenen von Verhalten
- Methoden der Verhaltensbiologie
- Erbinformationen und Umwelteinflüsse wirken im Verhalten zusammen
- Reflexe und Instinkthandlungen sind überwiegend genetisch bedingt
- Erfahrung, also Lernen, macht Verhalten plastisch
- Arten des Lernens

GRUNDLAGEN Alle Aktivitäten von Tieren und Menschen nennt man ihr Verhalten. Es umfasst vor allem Bewegungen, aber auch den Austausch optischer, chemischer oder akustischer Signale mit der Umwelt, besonders mit Artgenossen.

Ähnlichkeiten und Unterschiede zwischen tierischem und menschlichem Verhalten können die Verhaltensanalyse behindern. Erklärungsmodelle für Verhalten, die Tiere nur als Reflexautomaten und Menschen nur als vernunftgesteuerte Lernwesen betrachten, gehören ebenso der Vergangenheit an wie die Vermenschlichung von Tieren. Es ist heute unstrittig, dass sich Verhalten – ähnlich wie körperliche Merkmale – stets in engem Zusammenwirken von Erbinformation und Umwelt entwickelt.

Um Verhalten zu verstehen, ist eine ganzheitliche Betrachtung des betreffenden Lebewesens nötig. Davon ausgehend versucht die Verhaltensbiologie mit naturwissenschaftlichen Methoden, Gesetzmäßigkeiten im Verhalten zu finden und deren Ursachen zu erklären. Der Forschungsschwerpunkt der Verhaltensbiologie lag früher bei der Untersuchung von „angeborenen", also vollständig oder vorwiegend genetisch bedingten Verhaltensweisen und ihrem stammesgeschichtlichen Anpassungswert sowie bei der Bedeutung von Lernvorgängen für die Modifizierung und Plastizität des Verhaltens. Mit diesem Teilgebiet, der klassischen Verhaltensforschung oder Ethologie, beschäftigt sich das vorliegende Kapitel. Forschungsschwerpunkt ist heute vor allem das Sozialverhalten der Tiere (Soziobiologie ► S. 100).

Betrachtungsebenen des Verhaltens

Buchfinken gehören zu unseren häufigsten Singvögeln. Zwischen Ende März und Anfang Juli kann man ihren Gesang vom frühen Morgen bis in die Abendstunden hören. Bis zu 4000-mal am Tag trägt ein Männchen immer dieselbe schmetternde Strophe vor und verbringt damit über ein Fünftel seiner aktiven Zeit. Warum singt der Vogel?

Auch wenn der Vogelgesang zu den bekanntesten und am häufigsten wahrgenommenen *Verhaltensweisen* frei lebender Tiere gehört, lässt sich keine eindeutige Antwort auf die Frage geben. Je nach der Zeitspanne, die man betrachtet – den aktuellen Moment, die Entwicklung des Einzeltiers (Ontogenese) oder die stammesgeschichtliche Entwicklung (Phylogenese) –, würde die Antwort ganz verschieden ausfallen. Wenn man Verhalten erklären will, muss man also genauer fragen:
- Wodurch wird das Gesangsverhalten des Buchfinken ausgelöst und gesteuert?
- Wie hat es sich bei dem Individuum entwickelt?
- Welche Funktion hat der Gesang für das Überleben und den Fortpflanzungserfolg?
- Wie ist der Gesang im Verlauf der Evolution entstanden?

Diese vier von dem niederländischen Verhaltensforscher NIKOLAAS TINBERGEN (1907–1988) formulierten Grundfragen der Verhaltensbiologie sind auf alle *Funktionskreise* des Verhaltens (Fortbewegung, Ernährung, Körperpflege, Fortpflanzung und Brutpflege, Feindabwehr) anwendbar. Ihnen entsprechen vier *Betrachtungsebenen*, auf denen Verhalten erklärt werden kann:

Verhaltenssteuerung. Wie bei allen Singvögeln wird beim Buchfinken der Gesang durch neuronale Zentren im Vorderhirn gesteuert, die durch motorische Nerven mit den Muskeln des Stimmorgans (Syrinx) am Ende der Luftröhre verbunden sind. Die Gesangszentren werden durch das männliche Sexualhormon Testosteron aktiviert, dessen Konzentration mit zunehmender Tageslänge im Frühjahr ansteigt.

Allgemein gilt: Verhaltensweisen liegen innere und äußere Ursachen zugrunde, nämlich physiologische Prozesse in Sinnes-, Nerven- und Muskelzellen sowie Hormondrüsen im Zusammenwirken mit Reizen aus der Umwelt des Tiers (► Bild 2).

Verhaltensentwicklung (Verhaltensontogenese). Nur wenn ein junges Buchfinkenmännchen in den ersten Monaten seines Lebens arteigenen Gesang hört, entwickelt es selbst den typischen Buchfinkengesang. Offenbar muss es zumindest Teile des Gesangs von einem Vorbild lernen (► S. 91).

Wie körperliche Merkmale wird das Verhalten durch Erbinformationen *und* Umwelteinflüsse bedingt. Im Mittelpunkt des Interesses steht dabei, wie Erbanlagen und Umweltbedingungen im Einzelnen bei der Entwicklung des Verhaltens zusammenwirken.

Verhaltensfunktion. Der Gesang männlicher Buchfinken hat eine doppelte Funktion: Als „Werbegesang" lockt er paarungsbereite Weibchen an; als „Reviergesang" markiert er ein bestimmtes Gebiet gegenüber Rivalen. Diese werden dadurch auf Distanz gehalten, sodass sich die Zahl der Revierkämpfe verringert.

Die Klärung der Funktion eines Verhaltens zielt darauf ab, seinen Beitrag zur biologischen Fitness eines Tiers aufzuzeigen, wodurch es also die Fortpflanzungschancen des Individuums verbessert und das Überleben der Population sichert (► S. 30).

1 *Singendes Buchfinkenmännchen*

Verhaltensevolution. Es ist sehr wahrscheinlich, dass Buchfinken von Vögeln abstammen, deren Gesang dem der heutigen Buchfinken ähnelte, dass der Buchfinkengesang mithin Ergebnis einer stammesgeschichtlichen Entwicklung ist. Dass sich die Evolution des Gesangs auch heute fortsetzt, zeigt sich an der Ausbildung von „Dialekten" bei verschiedenen Buchfinkenpopulationen.

Wie für körperliche Merkmale heute existierender Arten gilt auch für die meisten Verhaltensweisen, dass sie nur vorhanden sind, weil sie sich bei den Vorfahren bewährt haben.

Unterscheidung zwischen proximaten und ultimaten Ursachen. Die verschiedenen Betrachtungsebenen machen deutlich, dass es letztlich zwei Ursachenkomplexe für Verhalten gibt:
- Zu den unmittelbaren, aktuell wirksamen oder *proximaten Ursachen* von Verhalten gehören die Mechanismen der Verhaltenssteuerung und das Zusammenwirken von Genen und Umweltfaktoren bei der Verhaltensentwicklung.
- Als mittelbare, evolutiv bedingte oder *ultimate Ursachen* fasst man Faktoren zusammen, die sich auf die Funktion eines Verhaltens und die zugrunde liegenden Evolutionsprozesse beziehen.

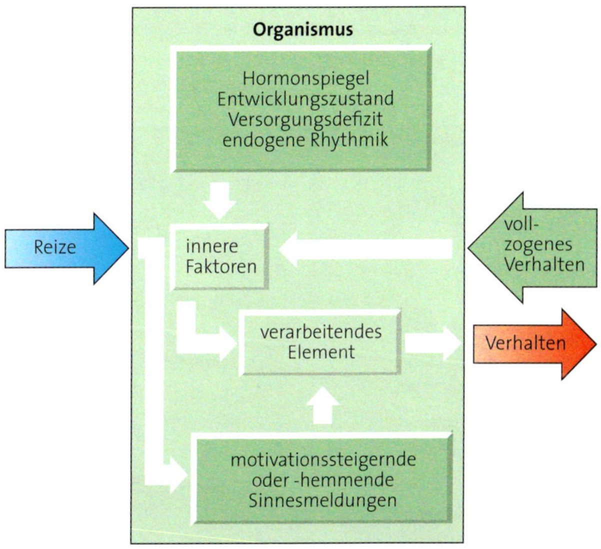

2 *Funktionsschema zur Wirkung proximater Ursachen*

Wichtige Methoden der Verhaltensbiologie

1 *Die Schimpansenforscherin JANE GOODALL beim Beobachten und Protokollieren im Freiland*

2 *Individuell markierte Großtrappe – die schwerste und seltenste Vogelart Mitteleuropas*

3 *Ortung von mit Sendern versehenen Wanderratten*

Vögel singen im Gebüsch, Schmetterlinge fliegen von Blüte zu Blüte, Hunde reagieren auf Kommandos von Menschen: Tiere fallen vor allem durch ihr Verhalten ins Auge. Will man Verhalten aber wissenschaftlich untersuchen, erfordert das eine ganze Reihe spezieller verhaltensbiologischer Methoden. Sie werden – je nach betrachteter Ebene des Verhaltens (► S. 83) – durch Methoden der Genetik, der Stoffwechsel- und Sinnesphysiologie ergänzt. Einige grundlegende Methoden der Verhaltensbiologie werden im Folgenden vorgestellt, denn aus Beobachtungen oder Versuchen abgeleitete Aussagen lassen sich nur dann einschätzen, wenn man die zugrunde liegende Methodik kennt und sie hinterfragen kann.

Beobachten. In einem ersten Schritt ist es wichtig, das Verhalten eines Tiers umfassend zu beobachten. Da möglichst das an die natürlichen Lebensbedingungen angepasste Verhalten erfasst werden soll, sind im Idealfall Freilandbeobachtungen (► Bild 1) durchzuführen. Dabei gilt es, Daten zu sammeln und Verhaltensweisen exakt zu dokumentieren. Früher hat man versucht von einem Tier möglichst einen kompletten Verhaltenskatalog, ein *Ethogramm*, zu erstellen. Dies ist aber oft nicht möglich und auch nicht immer erforderlich. Liegt bereits eine konkrete Fragestellung als Arbeitshypothese vor, können Art und Umfang der Datenerfassung gezielt eingegrenzt werden.

Zur Beobachtung werden verschiedene Hilfsmittel eingesetzt. Videoaufzeichnungen ermöglichen die Dokumentation ganzer Verhaltenssequenzen in Echtzeit. Lautäußerungen werden per Tonträger registriert und stehen damit für vielfältige, oft vollautomatische Analysemethoden zur Verfügung. Mithilfe von Markierungen lassen sich einzelne Tiere im natürlichen Lebensraum gezielt beobachten und eventuell schon aus der Ferne identifizieren (► Bild 2). Kleinste Sender erlauben ein Aufspüren und Verfolgen eines Tiers auch ohne Sichtkontakt, teilweise sogar über weite Entfernungen (► Bild 3). So wird die Begrenztheit der Sinnesfunktionen des Beobachters durch geeignete Techniken überwunden. Trotzdem kann aber immer nur ein Teil der Umwelt eines Lebewesens und der „Vorgeschichte" eines Verhaltens erfasst werden. Die Kenntnis darüber ist jedoch unter Umständen für die Interpretation einer Beobachtung wichtig. Manche Parameter können wir trotz technischer Hilfsmittel kaum erfassen. Wollen wir zum Beispiel einen Blütenduft beschreiben, dann fließen sehr schnell subjektive Wahrnehmungen in die Umschreibungen mit ein, es sei denn, die entsprechenden Moleküle sind bekannt.

Beschreiben. Schwierig ist die wertneutrale Beschreibung und Benennung des Verhaltens. Oft sind in der Literatur die entsprechenden Verhaltensweisen oder -sequenzen bereits geschildert und mit prägnanten beschreibenden Begriffen definiert. Solche Begriffe sollten übernommen werden. In den gewählten Formulierungen steckt jedoch unter Umständen schon eine Analyse des Datenmaterials. Bezeichnet man den Flug eines Schmetterlings zur Blüte als Futterflug, beinhaltet dies bereits eine Interpretation zur Funktion des Verhaltens. Übernimmt man diesen Begriff, muss man sich vergewissern, dass das Tier nicht etwa einen Balzflug durchführt. Verwendet man beschreibende Begriffe wie Schwirrflug, Gleitflug oder Horizontalflug, riskiert man keine vorzeitige Interpretation.

Hypothesen bilden. Wenn sich aus Beobachtung und Beschreibung eine konkrete Fragestellung ergibt, lassen sich dazu Hypothesen entwickeln und daraus Vorhersagen ableiten. Um sie zu prüfen, gewinnt man Daten durch gezielte Beobachtung oder durch Experimente. Je stärker ein Experiment allerdings in natürliche Verhaltensabläufe eingreift, umso sorgfältiger ist anschließend zu prüfen, ob die gewonnenen Ergebnisse durch die Bedingungen des Experiments beeinflusst sind (► S. 91).
Messen. In Afrika kann man an vielen Blüten Vögel beobachten, die nach Nektar suchen. Die Nektarvögel können mithilfe des langen, leicht gekrümmten Schnabels und der an der Spitze zu zwei Saugröhren umgebildeten Zunge tief in die Blüten eindringen. Bei ihrer Nahrungssuche bestäuben sie die Blüten. Es liegt also eine Symbiose vor.

Als Frage könnte formuliert werden: Beeinflusst die Beschaffenheit des Nektars, beispielsweise dessen Zuckerkonzentration, die Häufigkeit der Besuche durch die Vögel? Entsprechende Versuche wurden im Labor mit Gelbbauchnektarvögeln an einer künstlichen Blüte (► Bild 1) durchgeführt. In dieser wurden nacheinander Saccharoselösungen unterschiedlicher Konzentration angeboten. Dabei wurde registriert, wie oft das jeweilige Versuchstier während der festgelegten Versuchsdauer von einer Stunde an die künstliche Futterquelle kam. Um zu einer fundierten Erklärung des Verhaltens zu kommen, muss man unter gleichen Bedingungen eine größere Zahl an Messungen vornehmen.
Auswerten. Die gesammelten Daten werden in der Regel statistisch bearbeitet. Man errechnet beispielsweise einen Mittelwert für die Anzahl der Blütenbesuche, die jedes Versuchstier bei Angebot der einzelnen Konzentrationen an Zuckerlösung pro Stunde getätigt hat. Die ermittelten Werte kann man dann grafisch darstellen (► Bild 2).
Analysieren. In einem ersten interpretatorischen Ansatz behandelt man das Versuchstier wie eine *Blackbox* (► Bild 3). Man beobachtet das Verhalten des Tiers, also den Output der Blackbox, bei verschiedenen Umweltbedingungen, also bei unterschiedlichem Input. Die Vorgänge im Organismus werden dabei zunächst ausgeklammert. Beobachtet man unter gleichen Bedingungen gleiches Verhalten, kann man als Hypothese eine Wenn-dann-Regel formulieren. In unserem Beispiel also etwa: Bietet man in der künstlichen Blüte eine hoch konzentrierte Saccharoselösung an, dann besuchen die Nektarvögel diese seltener als bei Vorhandensein einer niedrig konzentrierten Zuckerlösung. Solche Hypothesen gilt es, in weiteren Versuchen zu bestätigen, zu modifizieren oder gegebenenfalls auch zu falsifizieren.

1 **Nennen Sie Vor- und Nachteile verhaltensbiologischer Untersuchungen im Freiland, im Zoo und im Labor.**
2 **Das Verhalten des Nektarvogels in Abhängigkeit von der „Qualität" einer Blüte soll untersucht werden. Entwickeln Sie Experimente unter Einsatz der künstlichen Futterquelle.**
3 **Die in Bild 2 dargestellten Werte wurden während des Vormittags erfasst. Begründen Sie, warum nicht für den ganzen Tag ein einziger Wert ermittelt wurde.**
4 **Erläutern Sie, warum den in Volieren gehaltenen Nektarvögeln als Nahrung Fliegen und eine Zuckerlösung angeboten werden.**

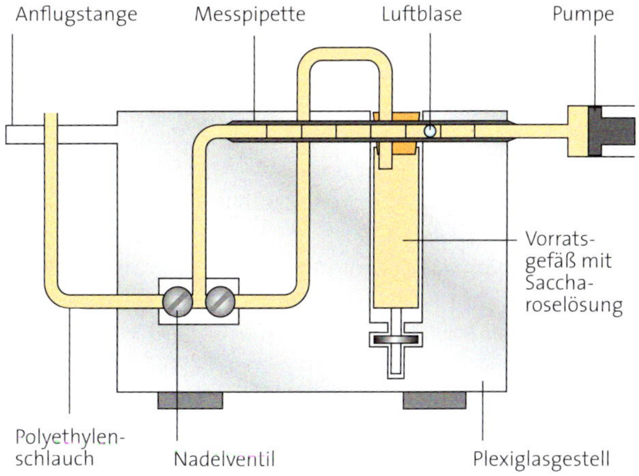

1 Künstliche Blüte

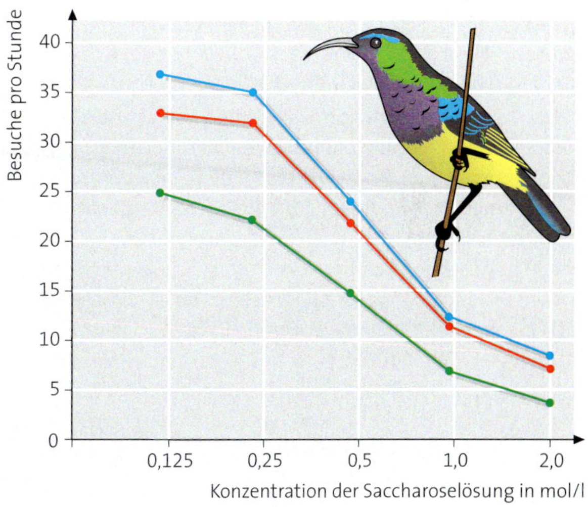

2 „Blütenbesuche" dreier Nektarvögel

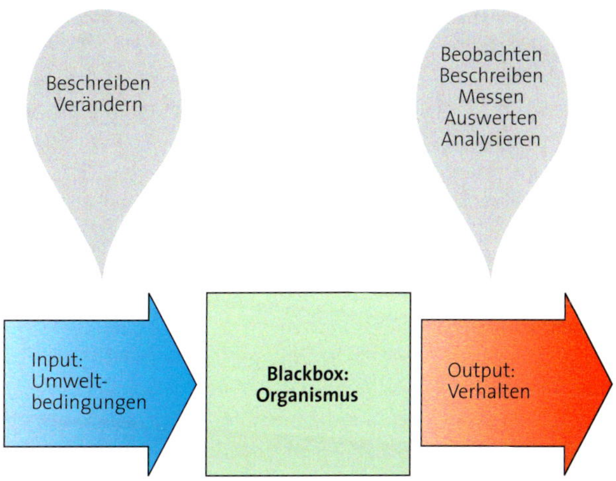

3 Blackbox-Modell

Reflexe: einfache Erbkoordinationen

Berührt man mit dem Finger die Handinnenfläche eines Säuglings im ersten Lebenshalbjahr, so greift dieser danach (▶ Bild 1). Fällt plötzlich grelles Licht in unser Auge, verengt sich sehr schnell die Pupille. Sowohl das Greifen der Hand des Neugeborenen als auch die Änderung der Pupillenweite sind Reaktionen des Organismus, die meist in gleicher Weise ablaufen und nur von einem bestimmten *Reiz* ausgelöst werden können. Solche Reaktionen bezeichnet man als *Reflexe*.

Voraussetzung für das Auftreten solcher Verhaltensweisen ist die Fähigkeit eines Organismus, Reize aufnehmen, diese verarbeiten und schließlich durch eine Reaktion beantworten zu können. Bei einzelligen Lebewesen erfolgt dieser Prozess in einer Zelle, bei vielzelligen Organismen in der Regel im Zusammenspiel von Sinnesorganen, Nerven und Muskeln.

Die Reflexe treten als kaum veränderliche Bewegungsabläufe direkt auf bestimmte Reize auf, zeigen also eine relativ starre Reiz-Reaktions-Kopplung. Auch beim Menschen sind eine Vielzahl solcher Reflexe bekannt, die unter anderem als *Schutzreflexe*, wie der Nies-, Husten- oder Pupillenreflex, den Körper vor Schaden bewahren sollen oder als *Halte- und Stellreflexe* für den Bewegungsablauf wichtig sind.

Unbedingter Reflex (Erbkoordination). Aufgrund ihrer Bedeutung für den Organismus, ihres formkonstanten Ablaufs, der einfachen neuronalen Verschaltung und der damit verbundenen kurzen Reaktionszeit ging man davon aus, dass Reflexe *angeboren*, also *vollständig genetisch bedingt* sind. Trifft dies zu, dann spricht man von einem *unbedingten Reflex* oder einer *Erbkoordination*. Den zugehörigen auslösenden Reiz bezeichnet man als *unbedingten Reiz*.

Neuere Beobachtungen belegen aber, dass manche Reflexe durchaus beeinflussbar sind. Feten schlucken beispielsweise Fruchtwasser und trainieren so das Zusammenspiel der beim Schluckvorgang beteiligten Nerven und Muskeln. Man kann also davon ausgehen, dass der Schluckreflex zumindest teilweise nicht genetisch bedingte Komponenten aufweist. Der Ablauf mancher Reflexe hängt auch vom momentanen Zustand des Lebewesens ab und kann modifiziert werden.

Bedingter Reflex. In vielen Versuchen konnte gezeigt werden, dass einige unbedingte Reflexe auch durch Außenreize ausgelöst werden können, die normalerweise nicht in der Lage sind, die betreffende Reaktion hervorzurufen.

Normalerweise schließt sich das Augenlid, wenn es einen Luftzug verspürt. Ein Summton oder ein schwacher Lichtblitz zeigen dagegen keine Wirkung. Wird das Auge aber jedes Mal von einem Lichtstrahl getroffen, kurz bevor der Luftstrom dieses trifft, dann genügt schon nach mehreren Versuchen der Lichtstrahl allein, um den Lidschluss auszulösen. Das Licht wirkt dann als Reiz für den Lidschluss.

Wird also ein *neutraler Reiz* zeitlich eng mit einem unbedingten Reiz kombiniert, kann er nach mehrmaligem Auftreten alleine die gleiche Reaktion wie ein unbedingter Reiz auslösen. Der neutrale Reiz ist damit zu einem *bedingten Reiz* geworden, der eine bedingte Reaktion, den sogenannten *bedingten Reflex*, auslöst (▶ Bild 2). Bedingte Reflexe gehen jedoch rasch wieder verloren, wenn sie mehrfach durch den bedingten Reiz allein ausgelöst werden (▶ S. 95).

1 *Greifreflex beim Säugling*

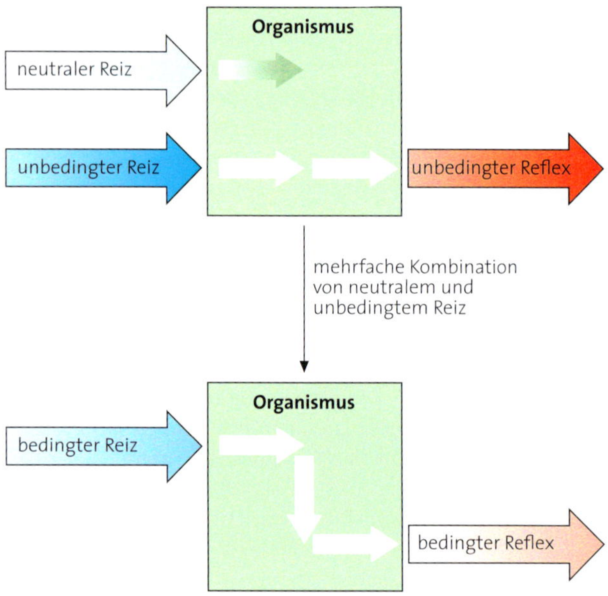

2 *Schema zur Entstehung eines bedingten Reflexes*

❶ Die Larven des Mehlkäfers suchen immer dunkle Stellen auf. Machen Sie einen Vorschlag, wie man dieses Verhalten bezeichnen und experimentell überprüfen könnte.

❷ Wenn eine Erdkröte ihre Beute geschluckt hat, kann man beobachten, dass sich das Tier mit einem Bein das Maul „abwischt". Erläutern Sie, ob es sich bei dieser Verhaltensweise um einen Reflex handelt.

❸ Erörtern Sie, warum sowohl der „Aufbau" als auch das „Verschwinden" bedingter Reflexe in der Regel biologisch sinnvoll ist.

MATERIAL · METHODE · PRAXIS

Reflexe

Alle Tiere bis hin zum hoch entwickelten Säugetier zeigen reflektorische Verhaltensweisen. Diese basieren auf einfachen neuronalen Verschaltungen und erlauben ein schnelles Reagieren auf Außenreize, was mitunter lebenswichtig ist. Manche Reflexe sind Bestandteil komplexer Verhaltensmuster. Sieht man Reflexe als angeborene Verhaltensweisen an, erfordert ihr Nachweis einen Ausschluss von Vorerfahrungen, die im Rahmen eines Lernprozesses zur Aneignung entsprechender Verhaltensweisen führen könnten.

Reflexe in der medizinischen Diagnostik

Durch Überprüfung von Reflexen wird bei ärztlichen Untersuchungen der Entwicklungsstand des Zentralnervensystems oder die Funktionsfähigkeit des sensomotorischen Systems kontrolliert. Ein Hinweis auf eine zerebrale Störung bei Säuglingen ist das Fehlen oder verlängerte Bestehenbleiben der frühkindlichen Reflexe. Dazu gehören Reflexe der Nahrungsaufnahme (Suchreflex, Saugreflex), des Lage- und Bewegungssinns (Umklammerungsreflex) sowie Stell- und Greifreflexe (▶ Tabelle).

Beugereflex beim Hund

Bei Reflexen und anderen Verhaltensweisen tritt eine Latenzzeit auf, eine Verzögerung zwischen dem Reiz und dem Sichtbarwerden der entsprechenden Reaktion. So zieht beispielsweise ein Hund bei schmerzhaften Hautreizen am Bein dieses zurück. Die Latenzzeit bei diesem Beugereflex beträgt 60 bis 200 ms. Das Ausmaß und die Dauer der Beugung sowie die Latenzzeit wurden bei unterschiedlicher Reizstärke gemessen (▶ Bild unten).

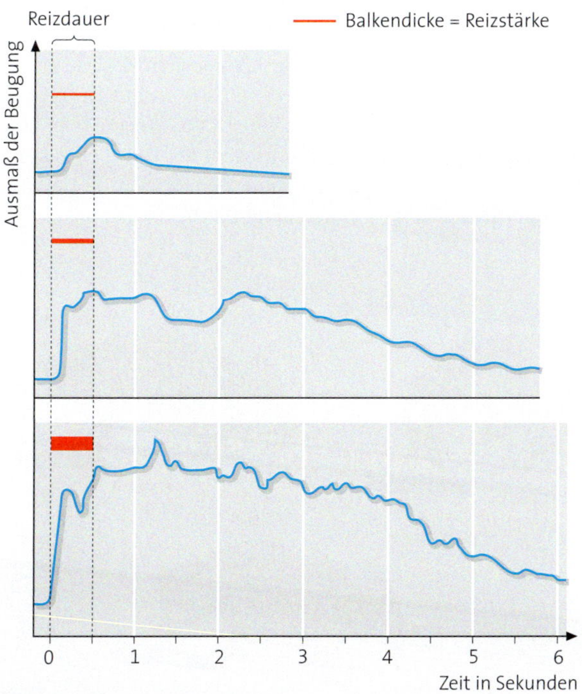

Beispiele frühkindlicher Reflexe	Auslösung	Verhalten des Säuglings
Suchreflex verschwindet etwa im 3. Lebensmonat	Berührung der Wange	Drehen des Kopfes in Richtung des Reizes; Verziehen des Mundes
Saugreflex verschwindet etwa im 3. Lebensmonat	Berührung der Lippen	Saugbewegungen
Umklammerungsreflex verschwindet etwa im 3.–6. Lebensmonat	laute Geräusche, abruptes Zurückfallenlassen des Kopfes	Spreizen der Finger und Ausbreitung der Arme; diese werden danach wieder langsam über der Brust zusammengeführt

Lidschlussreflex beim Menschen

MATERIAL: kleiner Blasebalg mit Gummischlauch, feine Düse aus Papier oder Kunststoff, Stativmaterial

DURCHFÜHRUNG: Befestigen Sie in Augenhöhe an einem Stativ einen Gummischlauch mit Düse. Diese sollte im Abstand von einigen Zentimetern seitlich des Auges einer Versuchsperson angebracht sein. Betätigen Sie vorsichtig den Blasebalg, sodass ein Luftstrom auf das Auge trifft. Beobachten Sie das Auge und wiederholen Sie den Versuch mehrmals.

Rückziehreflex beim Regenwurm

MATERIAL: 20 cm langes Glasrohr mit einem Durchmesser von 1 cm, lichtundurchlässige Papierhülle, Pinsel, Taschenlampe, Regenwürmer

DURCHFÜHRUNG: Befeuchten Sie die Innenseite des Glasrohrs, stülpen Sie außen die Papierhülle über und lassen Sie einen Regenwurm in das Glasrohr kriechen. Verschieben Sie die Papierhülle, bis das Vorderende des Regenwurms sichtbar wird. Strahlen Sie dies mit einer Taschenlampe an und beobachten Sie das Verhalten des Regenwurms. Als Zusatzversuch kann das Experiment bei verschiedenen Helligkeiten durchgeführt werden oder man verwendet eine Hülle aus roter Folie.

1 **Beim Berühren eines heißen Gegenstands mit der Hand zieht man diese sofort zurück. Erstellen Sie für diese Reaktion ein vereinfachtes Funktionsschaltbild unter Verwendung der entsprechenden Fachbegriffe.**

2 **Erläutern Sie, warum die Latenzzeit beim Auslösen von Reflexen oft deutlich kürzer ist als diejenige von komplexen Verhaltensweisen.**

3 **Interpretieren Sie die in der Grafik zum Beugereflex des Hundes dargestellten Ergebnisse.**

4 **Erklären Sie, warum Reflexe eine relativ stabile und niedrige Reizschwelle haben.**

Stichworte zu weiteren Informationen

Reflexbogen • Eigenreflex • Fremdreflex

Instinkthandlungen: komplexe Erbkoordinationen

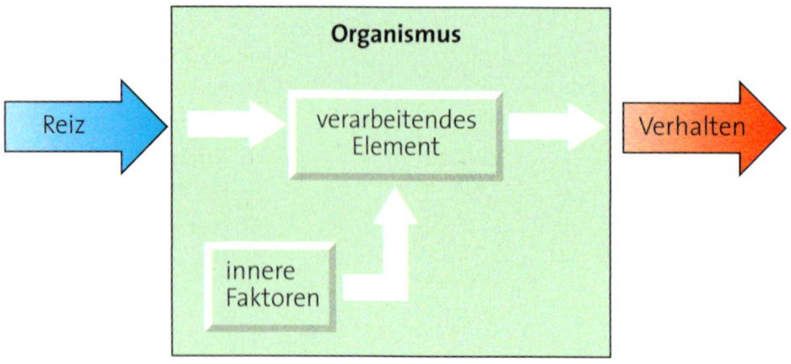

1 *Außenreiz und innere Faktoren wirken zusammen.*

Lange hielt man vorwiegend genetisch bedingte Verhaltensweisen der Tiere generell für Reflexe, die durch passende Reize automatisch ausgelöst werden. Es zeigte sich aber, dass die meisten dieser Verhaltensweisen selbst bei Anwesenheit der zugehörigen auslösenden Reize nicht immer auftreten, sondern an weitere Voraussetzungen gebunden sind. So wird ein Tier, das ausreichend gefressen hat, angebotene Nahrung nicht beachten oder auf einen Geschlechtspartner nur während der Fortpflanzungszeit reagieren. Solche vorwiegend genetisch bedingten Verhaltensweisen, die neben dem auslösenden Reiz weitere Voraussetzungen erfordern, bezeichnet man als *Instinkthandlungen* oder *komplexe Erbkoordinationen*.

Innere Faktoren. Aus Experimenten lässt sich schließen, dass bei vielen Verhaltensweisen ein ganz bestimmter innerer Zustand des Körpers entscheidend dafür ist, ob und wie leicht sie sich auslösen lassen (► Bild 1). Diese *inneren* Faktoren werden in ihrer Gesamtheit auch als *Motivation* oder *Handlungsbereitschaft* bezeichnet. Ihre Stärke wird durch Tages- oder Jahreszeit, vorausgegangenes Verhalten oder biologische Rhythmen (zum Beispiel Tag-Nacht-Rhythmus, „innere Uhr") beeinflusst und oft durch Hormone gesteuert. Sie lässt sich nicht direkt messen, kann aber indirekt über das beobachtete Verhalten und die Wirksamkeit auslösender Reize erschlossen werden.

Art der reaktionsauslösenden Reize. Setzt man ein Hühnerküken unter eine schalldichte Glasglocke, so kommt ihm die Glucke nicht zu Hilfe, obwohl sie das Junge sehen kann. Andererseits reagiert sie sofort auch ohne Blickkontakt, wenn sie den speziellen Angstruf des Kükens hört (► Bild 2). Hühner erkennen angeborenermaßen ihre Küken nur an den Lautäußerungen und reagieren auf sie mit einem zugeordneten Verhalten.

Hängt man im Revier eines Rotkehlchenmännchens ein Büschel rostroter Federn auf, so werden diese vom Revierinhaber genauso attackiert wie ein lebender Artgenosse. Färbt man aber den roten Brustfleck eines naturgetreuen Präparats dunkel, so wird es überhaupt nicht beachtet. Nur der rote Fleck löst das aggressive Verhalten aus. Solche spezifischen reaktionsauslösenden Reize wurden in den Anfängen der Verhaltensforschung auch anschaulich als *Schlüsselreize* bezeichnet. Um sie zu finden, arbeitet man nicht mit lebenden Objekten, sondern mit *Attrappen* (► S. 90). Das sind – oft stark vereinfachte – Nachbildungen des Originals, die in Größe, Farbe oder anderen Eigenschaften variieren.

Filtermechanismen. Wenn Tiere nur auf ganz bestimmte Reizkonstellationen reagieren, kann man folgern, dass das Nervensystem die Vielzahl der von den Sinneszellen aufgenommenen Meldungen entsprechend auswertet und nur das betreffende Reizmuster zur Wirkung kommen lässt. Offenbar gibt es in Sinnesorganen und Zentralnervensystem ein analysierendes System, einen *neurosensorischen Filtermechanismus*. Früher sprach man auch von *Auslösemechanismus*. Er kann angeboren oder erworben sein.

Eine komplexe Erbkoordination (Instinkthandlung) wird also dann ausgelöst, wenn neben den äußeren Reizen die inneren Bedingungen sowie die entsprechenden neurosensorischen Filtermechanismen zueinanderpassen.

Auch beim Menschen gibt es bestimmte Reizmuster, auf die wir mit einem weitgehend vorhersagbaren Verhalten reagieren (► S. 120).

Ablauf einer komplexen Erbkoordination. Eine Erdkröte zeigt beim Nahrungserwerb immer die gleichen Verhaltensweisen. Sie sitzt mitunter längere Zeit regungslos an einem Platz, sucht gelegentlich eine andere Stelle auf und verharrt auch dort. Hat sie eine Beute erspäht, beispielsweise eine Nacktschnecke oder einen Wurm, wendet sie den Körper, sodass ihr Kopf zur Beute hin gerichtet ist und sie diese beidäugig fixieren kann. Dann klappt sie blitzschnell ihre Zunge aus und fängt das Tier (► Bild 3).

1

2

2 *Nur die Lautäußerung des Kükens wirkt reaktionsauslösend.*

3 *Verhalten einer Erdkröte beim Fangen von Beute*

Das beschriebene Beutefangverhalten der Erdkröte ist ein typisches Beispiel für den Ablauf einer komplexen Erbkoordination. Drei Abschnitte lassen sich unterscheiden:

- Ist die entsprechende Motivation vorhanden, sucht das Tier aktiv nach dem reaktionsauslösenden Reiz. Dieses ungerichtete Suchen nennt man *Appetenzverhalten*.
- Sobald der passende Reiz wahrgenommen wird, folgt eine auf ihn ausgerichtete *Orientierungsreaktion* oder *Taxis*, hier das Zuwenden des Körpers.
- Die *Endhandlung* schließt das Verhaltensprogramm ab und führt dadurch zum Absinken der Motivation.

Verknüpfung mehrerer Instinkthandlungen. Auch weitgehend genetisch bedingte Verhaltensweisen können zu längeren, komplizierten Verhaltensabläufen verknüpft sein.

Ein bekanntes Beispiel ist die Brutfürsorge von Weibchen der Sandwespe *Ammophila* (▶ Bild 1). In der ersten Phase gräbt die Sandwespe eine Höhle in den Sandboden, bringt eine erbeutete Schmetterlingsraupe hinein, legt auf diese ein Ei und verschließt das Nest. Während der zweiten Phase wird die junge Larve im Verlauf mehrerer Tage mit weiteren Raupen versorgt. In der dritten Phase erhält die ältere Larve an einem „Vielraupentag" kurz hintereinander 3 bis 5 Proviantierbesuche mit je einer Raupe. Danach wird das Nest endgültig verschlossen und die Larve spinnt sich ein. Während der beiden letzten Phasen kommt das Weibchen einige Male ohne Raupe zum Nest.

Aus Störversuchen lässt sich schließen, dass die Sandwespe bei den raupenlosen Besuchen den Zustand des Nests „inspiziert" und davon ihr nachfolgendes Verhalten bestimmt wird. Findet sie zum Beispiel eine junge Raupe vor, löst das das Verhalten „Versorgen mit einer Raupe" aus. Nimmt man allerdings im Versuch Veränderungen nicht vor einem Inspektions-, sondern vor einem Proviantierbesuch vor, beeinflusst das das folgende Verhalten nicht. Das Brutfürsorgeverhalten der Sandwespe ist also teilweise auf den Entwicklungsstand der Larve abgestimmt und verläuft nicht als ein in allen Teilen starres Muster.

Modifikation durch Erfahrung. In Experimenten mit erfahrungslos aufgewachsenen Tieren (▶ S. 91) zeigt sich, dass weitgehend genetisch bedingte Bewegungsprogramme erfahrungsabhängig

2 *Die obere Nuss hat ein unerfahrenes Eichhörnchen geöffnet.*

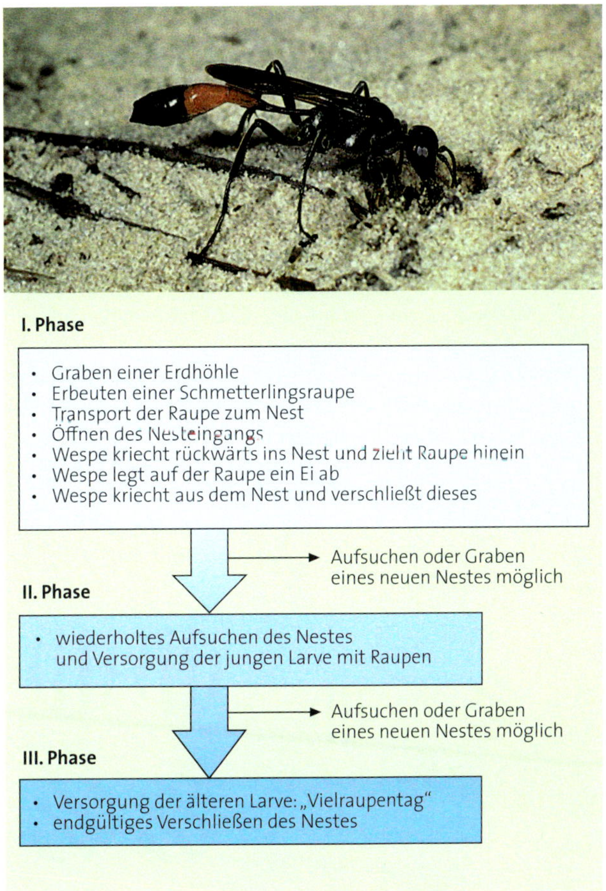

1 *Brutfürsorgeverhalten der Sandwespe*

modifiziert werden können: Junge Eichhörnchen zum Beispiel optimieren ihre angeborene Nagetechnik beim Öffnen der ersten Nüsse (▶ Bild 2).

Für Säugetiere und Vögel haben solche erfahrungsbedingten Veränderungen komplexer Erbkoordinationen, aber auch der auslösenden Reizkonstellationen besonders große Bedeutung. So können sie die im Lauf der Evolution entstandene Reaktionsnorm ihrer Art für eine wahrscheinliche Umwelt – nichts anderes sind ja vorwiegend genetisch bedingte Verhaltensweisen – auf die tatsächlich vorgefundenen Gegebenheiten einstellen.

---

1 **Rufe, die manche Vogelarten beim Anblick eines Feindes äußern, werden als Warnrufe gedeutet. Entwickeln Sie Attrappenversuche, mit denen man diese Hypothese überprüfen könnte.**

2 **Präsentiert man einer Pute das Stopfpräparat eines Marders, der über einen eingebauten Lautsprecher Kükenpiepen ausstrahlt, versucht sie diesen ins Nest zu ziehen und ihn unter ihre Flügel zu nehmen. Erklären Sie dieses Verhalten.**

3 **Stellen Sie die Abfolge der einzelnen Verhaltensweisen der Sandwespe mit den zugehörigen auslösenden Reizen tabellarisch dar. Entwickeln Sie Vorschläge für Störversuche, mit denen man das Verhalten der Sandwespe auf starr ablaufende Komponenten hin untersuchen könnte.**

Attrappenversuche

Nur mithilfe von Experimenten kann man herausfinden, von welcher Beschaffenheit Außenreize sein müssen, damit sie als reaktionsauslösende Reize wirken. Vor allem Attrappenversuche kommen dafür infrage. Für viele Versuche ist es entscheidend, dass sich die Tiere in einem geeigneten „inneren Zustand" befinden. So können beispielsweise Experimente zum Fortpflanzungsverhalten nur während der entsprechenden Jahreszeit durchgeführt werden. Das macht solche Untersuchungen schwierig.

Optische Reizmuster für Stabheuschrecken

MATERIAL: Stabheuschrecken, helle Platte, schwarzer und weißer Karton, Glühbirne

DURCHFÜHRUNG: Man befestigt einen weißen Karton halbkreisförmig auf einer hellen Platte. Entsprechend dem unteren Bild bringt man jeweils zwei Musterscheiben an dem Karton an, leuchtet die Apparatur gleichmäßig aus und lässt die Tiere einzeln ab dem Startpunkt laufen. Das Wahlverhalten der Tiere bei diesem *Simultanverfahren* wird notiert. Bei weiteren Versuchen muss man darauf achten, die einzelnen Muster nicht immer auf der gleichen Seite anzubieten.

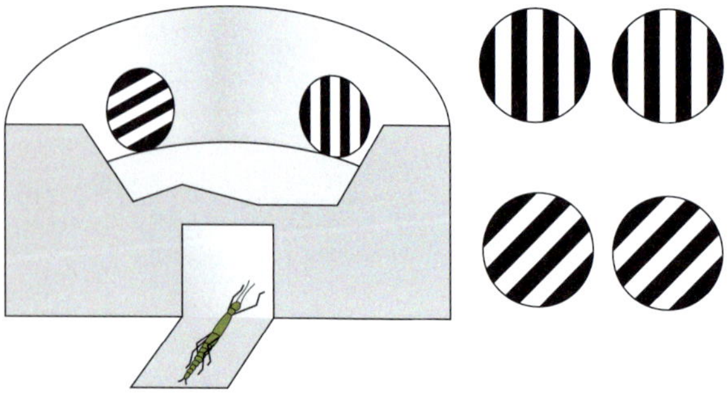

Attrappenversuche mit Erdkröten

Bei der Nahrungssuche (► S. 88) wenden sich die Tiere einem in der Nähe befindlichen, sich bewegenden Objekt zu. Durch eine geeignete Versuchsanordnung kann man herausfinden, welche Merkmale, beispielsweise Größe, dieses Objekt haben muss, um die entsprechende Reaktion der Kröte auszulösen. Als Maß für die Wirksamkeit der eingesetzten Attrappen verwendet man die Zuwendungsreaktion des Tiers. Da die Attrappen bei den Versuchen nacheinander angeboten werden, spricht man von einem *Sukzessivverfahren*.

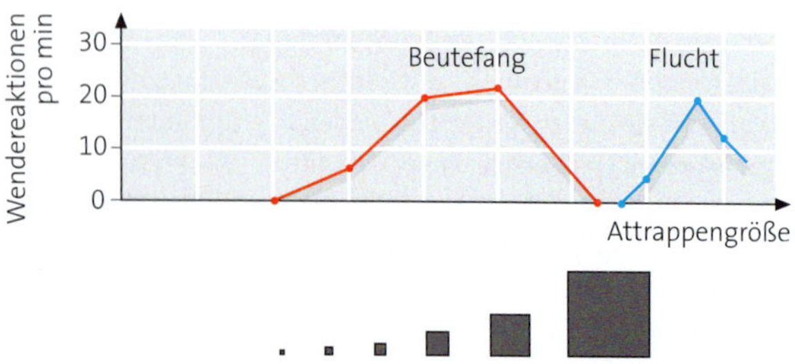

Reize beim Kopulationsverhalten des Rotkehlchens

Faktoren, die das Kopulationsverhalten beim männlichen Rotkehlchen auslösen, werden mithilfe von Attrappenversuchen analysiert. Man bietet in getrennten Volieren gehaltenen männlichen Rotkehlchen jeweils ein Stopfpräparat eines weiblichen Tiers an und registriert die Anzahl der Begattungsversuche bei den verschiedenen Reizsituationen. Unter Berücksichtigung von Beobachtungen an frei lebenden Tieren wird die Bedeutung folgender Parameter bei der Kopulationsaufforderung durch das Weibchen untersucht: dessen Körperhaltung, das heißt der Grad der Drehung der Körperlängsachse, sowie dessen Äußern von Gesang oder speziellen Kurzlauten. Die einzelnen Parameter bietet man entweder einzeln oder in verschiedener Kombination an.

Die Versuche zeigen, dass akustische Reize für die Auslösung des männlichen Kopulationsverhaltens nicht ausreichen. Die alleinige Präsentation von optischen Reizen genügt jedoch durchaus. Letztere sind in Verbindung mit akustischen Reizen noch wirksamer: Die Männchen begatten die weibliche Attrappe ohne Lautäußerungen in 58% der Versuche, die Attrappe kombiniert mit weiblichem Gesang oder mit Kurzlauten in 87 bzw. 96% der Versuche.

1. **Erörtern Sie, warum die „Reizwirksamkeit" mehrerer Muster am besten durch Simultanwahlversuche untersucht werden kann.**
2. **Interpretieren Sie die Ergebnisse der Attrappenversuche mit Erdkröten.**
3. **Nennen Sie Ursachen für das in der Grafik dargestellte unterschiedliche Kopulationsverhalten der Rotkehlchen.**

Stichworte zu weiteren Informationen

Auslöser • Sender-Empfänger-Problematik • Signaltäuschung

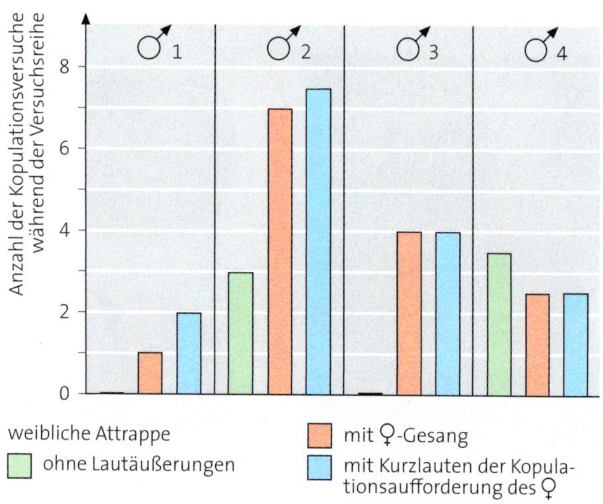

Hinweise auf erbbedingtes Verhalten

Während der *Ontogenese* vieler Verhaltensweisen greifen genetisch bedingte Prozesse sowie auf Erfahrung und Übung beruhende Modifikationen ineinander. Deshalb ist es oft nicht möglich, zu klären, inwieweit eine Verhaltensweise angeborenermaßen erfolgt oder aber erlernt ist.

1 *Kaspar Hauser*

Kaspar-Hauser-Versuche. Hinweise auf genetisch determinierte Anteile am Verhalten von Tieren liefern *Isolationsversuche*. Dabei versucht man, Individuen „erfahrungslos" aufzuziehen, das heißt, aus der Umwelt sollen möglichst keine Reize auf das Versuchstier einwirken, vor allem haben die Tiere keinen Kontakt zu Artgenossen. Verhalten sie sich trotzdem arttypisch, müssen angeborene Komponenten vorliegen. Solche Versuche werden *Kaspar-Hauser-Versuche* genannt, die so aufgezogenen Jungtiere *Kaspar-Hauser-Tiere*.

Die Bezeichnung geht auf einen historischen Fall zurück: 1828 tauchte in Nürnberg ein etwa 16-jähriger Junge dieses Namens auf, der im Vergleich zu Gleichaltrigen viele Verhaltensdefizite aufwies, zum Beispiel kaum sprechen und aufrecht gehen konnte. Er war nach eigenen Angaben ohne Kontakt zu anderen Menschen in einem dunklen Raum aufgewachsen, nur bei Wasser und Brot.

Da ein vollständiger Erfahrungsentzug praktisch nie durchführbar ist und bei den so gehaltenen Tieren vielfältige Verhaltensstörungen auftreten, wird oft nur mit „Teil-Kaspar-Hauser-Tieren" gearbeitet. Ihnen werden nur diejenigen Reize vorenthalten, die für das zu untersuchende Verhalten von Bedeutung sind.

Beispiel Buchfinkengesang. Um herauszufinden, ob der Gesang des *Buchfinken* vollständig oder teilweise genetisch bedingt ist oder aber erlernt wird, wurden einem Gelege Eier entnommen und in einem Brutschrank bebrütet. Die daraus geschlüpften Jungen wurden in schallisolierten Käfigen aufgezogen, sodass sie keinen arteigenen Gesang hören konnten. Der von diesen Männchen im folgenden Frühjahr hervorgebrachte Gesang zeigte nicht den für Buchfinken typischen dreigliedrigen Strophenaufbau und auch der Endschnörkel fehlte (▶ Bild 2). Noch wesentlich einfacher strukturiert war der zum Vergleich untersuchte Gesang von Anfang an tauber Buchfinkenmännchen.

Buchfinken ist also eine gewisse Grundlage des Gesangs angeboren, für die Ausbildung des artspezifischen Gesangs sind aber Erfahrungen nötig. Unter natürlichen Bedingungen übernimmt der Vater der Nestlinge die Rolle des Vorsängers, der den für eine normale Gesangsentwicklung notwendigen Input liefert.

Lerndisposition. Auch die Lernprozesse selbst, also was die Tiere überhaupt lernen können, basieren vielfach auf angeborenen Komponenten. Solche *Lerndispositionen* wurden an zwei verschiedenen Rassen der *Honigbiene* eingehender untersucht.

Honigbienen orientieren sich bei der Nahrungssuche nach der Sonne, nach charakteristischen Landmarken und optischen Merkmalen in der Nähe der Futterstelle. Dressiert man Bienen der Carnica- oder der Ligustica-Rasse auf eine künstliche Futterquelle, in deren Umgebung keine besonderen Orientierungspunkte sind, so lernen beide Rassen ungefähr gleich gut deren Lage. Nach einigen Besuchen fliegt die Hälfte der Tiere zur richtigen Stelle. Trotz weiterer Besuche stellt sich danach kein höherer „Lernerfolg" mehr ein. Die Bienen besitzen eine entsprechende genetisch fixierte Lerndisposition. Liegen aber nahe der Futterquelle zusätzliche optische Orientierungshilfen, zeigt sich zwischen beiden Rassen ein deutlicher Unterschied: Individuen der Carnica-Rasse lernen eindeutig schneller und besser (▶ Bild 3). Die Lerndisposition ist bei beiden Arten unterschiedlich und hängt bei der Carnica-Rasse auch von den optischen Merkmalen in der Umgebung des Futterplatzes ab. Bienen lernen die Farbe einer Blüte innerhalb von zwei Sekunden vor der Landung, die der Orientierung dienenden Landmarken während des Abflugs von der Blüte.

1 **Erläutern Sie, wann man von einem „Beute-Kaspar-Hauser-Tier" oder einem „Feind-Kaspar-Hauser-Tier" spricht.**

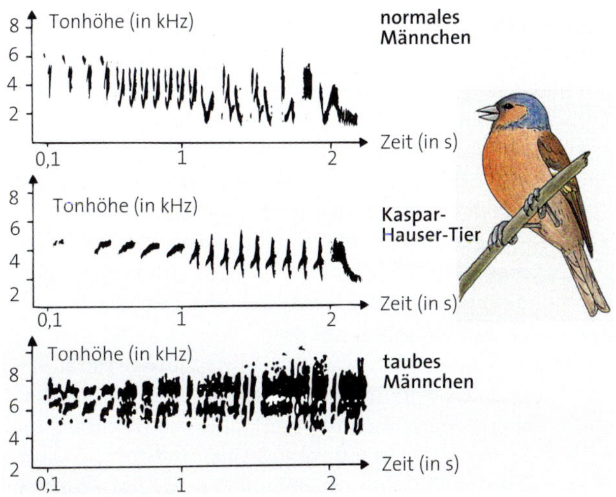

2 *Aufzeichnungen (Sonagramme) von Buchfinkengesängen*

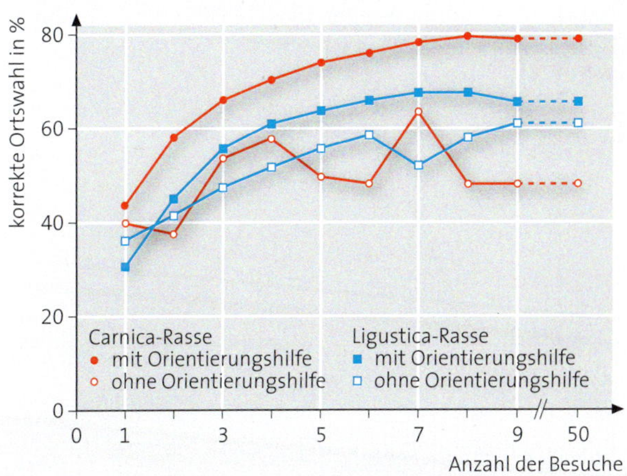

3 *Lerndisposition bei Bienen*

Prägung – eine besondere Lernform

1 LORENZ mit auf ihn geprägten Nonnengansküken

2 Prägungskarussell

Nachfolgeprägung. KONRAD LORENZ entdeckte an einem im Brutschrank ausgebrüteten Graugansküken ein ungewöhnliches Verhalten. Er hatte das Tier nach dem Schlüpfen für einige Zeit beobachtet und es dann unter das Gefieder einer brütenden Hausgans gesteckt. Das Junge flüchtete aber sofort aus dem Nest und watschelte fortan dem Forscher auf Schritt und Tritt hinterher. Unter normalen Umständen folgen Gänseküken kurz nach dem Schlüpfen ihrer Mutter. LORENZ war für das Küken zur Ersatzmutter geworden.

In weiteren Versuchen zeigte sich, dass man die Jungtiere dazu bringen kann, einem Ersatzobjekt zu folgen (▶ Bild 2): Küken werden nach dem Schlüpfen bis zum Beginn des Experiments im Dunkeln gehalten und dann in ein Prägungskarussell gesetzt. Die in dieser Apparatur eingebaute Attrappe kann optisch variiert und im Kreis bewegt werden. Über einen eingebauten Lautsprecher lassen sich verschiedenartige Laute vorspielen. Bei den Versuchen wird das Verhalten der Tiere beobachtet.

Ein konkretes Mutterbild ist den Gänseküken nicht angeboren. Wenige Stunden nach dem Schlüpfen nähern sie sich Objekten in ihrer Umgebung, die sich bewegen und Laute äußern. Deren äußere Gestalt spielt kaum eine Rolle. Beim ersten Nachfolgen speichern die Jungen irreversibel die Merkmale des präsentierten Objekts. Nur dieses kann danach das Nachfolgeverhalten der Jungen auslösen und selbst ihre biologische Mutter kann sie nicht mehr davon fortlocken. LORENZ bezeichnete den zugrunde liegenden Vorgang als *Prägung*. Lernen durch Prägung erfolgt nur während der genetisch festgelegten *sensiblen Phase* (▶ Bild 3). Diese zeigt bei Hühnerküken 13 bis 16 Stunden nach dem Schlüpfen ein Maximum. Die Merkmale des Prägungsobjekts werden dauerhaft gespeichert.

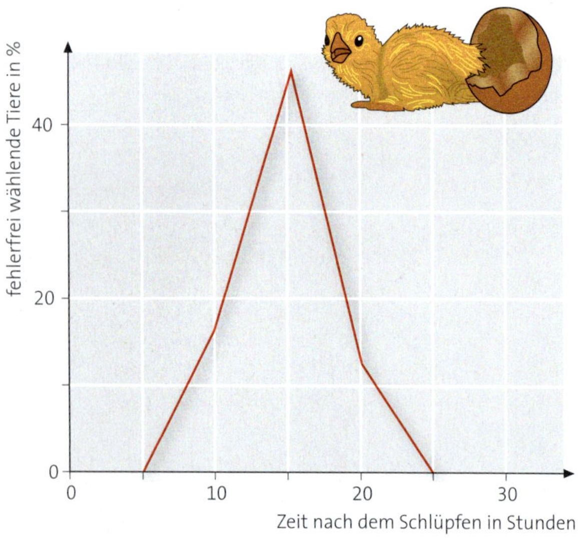

3 Verlauf der sensiblen Phase bei Hühnerküken. Überprüft wurde, wie viele Tiere nach dem Prägungsvorgang in einem Test die entsprechende Attrappe erkannten.

Die Nachfolgeprägung ist nicht nur von Vögeln, sondern auch von Säugetieren bekannt. Junge Haus- und Feldspitzmäuse werden bei Störungen von ihrer Mutter zu einem anderen Ort geführt. Dabei beißen sich die Jungen am Schwanz des Elterntiers oder an einem Geschwister fest und bilden eine Karawane (▶ S. 93, Bild 1). Wie Experimente zeigen, werden junge Spitzmäuse zwischen 5 und 14 Tagen nach der Geburt auf den Geruch des Individuums geprägt, das sie säugt. Nur dieses Tier, in der Regel die Mutter, kann die Karawanenbildung auslösen.

Bringt man aber 5 Tage alte Spitzmäuse zum Beispiel zu einer Hausmaus als Ersatzmutter, werden sie auf diese geprägt. Nach Ablauf der Prägungsphase folgen sie weder ihrer leiblichen Mutter noch einem Geschwister, wohl aber einem mit dem Geruch der Pflegemutter imprägnierten Stück Stoff. Die Prägung erfolgt hier auf einen chemischen Sinnesreiz hin.

1 *Karawanenbildung bei der Feldspitzmaus*

2 *Der Jungkuckuck wird auf die Wirtsvogelart geprägt.*

Sexuelle Prägung. Viele Vogelarten erfahren neben der Nachfolgeprägung während einer weiteren sensiblen Phase auch eine Prägung auf das Elternbild. Dessen Merkmale sind nicht oder nur teilweise angeboren und müssen erworben werden, damit später die Geschlechtspartner zusammenfinden. Lässt man zum Beispiel Zebrafinken von einer verwandten Finkenart aufziehen, balzen sie als erwachsene Männchen Weibchen der Art ihrer Pflegeeltern an, auch bei Anwesenheit eines arteigenen Weibchens. Diese Präferenz behalten die fehlgeprägten Individuen über einen langen Zeitraum, zum Teil lebenslang bei. Sowohl die Nachfolgeprägung als auch die sexuelle Prägung sind *Objektprägungen*. Die Tiere prägen sich meistens in früher Jugend Merkmale der Objekte ein, auf die das entsprechende Verhalten gerichtet ist. Der Ablauf des Verhaltens, wie Nachlaufen oder Balz, ist wahrscheinlich angeboren. Die Prägungsprozesse sind völlig unabhängig voneinander. So kann eine Gans in ihrem Nachfolgeverhalten auf Schwäne und sexuell auf den Menschen geprägt sein, da die zugehörigen sensiblen Phasen nicht zeitgleich sind. Auch ihre Reihenfolge ist von Art zu Art verschieden. Von Gänsen ist bekannt, dass sie zuerst auf ein Nachfolgeobjekt, dann sexuell geprägt werden, während es bei Dohlen genau umgekehrt ist.

Wirtsprägung. Im Frühjahr kehrt der *Kuckuck* aus seinem Winterquartier in Südafrika nach Mitteleuropa zurück. Sein Fortpflanzungsverhalten ist ungewöhnlich: Als Brutschmarotzer baut er kein eigenes Nest, sondern lässt seine Eier von anderen Vögeln ausbrüten. Wirtsvögel sind meist kleine Singvögel wie Rohrsänger, Bachstelze, Heckenbraunelle oder Grasmücken. Dabei wählt das Kuckucksweibchen die betreffende Art nicht zufällig aus. Es legt sein Ei vielmehr in das Nest derjenigen Wirtsvogelart, zu der seine „Pflegeeltern" gehörten. Diese *Wirtsprägung* erfolgt im frühen Nestlingsalter, kurz nachdem der Jungvogel geschlüpft ist. Da die Eier des Kuckucks in Farbe, Muster, Größe und Form denen der jeweiligen Wirtsvogelart oft weitgehend entsprechen, bleiben sie bisweilen unentdeckt.

Kennzeichen und Bedeutung der Prägung. Alle Formen der Prägung erfolgen während der Ontogenese eines Tiers nur innerhalb eines kurzen genetisch festgelegten Zeitraums. Dabei lernen die Tiere Reize, die oft irreversible Verhaltensmuster bedingen. Die Reize werden dauerhaft gespeichert, sodass das spätere Verhalten insgesamt angeboren erscheint. Prägung ist ein obligatorischer Lernvorgang, der während der sensiblen Phase abläuft und dem Erwerb artspezifischer Merkmale dient. Erfolgt sie nicht artspezifisch, können Verhaltensstörungen auftreten (Fehlprägung).

Prägungsähnliche Vorgänge. Manche Lernformen von Tieren ähneln Prägungen. Lachse wandern als Jungtiere ins Meer und kehren Jahre später zum Ablaichen wieder in ihre Heimatgewässer zurück, wobei sie sich geruchlich orientieren. Auch Zugvögel zeigen bei ihren Wanderungen solche *Ortsprägungen*. Manche Insekten sind auf eine bestimmte Nahrung spezialisiert. Ihre *Nahrungsprägung* erfolgt bei der ersten Nahrungsaufnahme.

---

1 Erläutern Sie, warum gerade für Nestflüchter der Vorgang der Nachfolgeprägung von großer Bedeutung ist.

3 *Eier von Kuckucksweibchen und ihrer jeweiligen Wirtsvogelart: Feldlerche (links) und Rohrsänger (rechts)*

Prägungsähnliche Vorgänge beim Menschen

1 *Mutter-Kind-Bindung*

2 *Mutter-Kind-Bindung beim Rhesusaffen*

Auch im Verhalten des Menschen spielen *prägungsähnliche Vorgänge* wahrscheinlich eine wichtige Rolle. Das gilt besonders für die *Mutter-Kind-Bindung*, für deren prägungsähnlichen Charakter es eine ganze Reihe von Hinweisen gibt:

Hospitalismus. Nach dem Zweiten Weltkrieg wurden in vielen Ländern Auffälligkeiten und Störungen im Verhalten von Kindern beobachtet, die als Flüchtlinge früh von ihren Eltern getrennt oder in Pflegeheimen und Waisenhäusern aufgewachsen waren. Die Kinder waren oft völlig teilnahmslos, zeigten stereotype Bewegungen, blieben in ihrer Entwicklung zurück und waren kränklich. Nach damaliger Auffassung wurde dieser *Hospitalismus* auf Mängel in der Unterbringung und Versorgung zurückgeführt.

Systematische Untersuchungen des britischen Psychiaters JOHN BOWLBY und seines österreichisch-amerikanischen Kollegen RENÉ SPITZ ergaben dagegen, dass dafür ganz überwiegend der soziale Erfahrungsentzug durch die fehlende Bindung an die Mutter oder eine andere feste Bezugsperson verantwortlich war. BOWLBY erkannte, dass zwischen den Vorgängen der Mutter-Kind-Bindung beim Menschen und der von KONRAD LORENZ beschriebenen Prägung Parallelen bestehen. Beide erfolgen sehr früh in der Entwicklung, sind auf eine sensible Phase begrenzt und beeinflussen das spätere Verhalten nachhaltig. Offenbar handelt es sich tatsächlich um prägungsartige Vorgänge, wenn Kinder zwischen dem ersten Lebensmonat und dem Ende des 2. Lebensjahrs eine enge Bindung an ihre Bezugspersonen entwickeln – in der Regel ihre Eltern. Ohne diese Bindung fehlt den Kindern die als *Urvertrauen* bezeichnete seelische Stabilität, die sie später befähigt, anderen Menschen selbstsicher und vertrauensvoll zu begegnen.

HARLOWS Experimente mit Affen. Den Prägungscharakter der Mutter-Kind-Bindung beim Menschen experimentell zu prüfen ist ausgeschlossen. Experimente des amerikanischen Psychologen HARRY HARLOW mit Rhesusaffen, die von Geburt an isoliert aufgezogen wurden, sind jedoch als Vergleich mit tierischen Primaten in diesem Zusammenhang von großem Interesse.

Attrappenversuche belegen, dass die jungen Affen ein großes Kontaktbedürfnis haben, wobei sie weiche Stoffattrappen gegenüber Drahtattrappen klar bevorzugen, obwohl sie ausschließlich bei den „Drahtmüttern" Nahrung bekommen (▶ Bild 3). Alle isoliert aufgezogenen Tiere zeigen später deutliche Entwicklungsschäden wie stereotype Bewegungsabläufe, Überängstlichkeit oder hohe Aggressionsbereitschaft sowie Störungen im Sozialverhalten. Viele Tiere waren später unfähig, sich zu paaren, die wenigen Weibchen mit Jungen vernachlässigten oder misshandelten diese. Im Hinblick auf Bezüge zum Menschen sind besonders auch Störungen im Spiel- und Neugierverhalten (▶ S. 98) und daraus resultierendem verringertem Lernvermögen von Bedeutung.

Sensible Perioden der Verhaltensentwicklung. Beim Menschen gibt es nicht nur für die Ausbildung eines Urvertrauens, sondern auch für andere Bereiche des Verhaltens Entwicklungsabschnitte, in denen sie – ähnlich wie bei Prägungsvorgängen – gegenüber bestimmten Reizen besonders empfindlich sind. Sie werden in der Psychologie meist als *sensible* oder *kritische Perioden* bezeichnet. So erfolgt das Erlernen der für eine Sprache typischen Laute während kurzer *kritischer Perioden* im Kleinkindalter sehr viel leichter und rascher als zu anderen Zeitpunkten, wenn nur noch mühsame Umlernprozesse möglich sind. *Optimale Perioden* sind längere Zeitspannen, in denen Kinder und Jugendliche besonders empfindlich auf Einflüsse reagieren, die zur Ausbildung ihrer persönlichen Identität beitragen.

---

1 Erklären Sie, warum das Erscheinungsbild des Hospitalismus auch als Kaspar-Hauser-Syndrom bezeichnet werden kann.

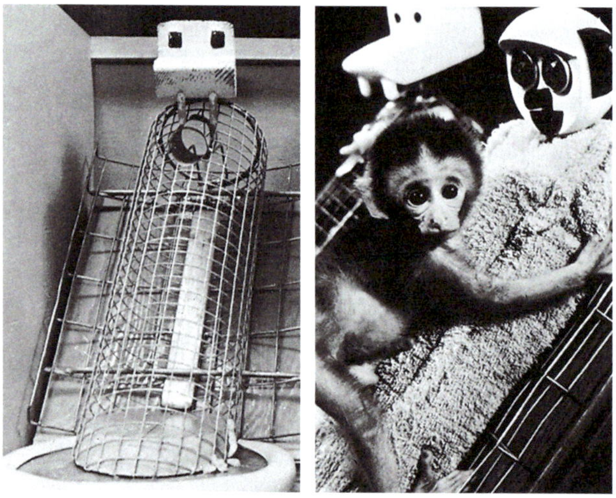

3 *Junger Rhesusaffe und die ihm angebotenen „Ersatzmütter"*

Konditionierung

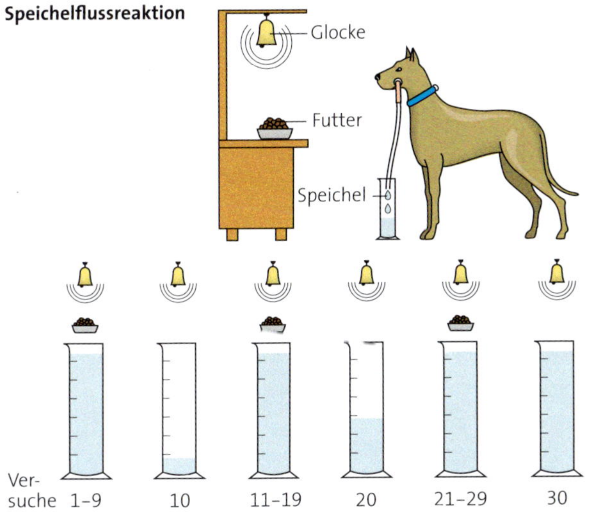

1 Versuchsanordnung von I.P. PAWLOW

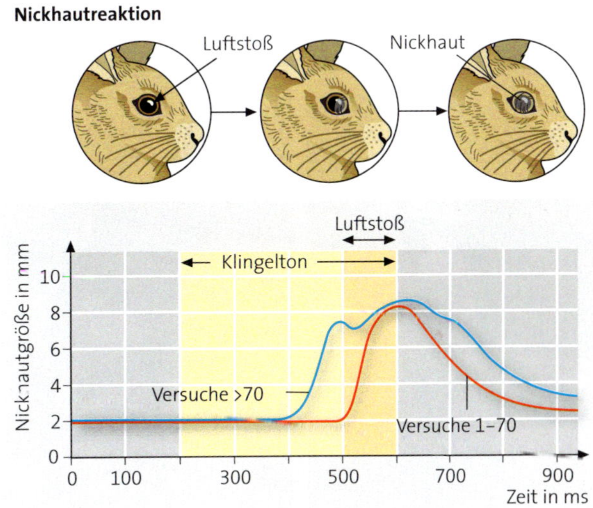

2 Klassische Konditionierung beim Kaninchen

Klassische Konditionierung. Der russische Physiologe PAWLOW bot einem Hund beim Füttern regelmäßig einen bestimmten Schallreiz. Nach einiger Zeit beobachtete er, dass bei dem Hund Speichelfluss einsetzte, wenn dieser den Schall wahrnahm. Das passierte auch dann, wenn kein Futter angeboten wurde (▶ Bild 1). Der Hund hat ein bestimmtes Geräusch mit dem Futterangebot assoziiert. Der Speichelfluss ist normalerweise eine unbedingte Reaktion auf den unbedingten Reiz, das Futter, und erfolgt nicht auf ein akustisches Zeichen. Dieser neutrale Reiz wird durch die Erfahrung zu einem bedingten Reiz, der eine bedingte Reaktion auslöst, den *bedingten Reflex* (▶ S. 86). Diese Form des Lernens bezeichnet man als *klassische Konditionierung*.

Für den Lernprozess ist es wichtig, dass der unbedingte Reiz zeitlich eng mit dem neutralen Reiz gekoppelt wird. Eine Lernleistung gelingt besonders gut, wenn der neutrale Reiz kurz vor dem unbedingten Reiz erfolgt (▶ Bild 2). Durch vielfaches Wiederholen stabilisiert sich das Lernergebnis. Dies ist ein Hinweis darauf, dass im Zentralnervensystem physiologische Prozesse ablaufen. Bei Kaninchen hat man nach einer klassischen Konditionierung den Bereich des Vorderhirns untersucht, in dem Informationen aus den beteiligten Sinnesorganen zusammentreffen. In den untersuchten Neuronen konnte eine bleibende Veränderung festgestellt werden: Der Kalium-Ionenstrom durch die Membrankanäle war reduziert. Diese Zellen sind dadurch leichter erregbar.

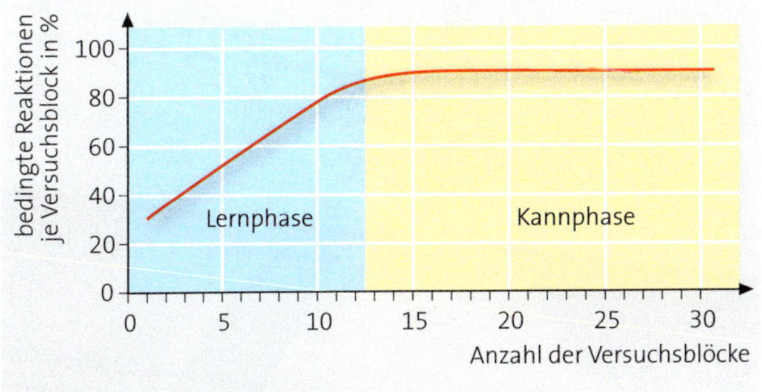

3 Lernkurve bei Konditionierung, idealisierter Verlauf

Operante Konditionierung. Schließt man hungrige Ratten in einen Käfig ein, versuchen sie an das außerhalb stehende Futter zu kommen. Drücken die Tiere einen Knopf, öffnet sich die Tür des Käfigs. Sie probieren zunächst alle möglichen Verhaltensweisen, um zur Nahrung zu gelangen. Haben sie Erfolg, kann man das kurz zuvor gezeigte Verhalten immer häufiger beobachten und die Tiere handeln schließlich zielgerichtet, sobald sie in den Käfig gesetzt werden. Sie haben über Versuch und Irrtum am Erfolg gelernt. Die Nahrung stellt eine Belohnung für das richtige Handeln dar. Auch durch Bestrafung ist Konditionierung möglich. Bei dieser Form des Lernens spricht man von *operanter Konditionierung*.

Der amerikanische Psychologe B.F. SKINNER legte bei seinen Versuchen zur operanten Konditionierung ein besonderes Augenmerk auf die Verstärkungsmethode, also auf die Art und Weise, wie die Belohnung angeboten wird. Geschieht dies zum Beispiel unregelmäßig, ist der Lernerfolg größer als bei einer Futterbelohnung nach jeder richtigen Verhaltensweise. An sogenannten Lernkurven sind Lernfortschritte grafisch gut erkennbar (▶ Bild 3).

Konditionierungen sind im Tierreich weit verbreitet, wobei die zugrunde liegenden Gesetzmäßigkeiten ähnlich sind. Auch der Mensch bildet bedingte Reaktionen aus: So läuft uns das Wasser im Mund zusammen, wenn wir im Restaurant das Auftragen der Speisen am Nachbartisch beobachten.

---

1. **Vergleichen Sie die klassische mit der operanten Konditionierung.**
2. **Bei der operanten Konditionierung wird die Belohnung immer direkt nach der gewünschten Handlung geboten. Erläutern Sie, warum eine Verzögerung zu diesem Zeitpunkt den Lernerfolg nachhaltig beeinflussen kann.**
3. **PAWLOW hat in seinen Vorversuchen den Speichelfluss bei Angebot von Futter beziehungsweise bei alleiniger Gabe des Schallreizes gemessen. Erläutern Sie.**

[Z*] Verhalten mit höherer Plastizität: Nachahmung und Tradition

1 Werkzeuggebrauch eines Schimpansen beim Termitenfang

2 Ein Rotgesichtsmakake wäscht Süßkartoffeln.

Lernen durch Beobachtung. In Westafrika kann man Schimpansen beobachten, die hartschalige Nüsse mithilfe von zwei Steinen öffnen. Diese Form des Werkzeuggebrauchs lernen junge Schimpansen, indem sie ihren Müttern zuschauen. Später versuchen sie selbst Nüsse auf diese Weise zu öffnen. Durch *Versuch und Irrtum* werden ihre Bemühungen effektiver und schließlich können sie die Nüsse perfekt knacken. Auch die Fähigkeit der Schimpansen, Termiten mit einem Stöckchen aus deren Bau herauszuangeln (▶ Bild 1), beruht auf der *Nachahmung* eines bei anderen Individuen beobachteten Verhaltens. Dabei wählen die Tiere das Stöckchen sorgfältig aus und modifizieren es teilweise sogar, indem sie die Rinde entfernen oder ein umgebogenes Ende abbeißen. Junge Schimpansen spielen zwar auch mit Halmen und Ästchen, sie benutzen diese jedoch nicht zum Nahrungserwerb. Erst im Alter von einigen Jahren sind sie geschickt genug, um mit einem Zweig die Insekten erbeuten zu können. Die zum Erlangen der Nahrung eingesetzten Gegenstände werden als regelrechte Werkzeuge benutzt. Die Fähigkeit zur Anwendung von Werkzeug resultiert wahrscheinlich aus einer Mischung von Nachahmung und speziellen Lernvorgängen bei angeborener Lerndisposition. Bei diesem „Lernen durch Beobachtung" werden Erfahrungen auf indirektem Weg gesammelt.

Tradiertes Verhalten. Erlernte Verhaltensmuster können bei sozial lebenden Tieren auf nicht genetischem Weg von einer Generation zur nächsten weitergegeben werden. Es bildet sich eine Verhaltenstradition aus. Japanische Forscher fütterten Rotgesichtmakaken mit Süßkartoffeln (▶ Bild 2), um die Tiere besser beobachten zu können. Ein Affe wurde beobachtet, wie er eine Kartoffel wusch und danach verzehrte. Dieses Verhalten wurde von diesem Tier immer wieder gezeigt und innerhalb von zehn Jahren von den meisten Tieren innerhalb der Gruppe übernommen. Nicht beobachtet wurde es zu diesem Zeitpunkt allerdings bei ganz jungen und über zwölf Jahre alten Tieren. Heute ist diese „Kartoffelwaschkultur" bei den Nachfahren im Verhaltensrepertoire fest etabliert.

Das *Lernen durch Nachahmung* hat für ein Individuum große Vorteile. So können die lernenden Tiere einerseits eigene risikoreiche Erfahrungen vermeiden, andererseits von positiven Erfahrungen profitieren. Bei Tieren beruht das Nachahmungslernen oft auf dem Erwerb und der Verfeinerung motorischer Fähigkeiten und ist objektgebunden. Auch der Mensch lernt am Objekt durch Nachahmung. Er kann aber auch durch verbale Informationsweitergabe, das heißt ohne Objekt, nachahmen und dadurch lernen.

---

1 **Nennen Sie Beispiele für das Lernen durch Nachahmung beim Menschen.**

2 **1940 hat man in England vereinzelt Blaumeisen beobachtet, die Löcher in den Aluminiumverschluss einer Milchflasche pickten, um an den Inhalt zu gelangen. Dieses Verhalten hat sich mittlerweile weiter ausgebreitet (▶ Bild 3). Erklären Sie das Zustandekommen dieses Phänomens.**

3 Diese Kohlmeise hat eine Milchflasche geöffnet.

[Z*] Verhalten mit höherer Plastizität: kognitives Lernen

Einsichtiges Verhalten. Angehörige vieler Tierarten sind in der Lage, im Kontext einer unbekannten Situation zu lernen. Findet dieser Prozess losgelöst von der Lernsituation, also „in der Vorstellung" statt, spricht man auch von ***kognitivem Lernen***. Es bedingt das ***einsichtige Verhalten***. Besonders bei Primaten ist ein solches Verhalten, das ein gedankliches Erfassen des Problems und eine Vorplanung des Lösungswegs voraussetzt, vielfach beschrieben worden. Dies erfordert geistige Fähigkeiten, die besondere Leistungen von Gehirn und Gedächtnis zur Voraussetzung haben. Die Lernprozesse und Lernleistungen werden von Erwartungen und Wertungen beeinflusst. Der Organismus ist in der Lage, die Verhältnisse zwischen Reiz und Reaktion „vorherzusagen".

Wichtige Voraussetzung beim experimentellen Nachweis ist, dass die Tiere nicht im Vorfeld etwa durch Konditionierung oder Ausprobieren bereits die Lösung kennengelernt haben.

Eine einfache Form einsichtigen Verhaltens kann im *Umwegversuch* nachgewiesen werden. Dabei kann das Tier nicht den direkten Weg zum Ziel nehmen, es muss vielmehr einen Umweg ausführen. Solche Leistungen sind vor allem von Säugetieren, aber beispielsweise auch vom Chamäleon bekannt (▶ Bild 1).

Der Psychologe WOLFGANG KÖHLER machte von 1913 bis 1917 in seiner Beobachtungsstation auf Teneriffa Versuche mit Schimpansen. Er bot ihnen sichtbar Futter an, das die Tiere aber nur dann erreichen konnten, wenn sie Hilfsmittel verwendeten. Er stellte den Affen verschiedene Gegenstände wie Kisten oder ineinanderschiebbare Stöcke zur Verfügung. Vom experimentellen Ansatz her hatten die Tiere die Möglichkeit, nicht nur über Versuch und Irrtum an die Nahrung zu gelangen. Einige von ihnen waren in der Lage, die Aufgaben zu lösen, indem sie verschiedene Verhaltensformen neu kombinierten (▶ Bild 2). Die Lösung eines Problems wurde dann als erfolgreich beurteilt, wenn die Tiere unter mehreren Möglichkeiten auf Anhieb die richtige auswählten.

Abstraktionsvermögen. Schimpansen sind offensichtlich in der Lage, abstrakte Formen als Symbole für reale Gegenstände anzusehen (▶ Bild 3). Das lässt eine Art von „Wissen, dass" bei den Tieren vermuten. So lernte die Schimpansin Sarah 120 Plastiksymbole sinngemäß anzuwenden. Durch Kombination mehrerer Symbole konnte sie sogar einfache Fragen beantworten. Schimpansen können auch Aufgaben zur sogenannten transitiven Interferenz lösen. Das heißt, wenn die Relationen $F > E$, $E > D$, $D > C$ bekannt sind, wird analog erschlossen, dass $F > C$ ist.

Selbsterkennen. Wir können unser Spiegelbild uns selbst zuordnen. Diese von Säugetieren bekannte Fähigkeit wird einer nur bei ihnen vorhandenen Gehirnstruktur, dem Neocortex, zugeschrieben. Das Selbsterkennen ist eine Voraussetzung für Selbstreflexion und damit für eine höhere Hirnleistung. Elstern wurde an einer nur im Spiegel erkennbaren Körperstelle eine Markierung angebracht. Das verstärkte Reagieren der Tiere auf diese Stelle vor dem Spiegel wies auf das Selbsterkennen hin. Dieses scheint demnach auch über andere Organisationsformen des Gehirns möglich.

1 Zeigen Versuchstiere höhere Lernleistungen, sind sie nicht als reine „Reiz-Reaktions-Wesen" zu bezeichnen. Begründen Sie.

2 Diskutieren Sie, bei welchen Tierarten kognitive Fähigkeiten wahrscheinlich nicht beobachtet werden können.

1 Das Chamäleon wählt gezielt den Ast, von dem es die Beute mit der Zunge erreichen kann.

2 Ein Orang-Utan gelangt durch die Kombination mehrerer Stangen an die Futterdose.

3 Ein Zwergschimpanse äußert sich mithilfe grafischer Symbole auf einer Computertastatur.

[Z*] Verhalten mit höherer Plastizität: Spielverhalten

Gefährlicher Luxus? Junge Fuchswelpen balgen sich in der Sonne vor dem Bau (▶ Bild 1). Dieses *Spielverhalten* ist aus Sicht der Verhaltensforschung zunächst schwer verständlich: Denn eigentlich sollte jedes Verhalten einen Anpassungswert haben, also die Fitness des Individuums in irgendeiner Weise erhöhen (▶ S. 83). Die balgenden Fuchsjungen aber verbrauchen Energie und setzen sich zudem der Gefahr aus, einem Beutegreifer zum Opfer zu fallen oder sich zu verletzen. Wäre es nicht biologisch sinnvoller, ruhig im Bau liegen zu bleiben und auf die nächste Mahlzeit zu warten? Die Kosten des Spielverhaltens sind doch offenbar höher als der Nutzen.

Merkmale des Spielverhaltens. Was ist Spielverhalten? Verhaltensforscher haben Schwierigkeiten, eine eindeutige Definition festzulegen. Es ist sogar ein wesentliches Merkmal des Spielens, dass es ausgesprochen variabel und variantenreich ist. Bei den Tierarten, bei denen Spielverhalten beobachtet werden konnte – fast ausschließlich Säugetiere und Vögel –, zeigen es meist nur Jungtiere. Gespielt werden kann mit den verschiedensten Objekten oder mit Artgenossen, wobei hier vor allem die Familienmitglieder als Spielpartner infrage kommen.

Charakteristisch ist, dass die Motivation zum Spielverhalten nur im „entspannten Feld" wach wird, wenn also das Tier weder hungrig noch aggressiv ist oder sich bedroht fühlt. Ist es von solchen Zwängen frei, zeigt es seine Spielbereitschaft durch bestimmte Haltungen, Gesten oder durch ein ausgeprägtes „Spielgesicht" (▶ Bild 2). Wahrscheinlich ist es wichtig, vorab zu signalisieren, dass das folgende Verhalten keinen Ernstbezug hat, denn das Spiel mit Gefährten enthält oft Verhaltenselemente, die als Aggression gedeutet werden könnten, zum Beispiel Verfolgungsjagden, Überfälle aus dem Hinterhalt und Kämpfe. Doch kommt Spielverhalten ohne vollständige Abläufe aus: Jungtiere raufen, beißen aber nicht zu, bei Katzen bleiben die Krallen eingefahren. Oft beobachtet man auch, dass Jungtiere wie bei einer Kopulation aufreiten, obwohl sie noch längst nicht geschlechtsreif sind. Ebenfalls typisch ist, dass beim Spielen die Rollen häufig wechseln: Rannte eben noch die Schwester vor dem Bruder davon, ist im nächsten Augenblick der Bruder der Gejagte.

Spielverhalten ist oft auch dadurch charakterisiert, dass bestimmte Bewegungsabläufe vielfach wiederholt werden. Über Stunden können sich Katzenjunge immer wieder an ein Stück Holz (oder ein anderes Objekt, das die Funktion der Beute übernimmt) anschleichen und es dann anspringen. Fischotter richten sich an Bachufern manchmal regelrechte Rutschbahnen ein und beschäftigen sich lange damit.

Spielen und Lernen. Aus der Tatsache, dass so viele Tierarten Spielverhalten zeigen – und das vor allem als Jungtiere –, kann man schließen, dass Spielen die Entwicklung fördert. Diese Hypothese ist jedenfalls unter Verhaltensforschern weitgehend akzeptiert: Da Spielverhalten durch den fehlenden Ernstbezug keinen unmittelbaren Nutzen bringt, liegt der Nutzen womöglich im Spiel selbst. Beim Spiel werden bestimmte Bewegungsabläufe trainiert, was die körperliche Entwicklung fördert. In der Auseinandersetzung mit Objekten aus der Umgebung werden auch kognitive Fähigkeiten geschult. Ebenso werden überwiegend genetisch bedingte Verhaltensweisen (Jagd, Balz, Fortpflanzung) im Spiel geübt, bevor sie eine bestimmte Funktion erfüllen müssen. So gewinnen diese Verhaltensweisen an Plastizität. Vor allem bei Tieren, die in Gruppen leben, kann man ein ausgeprägtes Spielverhalten der Jungtiere beobachten. Eine weitere mögliche Funktion ist daher wohl die Ausbildung sozialer Bindungen. Im Spiel wird ein Umfeld geschaffen, in dem das spielende Jungtier gefahrlos Erfahrungen sammeln und neue Verhaltensweisen erlernen kann. Ungeschicklichkeit im Spiel ist allenfalls ärgerlich, Ungeschicklichkeit bei der Jagd kann tödlich enden.

---

1. **Sammeln Sie alle im Text genannten Merkmale des Spielverhaltens und stellen Sie sie in einer Liste zusammen.**
2. **Spielverhalten beobachtet man vor allem bei Säugetieren und Vögeln. Spielen auch junge Käfer, Fische oder Kraken? Stellen Sie begründete Vermutungen an. Gehen Sie auch darauf ein, welche biologische Bedeutung Spielverhalten im Allgemeinen hat.**
3. **Denken Sie an Spiele, die Sie selbst gespielt haben. Nennen Sie solche, die die Geschicklichkeit, die körperliche Entwicklung, das Denkvermögen oder soziale Fähigkeiten fördern.**

1 Fuchswelpen balgen sich vor dem Bau.

2 „Spielgesicht" eines Schimpansen

Kompetenzen

Mithilfe dieses Kapitels können Sie

- die verschiedenen Betrachtungsebenen des Verhaltens exemplarisch aufzeigen
- Methoden der Verhaltensforschung beschreiben und in einfacher Form selbst anwenden
- Experimente zur Aufzucht von Tieren unter Erfahrungsentzug beschreiben und ihre Ergebnisse erörtern
- an Beispielen aufzeigen, dass viele Verhaltensweisen durch Erbinformationen und Umwelteinflüsse bedingt sind
- charakteristische Merkmale von Reflexen nennen
- Voraussetzungen für Instinkthandlungen nennen, ihren typischen Ablauf beschreiben und Attrappenversuche zu ihrer Analyse erläutern
- Kriterien für Prägungsvorgänge angeben und ihre biologische Bedeutung auch im Hinblick auf den Menschen erörtern
- das Prinzip der Konditionierung erklären
- verschiedene Formen von Lernvorgängen unterscheiden und ihre Bedeutung für Verhalten mit höherer Plastizität an Beispielen aufzeigen

Testen Sie Ihre Kompetenzen

Kohlmeise (► Foto rechts) und Blaumeise sind bei uns häufige Singvögel. Beide Arten brüten in natürlichen und künstlichen Nisthöhlen und stellen ähnliche Ansprüche an Lebensraum und Nahrung, wobei die Kohlmeise ihre Nahrung eher an Boden und Stamm, die Blaumeise an dünnen Zweigen der Krone von Bäumen sucht.

Bei der Fütterung sperren junge Meisen ihren Schnabel – begleitet von Bettellauten – bei gestrecktem Hals weit auf. Das Sperren ist eine Instinkthandlung. Bei den anfangs blinden Jungen wird sie durch die Nesterschütterung bei der Fütterung ausgelöst und ist senkrecht nach oben gerichtet. Nach dem Öffnen der Augen sperren die Jungen in Richtung des fütternden Altvogels.

Bei Experimenten im natürlichen Lebensraum wurden die sehr ähnlichen Eier von Brutpaaren beider Arten vertauscht. Aus den Eiern wurden die artfremden Jungen von den Zieheltern wie eigene Junge erbrütet, gefüttert und nach dem Ausfliegen noch mehrere Wochen begleitet. Das weitere Verhalten der vertauscht aufgezogenen Tiere wurde beobachtet und mit Kontrollgruppen verglichen (► Diagramme rechts).

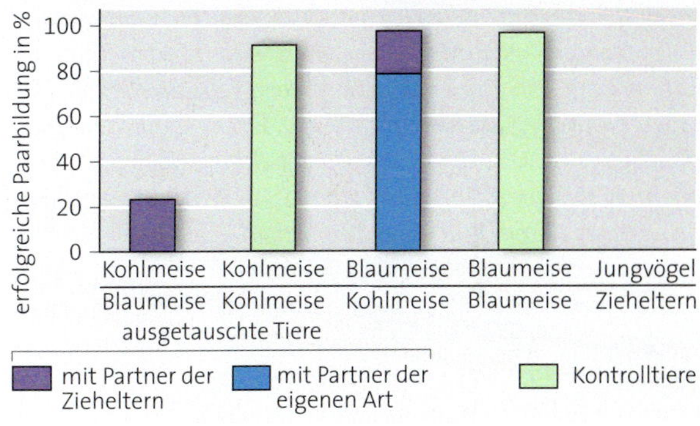

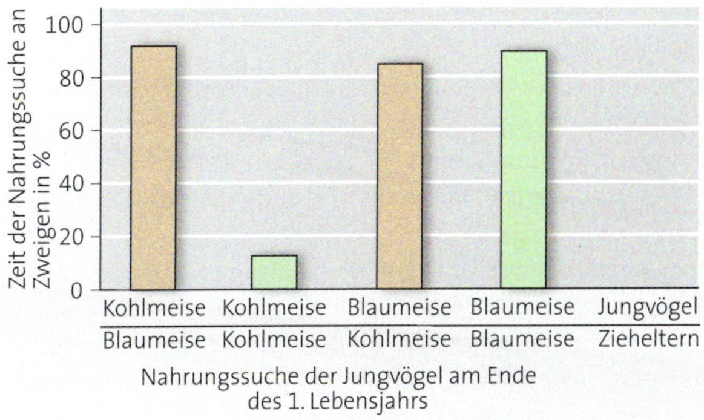

1. **Beschreiben Sie am Beispiel des Sperrens den für eine Instinkthandlung typischen Ablauf und nennen Sie die für den Ablauf erforderlichen Voraussetzungen.**
2. **Schlagen Sie ein Experiment vor, mit dem der auslösende Reiz für das Sperren untersucht werden kann.**
3. **Analysieren Sie die im Diagramm rechts dargestellten Versuchsergebnisse. Entwickeln Sie eine Hypothese zu deren Erklärung. Nennen Sie Befunde, durch die Ihre Hypothese gestützt würde.**
4. **Erörtern Sie die im Diagramm rechts unten dargestellten Messergebnisse. Ziehen Sie dazu auch das Zitat unten heran.**
5. **Geben Sie an, welche Methoden bei dem Vertauschungsexperiment angewendet wurden, und vergleichen Sie an diesem Beispiel Vor- und Nachteile von Labor- und Freilandexperiment.**

Verhalten kann ... zu einem Werkzeug der Evolution werden, dadurch dass es einen ganz neuen Selektionsdruck ausübt, wie z. B. eine neu erworbene Nahrungsvorliebe.

ERNST MAYR

Sozialverhalten und angewandte Verhaltensbiologie

1 Brutkolonie der Kaiserpinguine mit „Kindergarten"

Mit Einbruch des antarktischen Winters beginnt in der Unwirtlichkeit der Polarnacht, bei Temperaturen bis –60 °C und tagelangen Stürmen die Brutzeit der Kaiserpinguine auf dem Eis der Festlandküste. Nicht nur mit isolierendem Fettgewebe, einem großen Kropf für Nahrungsvorräte und der Bauchfalte zur Aufnahme von Ei und Küken sind die Vögel daran angepasst, sondern auch mit ihrem Sozialverhalten. So muss das Weibchen sein einziges Ei dem brütenden Männchen übergeben und den Partner in der riesigen Kolonie an der Stimme erkennen, wenn es nach zwei Monaten vom Jagen im Meer zurückkehrt, um das eben geschlüpfte Junge zu füttern. Wenn sich die Eltern anschließend in Fischjagd und Jungenbetreuung abwechseln, sind immer genügend Altvögel da, um die „Kindergärten" aus vielen Jungen schützend in die Mitte zu nehmen.

Im Blickpunkt

- Verhalten unter Artgenossen als Anpassung an die Umwelt: Konzepte der Verhaltensökologie und Soziobiologie
- Kosten und Nutzen der Kooperation
- Wie lässt sich die Entstehung von uneigennützigem Verhalten bei Tieren erklären?
- Kommunikation: Signale zur Verständigung oder Täuschung
- Aggression und ihre Kontrolle
- Partner finden und binden: Verhalten für die Fortpflanzung
- Aspekte menschlichen Verhaltens aus Sicht der Verhaltensbiologie

GRUNDLAGEN Zum Sozialverhalten zählen alle Verhaltensweisen, die sich zwischen Individuen derselben Art abspielen, insbesondere wenn sie gesellig zusammenleben – vom Schwarm einander unbekannter Individuen bis hin zu Verbänden, deren Einzeltiere nur als Mitglieder der Gruppe überleben können.

Um zu verstehen, unter welchen Bedingungen sich verschiedene Sozialverbände ausbilden oder bestimmte soziale Verhaltensweisen bei der Kooperation oder in Konflikten als vorteilhaft erweisen, ist eine funktionale Betrachtung auf ultimater Ebene unabdingbar. Ziel ist es, das jeweilige Verhalten in seinem Anpassungswert an die Umwelt zu erklären. Dazu muss – meist mit hohem wissenschaftlichem Aufwand – sein Beitrag zur biologischen Fitness, also zum gesamten Fortpflanzungserfolg eines Individuums und seiner Verwandten ermittelt werden.

Von grundlegender Bedeutung für das soziale Verhalten ist die innerartliche Kommunikation. Auch dieser Austausch von Signalen zwischen Sender und Empfänger ist als Ergebnis der Evolution spezifisch der Umwelt angepasst.

Wissen über das Verhalten der Tiere – für den frühen Menschen im Zusammenhang mit seinem Nahrungserwerb oft lebenswichtig – nutzt uns heute bei der Tierhaltung und im Artenschutz. Die Biologie des Sozialverhaltens kann wesentliche Beiträge zum Selbstverständnis des Menschen liefern, indem sie stammesgeschichtliche Zusammenhänge in unserem Verhalten analysiert und dabei hilft, gesellschaftlich wichtige Themen sachgerecht zu beurteilen.

Konzepte der Verhaltensökologie und Soziobiologie

Die Verhaltensbiologie untersuchte ursprünglich vor allem die physiologischen und regulatorischen Grundlagen des Verhaltens, seine Kontrollmechanismen, Abläufe und Muster. Diese Ansätze haben inzwischen durch die Konzepte der *Verhaltensökologie* und *Soziobiologie* eine wichtige Erweiterung erfahren: Die Verhaltensökologie untersucht *Wechselbeziehungen zwischen ökologischen Faktoren und Verhalten*, die Soziobiologie den *Anpassungswert des Sozialverhaltens*.

Kosten-Nutzen-Analyse. Alles, was dazu beiträgt, das Überleben eines Lebewesens zu sichern und seine Vermehrungschance zu steigern, gehört zum *Nutzen* seines Verhaltens, alles, was diese Parameter erniedrigt, zu den *Kosten*. An der Küste Westkanadas lebende Krähen beispielsweise nehmen Wellhornschnecken vom Boden auf, fliegen damit in die Höhe und versuchen durch Abwerfen deren Gehäuse aufzubrechen. Das eventuell notwendige mehrmalige Auffliegen und die daraus resultierende Flugstrecke gehört zu den Kosten, der über die gewonnene Nahrung erzielte Energiegewinn zum Nutzen (► Bild 1). Insbesondere das experimentelle Variieren einzelner Faktoren wie der Schneckengröße ermöglicht Aussagen, in welchem Umfang diese das Verhalten beeinflussen und zur Kosten-Nutzen-Bilanz beitragen.

Optimierungsmodelle. Auf der Basis von Kosten-Nutzen-Analysen lassen sich quantitative Modelle zum optimalen Verhalten unter bestimmten Bedingungen entwickeln.

So ist die Verteidigung eines Reviers dann ökonomisch, wenn der Nutzen größer ist, als es die Kosten sind (► Bild 2). Das daraus abgeleitete Konzept der ökonomischen Verteidigung besagt: Mit der Reviergröße steigen die Kosten wie der Energiebedarf, weil mehr Auseinandersetzungen zur Verteidigung des Reviers stattfinden. Aber auch der Nutzen, also die im Territorium zur Verfügung stehende Nahrungsmenge oder die Wahrscheinlichkeit einer Verpaarung, wird größer. Ab einer bestimmten Reviergröße bringt das reichlichere Nahrungsangebot jedoch keinen zusätzlichen Gewinn mehr. Dagegen kann die Zahl der Eindringlinge so groß werden, dass die Kosten für eine Revierverteidigung nicht mehr aufzubringen sind. Ist die Qualität des Territoriums sehr spärlich, bringt der Ausschluss von Konkurrenten im Vergleich zur verteidigten Nahrungsmenge ebenfalls keinen Gewinn. Die Differenz aus dem Energiegewinn und den Kosten erlaubt eine Aussage über die bei der jeweiligen Reviergröße gegebene Energiebilanz und damit auch über die optimale Reviergröße. Das Tier wird sich entsprechend den jeweiligen Bedingungen territorial verhalten oder auf ein eigenes Territorium verzichten.

Biologische Fitness. Geht man davon aus, dass zwischen einem bestimmten Verhalten und der Anzahl der fortpflanzungsfähigen Nachkommen über die Generationen hinweg eine Korrelation besteht, wird die Vermehrungsrate ein wichtiges Maß für die Qualität dieses Verhaltens. In der Konkurrenz mit Artgenossen und im Grad der Anpassung an die Lebensbedingungen sind die einzelnen Individuen unterschiedlich erfolgreich. Die Größe des Erfolgs bezüglich der Überlebensfähigkeit und der Fortpflanzungsrate eines Individuums sowie seiner Nachkommen bezeichnet man als *Fitness* (► S. 30). Die natürliche Auslese oder Selektion bestimmt, durch welche Eigenschaften ein Tier größere Fitness gewinnt.

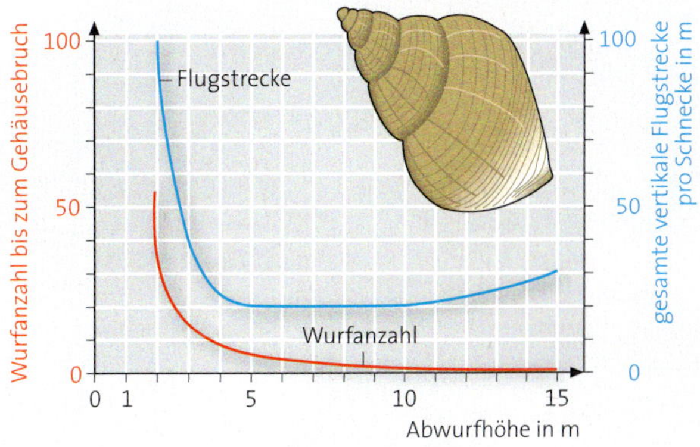

1 *Ergebnisse von Experiment (rot) und Freilandbeobachtungen (blau) zum Nahrungserwerb kanadischer Krähen*

Dabei setzt die Selektion zwar am Individuum an, aus evolutionsbiologischer Sicht ist jedoch das genetische Programm, das es an seine Nachkommen weitergibt, die relevante Bezugsgröße. Erhöhen bestimmte Gene den Fortpflanzungserfolg eines Individuums, werden sie mit größerer Wahrscheinlichkeit in der nächsten Generation im Genpool der Population vertreten sein, ihren relativen Anteil am Genpool also erhöhen. Mit diesem Konzept lassen sich auch scheinbar widersinnige Verhaltensweisen wie Brutpflegedienste bei Verwandten oder Töten von Nachkommen in der eigenen Population erklären, wenn sie die Fitness erhöhen.

Die Konkurrenz um begrenzte Ressourcen wie Nahrung, Revier oder Geschlechtspartner scheint ein entscheidender Selektionsfaktor zu sein. Bei vielen Tieren ist zu beobachten, dass sich ein Anpassungstyp an die Gesamtheit der Umweltbedingungen einer Art herausbildet. Dieser ist durch spezielle Lebens- und auch Fortpflanzungsstrategien (*r*- und *K*-Strategien ► S. 67) charakterisiert.

1 Erläutern Sie, inwiefern man die marktwirtschaftlichen Begriffe Kosten und Nutzen auf biologische Systeme übertragen kann.

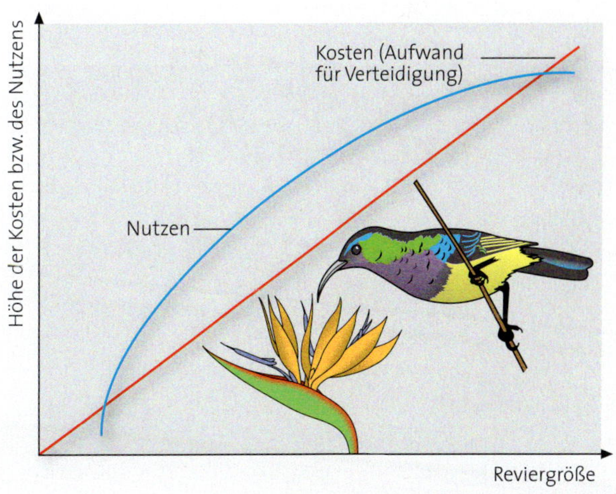

2 *Reviergröße und Kosten-Nutzen-Bilanz*

Kooperation

1 *Rote Waldameisen schaffen eine Raupe zum Nest (oben). Eine Rote Waldameise übergibt der anderen Nahrung (unten).*

2 *Jagderfolg des Habichts*

3 *Wolfsrudel auf der Jagd*

Bei vielen Tierarten schließen sich Artgenossen über die Paarbildung hinaus zu Gruppen zusammen. Neben dem eher zufälligen, vorübergehenden Treffen von Individuen an bestimmten Orten wie der Tränke sind vielfältige Ausprägungsformen einer dauerhaften Gruppenbildung bekannt: Fisch- und Vogelschwärme, Staaten bildende Insekten, Rudel bei hundeartigen Raubtieren oder Familien bei Menschenaffen.

Kennen sich die Mitglieder eines Zusammenschlusses von Tieren einer Art, spricht man von einem *individualisierten Verband*. Dies ist bei Wölfen und Löwen der Fall. Bienen und Ameisen bilden dagegen *geschlossene anonyme Verbände*, deren Mitglieder sich am spezifischen Gruppenduft, aber nicht individuell erkennen (▶ Bild 1). Artgenossen einer anderen Gruppe gegenüber verhalten sich Mitglieder dieser beiden Kategorien von Verbänden feindlich. In *offenen anonymen Verbänden*, wie den riesigen Heuschreckenschwärmen, kennen sich die einzelnen Tiere untereinander nicht. Artgenossen werden in diese Verbände aufgenommen.

Schutz gegen Räuber. Ringel- und Haustaube machen fast die Hälfte der Gesamtbeute des Habichts aus. Sie bewohnen abwechslungsreiches Gelände mit Lichtungen und Büschen, die ihnen reichlich Deckung bieten. Für den Jagderfolg des Greifvogels ist das Überraschungsmoment entscheidend. Er ist oft erfolgreich, wenn er eine einzelne Taube erspäht hat. Treten die Tiere in Schwärmen auf, sinkt die Erfolgsrate mit der Größe der Taubenschar (▶ Bild 2). Dafür gibt es mehrere Gründe:

- Viele Individuen und damit eine große Anzahl an Sicherungsblicken erhöhen die Wahrscheinlichkeit, den Fressfeind rechtzeitig zu entdecken. Experimente mit einem gezähmten Habicht zeigen: Je mehr Tauben sich in einem Schwarm befinden, auf desto größere Entfernung wird der Fressfeind entdeckt. Fliegt dann ein Tier auf, folgen die anderen sofort. Trotz dieser erhöhten Wachsamkeit verbringt die einzelne Taube in der Gruppe weniger Zeit mit Umherspähen, als wenn sie allein ist. Das Individuum im Schwarm hat also durch das Zusammenleben mehr Zeit zum Fressen bei gleichzeitig erhöhter Sicherheit vor Feinden.
- Einem Räuber fällt es schwer, aus einer großen Zahl untereinander ähnlicher Beutetiere ein Individuum auszuwählen. Dieser *Verwirrungseffekt* führt dazu, dass ein gezielter Angriff später beginnt und die Erfolgsaussicht sinkt.
- Das Leben in der Gruppe erbringt über den *Verdünnungseffekt* einen weiteren Vorteil. Der Habicht erbeutet bei einem erfolgreichen Angriff nur ein Tier. Für die einzelne Taube verringert sich also die Gefährdung bei einer Attacke des Fressfeinds, wenn die Gruppe recht groß ist.

Vorteile beim Nahrungserwerb. Wölfe sind Beutegreifer und können mit Elch, Hirsch oder Wildschaf Tiere erbeuten, deren Körpergewicht mehr als das Zehnfache ihres Eigengewichts beträgt. Nur das gemeinschaftliche Jagen im Rudel (▶ Bild 3) ermöglicht es den Wölfen, derart große Tiere aufzuspüren und zu erbeuten.

Von Schimpansen ist bekannt, dass sie sich zu einer kooperativen Gruppenjagd auf Stummelaffen zusammenschließen. Während die Erfolgsquote eines einzelnen Schimpansen nur etwa 16 % beträgt, sind Gruppen von mehr als sechs Tieren bei rund 80 % aller Beutezüge erfolgreich.

Gemeinsame Verteidigung. Beutetiere können sich als Gruppe durchaus gegen Räuber wehren. So kann man etwa beobachten, dass in Lachmöwenkolonien viele Tiere gemeinsam räuberische Krähen attackieren, die sich den Nestern nähern. Dadurch reduziert sich die Erfolgsaussicht der Krähen, Möweneier zu erbeuten.
Energieeinsparung. Das im Hochgebirge lebende Alpenmurmeltier ist an die dort sehr kalten Winter angepasst: Es frisst sich Fettreserven an und hält Winterschlaf, während dem es durch physiologische Umstellungen seinen Energiebedarf reduziert. Indem mehrere Tiere eng nebeneinanderliegend überwintern, kann jedes von ihnen seine Wärmeabgabe an die Umgebung verringern. Da sie den Winterschlaf zudem fast zeitgleich unterbrechen, muss das einzelne Tier nicht den gesamten Energiebetrag für die dabei erfolgende Erhöhung der Körpertemparatur aufbringen. Die Mortalitätsrate kann durch diese Maßnahmen gesenkt werden.
Erhöhtes Infektionsrisiko. Parasiten stellen einen Selektionsdruck gegen die Entstehung großer Sozialverbände dar. In einer Rauchschwalbenkolonie hat man in den Nestern blutsaugende Milben gefunden. Diese befallen die Nestlinge und schwächen sie. In stark befallenen Nestern sterben sogar viele Jungtiere. Diese durch den Milbenbefall bestehenden Risiken bei der Jungenaufzucht hängen von der Größe der Brutkolonie ab (▶ Bild 2).
Konkurrenz um Ressourcen. Mit der sozialen Lebensweise entstehen für das Individuum auch Kosten durch einen erhöhten Konkurrenzdruck. So ist dieser umso höher, je mehr Individuen um ein bestimmtes Nahrungsangebot konkurrieren.

Bei Javaneraffen auf Sumatra wurde für unterschiedlich große Gruppen der Aufwand für die Nahrungssuche erfasst (▶ Bild 3). Da die bevorzugte Nahrung nicht gleichmäßig verteilt in ihrem Aufenthaltsgebiet vorkommt, benötigen die Mitglieder einer großen Gruppe viel Zeit für die Nahrungssuche. Sie haben deshalb auch vergleichsweise wenig Zeit für Ruhepausen.

Außerdem werden häufiger aggressive Verhaltensweisen beobachtet und das gegenseitige Lausen, dem eine aggressionsmindernde Funktion zukommt, tritt seltener auf. Die an das Gruppenleben gekoppelten individuellen Nachteile sind am Fortpflanzungserfolg erkennbar. So ist die Geburtenrate in kleinen Gemeinschaften von Javaneraffen höher als in großen Gruppen.

1. **Informieren Sie sich über die Anpassungen in der Fressfeind-Beute-Beziehung von Wanderfalke und Taube. Recherchieren Sie auch in der Fachliteratur.**
2. **Das Rebhuhn wird vom Habicht vorwiegend während der Balzzeit geschlagen. Im Herbst und Winter, wenn sich die Hühner zu Völkern zusammenschließen, erbeutet der Habicht nur noch selten ein Rebhuhn. Deuten Sie diesen Befund.**
3. **Stellen Sie für die geschilderten Fälle Kosten-Nutzen-Abschätzungen auf und diskutieren Sie die Ergebnisse unter dem Gesichtspunkt der Fitness.**
4. **Das urbane Leben des Menschen bedingt sowohl gesundheitlich als auch sozial gesehen Vor- und Nachteile. Erörtern Sie dies an geeigneten Beispielen und vergleichen Sie dabei auch mit den im Text genannten Nachteilen des Gruppenlebens im Tierreich.**

1 Eine Rauchschwalbe versorgt die Jungvögel im Nest.

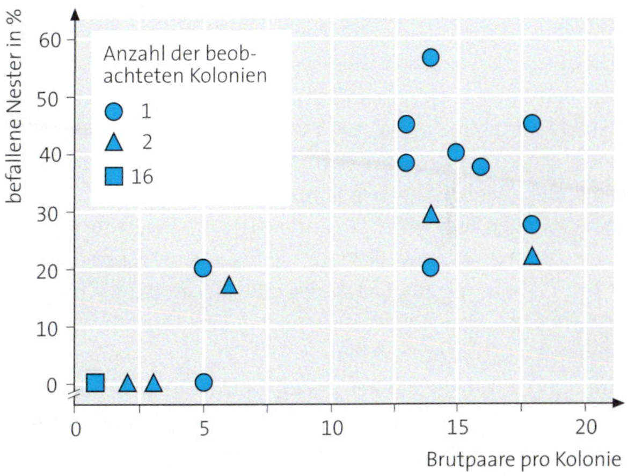

2 Milbenbefall in verschieden großen Schwalbenkolonien

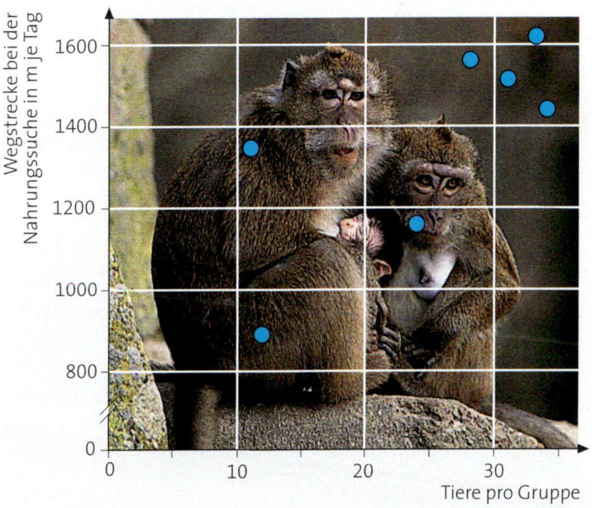

3 Wegstrecken der Nahrungssuche bei Javaneraffen-Gruppen

Uneigennütziges Verhalten

1 *Sichernde Zwergmanguste*

Altruismus. Bei Zwergmangusten (▶ Bild 1) ist ein erstaunliches Verhalten zu beobachten: In einer Gruppe hält ein einzelnes Tier Wache und stößt beim Erblicken eines Feinds Warnrufe aus. Danach erst bringt es sich in Sicherheit, gelegentlich greift es sogar selbst den Fressfeind an. Während sich dieses Tier in große Gefahr begibt, haben die Artgenossen Zeit zur Flucht. Ein solches uneigennütziges Verhalten, das zu einem Vorteil für ein anderes Individuum, unter Umständen aber zum Nachteil des auf diese Weise handelnden Tieres führt, nennt man *Altruismus*. Entsprechende Beobachtungen liegen auch für andere Tierarten wie Murmeltiere oder in Gruppen lebende Primaten und Vögel vor. Geht man von der Grundannahme aus, dass jedes Individuum darauf programmiert ist, seine eigenen Gene weiterzugeben, ist ein solches Verhalten zunächst nicht verständlich.

Helfer. Exakte Beobachtungen am in Florida lebenden Blaubuschhäher (▶ Bild 3) lieferten Hinweise für das Verständnis altruistischen Verhaltens. Man findet die Vögel konzentriert nur an bestimmten Stellen. Außerhalb dieser Areale ist die Gegend für sie unbewohnbar. In den ganzjährig bestehenden Revieren lebt nicht nur ein Paar, sondern bis zu sechs weitere Vögel helfen diesem bei der Nestverteidigung und dem Füttern der Jungen. Das Brutpaar profitiert von der Anwesenheit dieser sogenannten Helfer und kann mehr Jungen großziehen als andere Paare ohne oder mit weniger Helfern. Diese sind zum Großteil frühere Nachkommen des Brutpaars und damit Geschwister der durch sie mitversorgten Jungen.

Aus genetischer Sicht bedeutet dies, dass Brutpaar und Helfer viele gleiche Allele besitzen. Die Helfer sorgen durch ihre Helferdienste auch dafür, dass Kopien ihrer eigenen Allele an die nächste Generation weitergegeben werden. Das gilt allerdings nur, wenn die unterstützten und die unterstützenden Individuen nahe miteinander verwandt sind.

Eigentlich würde ein Blaubuschhäher einen größeren genetischen Gewinn erzielen, wenn er ein eigenes Revier errichten und selbst brüten würde. Durch den begrenzten Lebensraum und die große Zahl der Vögel stehen aber keine weiteren Territorien zur Verfügung. Die größte Chance, ein eigenes Revier zu bekommen, besteht für ein junges Männchen überdies darin, den Eltern dabei zu helfen, ihr Revier zu vergrößern. Dann kann es selbst einen Teil davon für sich bekommen oder später in das elterliche Revier nachrücken. In den meisten daraufhin untersuchten Fällen bedeutet dies, dass auch die zusammenarbeitenden Individuen letztendlich ihren eigenen Vorteil suchen, also aus „genetischem Egoismus" handeln.

Reziproker Altruismus. Im Tierreich sind auch altruistische Verhaltensweisen zwischen Nichtverwandten bekannt. Attackiert beispielsweise eine Dohle einen Fuchs, der ihren Partner angegriffen hat, so begibt sie sich in Gefahr. Wird ihr in umgekehrtem Fall aber ebenfalls geholfen, so hat das Tier statistisch gesehen einen Vorteil von seinem Verhalten. Bei solchen Leistungen auf Gegenseitigkeit spricht man von *reziprokem Altruismus*.

---

1 **Die im Text genannten Zwergmangusten sind untereinander verwandt. Erklären Sie das Verhalten der Tiere aus soziobiologischer Sicht.**

2 **Nehmen Sie Stellung zu folgender Hypothese: „Reziproker Altruismus tritt umso wahrscheinlicher auf, je häufiger vertraute Paare miteinander agieren bzw. je seltener Migrationen zu einer Veränderung in der Gruppenzusammensetzung führen."**

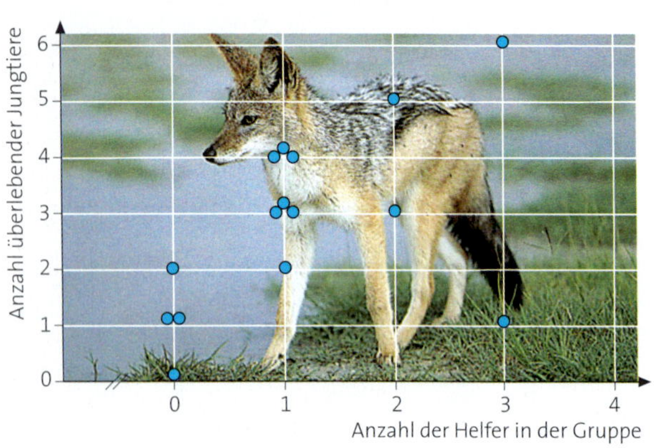

2 *Zahl der Helfer und Fortpflanzungserfolg beim Schabrackenschakal*

3 *Blaubuschhäher (Aphelocoma coerulescens), in Florida verbreitete Rabenvögel, bilden kooperative Großfamilien.*

Gesamtfitness. Betrachtet man das Verhalten eines Tiers unter dem Gesichtspunkt der biologischen Fitness (► S. 30), so ist die Zahl der Nachkommen eine relevante Größe für die sogenannte *direkte Fitness*: Da jedes Kind die Hälfte der eigenen Gene als Kopien in sich trägt, nimmt mit steigender Zahl der Kinder der Anteil der eigenen Gene im Genpool einer Population zu. Da auch bei Geschwistern und deren Nachkommen mit einer gewissen Häufigkeit die gleichen Gene vorliegen, können diese auch über die Unterstützung der Verwandten bei der Aufzucht ihrer Nachkommen verbreitet werden, was als *indirekte Fitness* bezeichnet wird. Die Gesamtfitness eines Individuums setzt sich also aus direkter und gegebenenfalls indirekter Fitness zusammen.

Verwandtschaftskoeffizient. Geht man von einem diploiden Individuum aus, so finden sich seine Allele bei allen Verwandten zu einem bestimmten Prozentsatz wieder (► Bild 1). Da an die Kinder die Hälfte des Erbguts weitergegeben wird, beträgt die Wahrscheinlichkeit der Weitergabe der Allele 50 %, was einem Verwandtschaftskoeffizienten von $r = 0,5$ entspricht. Derjenige zu Nichten und Neffen beträgt statistisch gesehen $r = 0,25$.

Hamilton-Regel. Verzichtet ein Individuum auf eigene Nachkommen und unterstützt stattdessen nahe Verwandte bei der Aufzucht von deren Jungen, erhöht das den Anteil seiner Gene am Genpool der Population nur dann, wenn die Zahl dieser Nachkommen ausreichend hoch ist. Verzichtet ein Tier zum Beispiel auf zwei Kinder ($r = 0,5$) und hilft einem Geschwister bei dessen Jungenaufzucht, so ist seine indirekte Fitness erst ab fünf Neffen bzw. Nichten ($r = 0,25$) höher, als wenn es „egoistisch" wäre. Altruismus dürfte sich nach HAMILTON nur dann in der Evolution behaupten, wenn der Verlust an direkter Fitness (Kosten K) für ein Individuum geringer ist als der Gewinn an indirekter Fitness (Nutzen N für den Empfänger der Hilfe multipliziert mit dem Verwandtschaftskoeffizienten r): $K < r \cdot N$ (Hamilton-Ungleichung).

Eusozialität. *Eusozial* nennt man Tierarten, auf die Folgendes zutrifft: Die Individuen kooperieren bei Brutpflege sowie Nahrungsversorgung, und es leben mehrere Generationen in einem Verband, in dem es fruchtbare und unfruchtbare Tiere gibt.

HAMILTONS Erkenntnisse trugen wesentlich zum Verständnis altruistischen Verhaltens bei Staaten bildenden Tieren bei. Bei sozialen Insekten wie Bienen beträgt der Verwandtschaftskoeffizient zwischen Schwestern wegen der Haploidie der Drohnen 0,75 – zwischen Müttern und Töchtern hingegen nur 0,5. Verpaart sich die Königin also nur mit einem einzigen Männchen, ist es für Bienen genetisch vorteilhafter, Schwestern aufzuziehen als eigene Töchter. Die Bienen sollten sich also altruistisch verhalten. Optimiert ist diese gegenseitige Unterstützung, da es im „Bienenstaat" auch Arbeitsteilungen gibt: Nektarsammlerinnen, Putzbienen, Wächterbienen und Kundschafterinnen sind sterile Arbeiterinnen. Für die Fortpflanzung sind allein die Drohnen und die Königin zuständig. Da sich diese im Mittel allerdings mit zwölf Drohnen paart, haben die Arbeiterinnen zwar dieselbe Mutter, aber verschiedene Väter. Für Halbschwestern ist $r = 0,25$; deshalb sollten sich die Bienen hinsichtlich ihres Helferdiensts gegenüber Voll- und Halbschwestern unterschiedlich verhalten. Dies würde ein individuelles Erkennen voraussetzen. Ob dies möglich ist oder andere Mechanismen das altruistische Verhalten beeinflussen, ist Gegenstand der Forschung.

Während es bei den Insekten etliche Staaten bildende Arten gibt, gilt der Nacktmull als einzige Säugetierart, die alle Kritierien für die Eusozialität erfüllt. Er lebt in unterirdischen Kolonien in den Halbwüsten Ostafrikas.

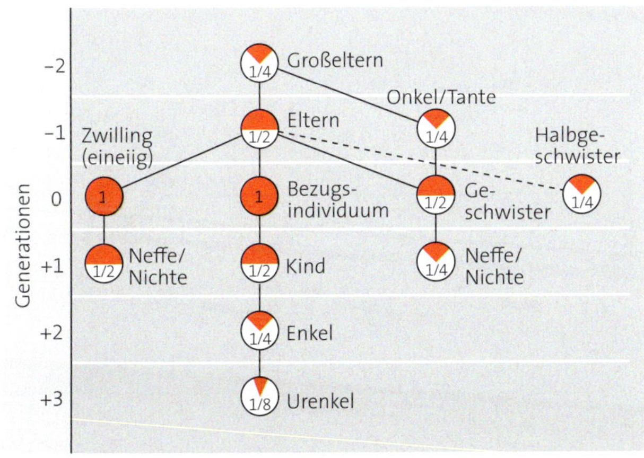

1 *Verwandtschaftsgrad bei Familienangehörigen (Begriffe der menschlichen Verwandtschaft verwendet)*

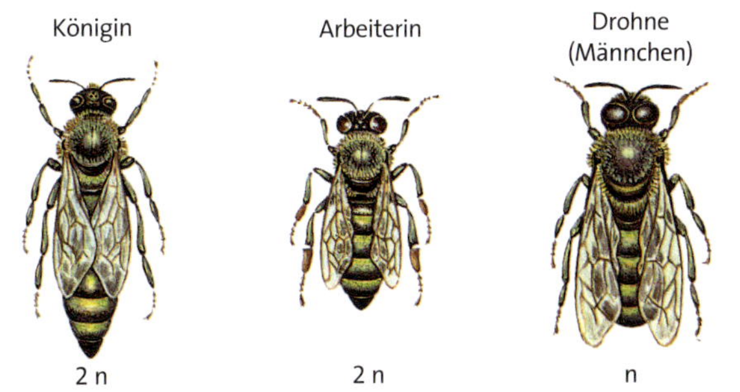

2 *Drohnen der Honigbiene gehen aus unbefruchteten Eiern hervor und sind haploid.*

❶ Teilen Geschwister immer genau 50 % ihrer Gene? Begründen Sie! Wie verhält es sich zwischen Elternteil und Kind?

3 *Nacktmulle (Heterocephalus glaber) sind haarlose, mit Stachelschweinen verwandte eusoziale Nagetiere.*

Kommunikation: Sender – Signal – Empfänger

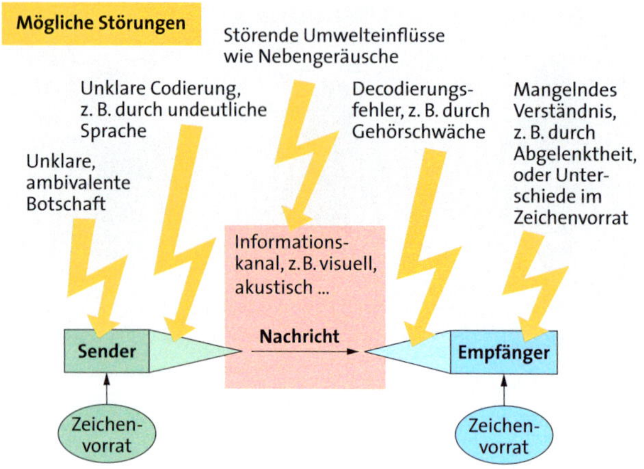

1 Das Sender-Empfänger-Modell zeigt, von welchen Faktoren erfolgreiche Kommunikation abhängt.

Tiere sind offene Systeme, die ständig im Austausch mit ihrer Umwelt stehen. Sie tauschen aber nicht nur Stoffe aus, sondern auch Informationen: Tiere müssen Nahrungsquellen finden, Fressfeinden ausweichen und mögliche Geschlechtspartner lokalisieren können. In jedem dieser Fälle nimmt ein Tier *Signale* aus der Umwelt auf und reagiert auf sie. Aber handelt es sich wirklich schon um Kommunikation, wenn eine Hummel durch Farbe und Duft einer Blüte angelockt wird? Um diese Frage beantworten zu können, muss man sich mit der gängigen Definition von Kommunikation beschäftigen.

Definition. Jede zwischen zwei oder mehr Interaktionspartnern abgestimmte Informationsübertragung gilt als Kommunikation. Wichtig dabei ist, dass der Kommunikationspartner, der eine Information aussendet, dies nicht bewusst tun muss. Daher lässt sich zum Beispiel auch der Informationsaustausch zwischen verschiedenen Zellen eines Organismus mithilfe von Botenstoffen als Kommunikation deuten. *Biokommunikation* im engeren Sinn meint aber immer den Austausch von Signalen zwischen Lebewesen. Zur Kommunikation gehören ein *Sender der Information*, ein *Kanal der Informationsübertragung* und ein *Empfänger*.

Die grundlegenden Begriffe für das *Sender-Empfänger-Modell* (▶ Bild 1) wurden von Nachrichtentechnikern geprägt. Dieses Modell kann aber auch für Lebewesen sehr gut verdeutlichen, von welchen Faktoren ein erfolgreicher Informationsaustausch abhängt. Wichtig ist vor allem, dass die ausgesandten Signale eindeutig sind, dass die Signalübertragung nicht durch Umwelteinflüsse gestört wird und dass der Empfänger in der Lage ist, die empfangenen Signale korrekt zu deuten.

Das Signal der Wahl. Wer schon einmal versucht hat, sich während einer Party zu unterhalten, weiß, dass zur Kommunikation eingesetzte Signale durch Umwelteinflüsse gestört werden können. Wenn Kommunikation einen Selektionsvorteil bietet, dann sollten im Lauf der Evolution Kommunikationsformen entstanden sein, die wenig störanfällig und die vor allem an die jeweiligen Umweltbedingungen angepasst sind. Nachts sind optische Signale sehr auffällig – ein Vorteil, den Glühwürmchen ausnutzen, indem sie durch Leuchtsignale auf sich aufmerksam machen. Selbst dichtestes Blattwerk durchdringen akustische Signale wie der Reviergesang der Vögel oder der Gibbons. Viele Säugetiere, wie etwa Wölfe, setzen Duftmarken an ihren Reviergrenzen. Das hat den Vorteil, dass sie auf ihr Territorium hinweisen können, ohne ständig selbst anwesend zu sein. So hat jeder Signaltyp bestimmte Vor- und Nachteile (▶ Tabelle). Selbst innerhalb einer Art sind die eingesetzten Signale mitunter *an den Biotoptyp angepasst*: In dichten Wäldern ist die Reichweite hoher Töne geringer als die Reichweite tiefer Töne. Dazu passt die Beobachtung, dass Kohlmeisen in Waldgebieten einfachere Gesänge mit tieferen Tönen darbieten als in offenen Landschaften (▶ Bild 2).

Ritualisierte Signale: Vom Anzeichen zum Zeichen. Wie entstehen in der Evolution eindeutige Signale, die zuverlässig über die inneren Zustände des Senders Auskunft geben? Bei vielen Tieren erlauben äußere Merkmale wie Körpergröße, Färbung oder Geweih Rückschlüsse auf Ernährungs- und Gesundheitszustand. Als Anzeichen für biologische Fitness können solche Merkmale im Verlauf der Evolution zu Signalen innerartlicher Kommunikation werden.

Für das Leben in der Gruppe ist Verständigung eine zwingende Voraussetzung. Daher ist es kein Wunder, dass sozial lebende Arten im Lauf der Evolution komplizierte Kommunikationssysteme entwickelt haben. Sie sind vor allem von Bedeutung, wenn Konflikte zwischen Gruppenmitgliedern entschärft werden müssen (▶ S. 110), spielen aber auch für die Bindung der Individuen untereinander eine wichtige Rolle.

Eigenschaften verschiedener Signaltypen

Art des Signals	chemisch	auditorisch	visuell	taktil
Reichweite	groß	groß	mittel	kurz
Änderungsrate des Signals	langsam	schnell	schnell	schnell
Fähigkeit Hindernisse zu durchdringen	gut	gut	schlecht	schlecht
Lokalisierbarkeit	variabel	mittel	hoch	hoch
energetische Kosten	niedrig	hoch	niedrig	niedrig

2 In dichten Waldgebieten (unten) singen Kohlmeisen einfachere Gesänge mit geringerer Frequenz als in offenen Landschaften (oben).

Viele der dabei beobachteten sozialen Signale entstanden, indem bestimmte Verhaltensweisen während der Evolution ihre ursprüngliche Funktion verloren und inzwischen nur noch der Kommunikation dienen. Dieser als ***Ritualisierung*** bezeichnete Funktionswechsel verstärkt die Signalwirkung des Verhaltens. Ritualisierte Handlungen sind meist auffällig, stereotyp und daher für den Empfänger des Signals eindeutig zu verstehen. Beispielsweise ist das Zähnefletschen, das viele Säugetiere als Drohgebärde einsetzen, mit einer viel stärkeren Entblößung der Zähne verbunden, als es für die Nahrungsaufnahme nötig wäre. Aus bloßen Anzeichen für innere Zustände sind durch Ritualisierung speziell kommunizierte Zeichen geworden.

Verhaltensforscher haben zahlreiche Beispiele ritualisierter Signale bei verschiedensten Tierarten entdeckt. Nicht immer lässt sich dabei die ursprüngliche Bedeutung des Signals leicht erschließen:

- Viele Vögel gehen beim Ausstoßen von Warnrufen in die Hocke und spreizen die Flügel leicht ab, als wollten sie losfliegen.
- Federsträuben, ein Imponiersignal bei der Balz oder Drohsignal beim Rivalenkampf, diente ursprünglich der Thermoregulation.
- Wölfe beschwichtigen einen Angreifer, indem sie winseln, sich klein machen oder dem Gegner die Schnauze lecken wie Wolfswelpen, die um Futter betteln.
- Bei der ritualisierten Fellpflege (englisch „grooming") vieler Affenarten geht es kaum noch um das Entfernen lästiger Parasiten, vielmehr dient dieses Verhalten der Festigung sozialer Bindungen sowie dem Abbau von Stress und Aggressionen (▶ Bild 1).

Kommunikation beim Menschen. Zum Stichwort „menschliche Kommunikation" assoziieren die meisten sicher zuerst unsere Sprache. Allerdings übermitteln wir selbst während wir schweigen durch unsere Mimik, Gestik, Körperhaltung und sogar durch Gerüche Informationen über innere Zustände. „Man kann nicht nicht kommunizieren", wie der Psychologe PAUL WATZLAWICK den Stellenwert der Kommunikation für Menschen treffend beschreibt.

Als *Mimik* werden alle Ausdrucksbewegungen des Gesichts zusammengefasst. Sie sind offenbar angeboren, denn sie finden sich in allen Kulturen sowie bei blind und taub geborenen Kindern in ähnlicher Weise. Auch interpretieren Menschen unterschiedlichster Kulturkreise Fotos von verschiedenen Gesichtsausdrücken größtenteils gleich (▶ Bild 2). Für die sehr nuancierte Mimik des menschlichen Gesichts sorgen nicht nur über ein Dutzend fein aufeinander abgestimmte Gesichtsmuskeln, sondern auch die fehlende Behaarung, die selbst kleinste Bewegungen erkennen lässt. Die meisten Menschen sind sich ihrer Mimik selten bewusst, daher geben Gesichtsausdrücke oft einen unverfälschten Blick auf die Stimmungslage des Gegenübers frei.

Gesten werden dagegen bewusst eingesetzt, um Gefühle und soziale Beziehungen nonverbal zum Ausdruck zu bringen. Bestimmte Gesten sind kulturell überformt und bedeuten daher in verschiedenen Kulturkreisen nicht dasselbe. Während zum Beispiel in Europa Kopfnicken als Zustimmung gedeutet werden kann, drückt man in Teilen Asiens damit Ablehnung aus.

Mit der *Wortsprache* besitzen Menschen – und nur sie – ein abstraktes Kommunikationssystem, mit dem sich Inhalte zum Ausdruck bringen lassen, die keinen konkreten Bezug zu einer gegenwärtigen Situation haben müssen. Man kann sich über weit Entferntes, Vergangenes, Zukünftiges oder über Mögliches unterhalten. Hierfür sind Worte nötig, die in ihrer Eigenschaft als Symbole keine Ähnlichkeit mit der Bedeutung haben, für die sie stehen. Ebenso ist eine komplexe Grammatik erforderlich.

Sprache ist gleichzeitig ein Motor und ein Ergebnis der kulturellen Evolution (▶ S. 51). Zur Entwicklung der Sprache in der Evolution des Menschen waren Veränderungen im Gehirn und im Stimmapparat unserer Vorfahren Grundvoraussetzungen. Untersuchungen zum Spracherwerb von Kindern sprechen dafür, dass die Voraussetzungen für das Erlernen einer Sprache angeboren sind und dass der Spracherwerb an eine sensible Periode (▶ S. 94) in der Individualentwicklung gekoppelt ist.

---

1 Diskutieren Sie das Beispiel, in dem eine Hummel von Farbe und Duft einer Blüte angelockt wird. Versuchen Sie zu klären, ob es sich hierbei um Kommunikation handelt oder nicht.

2 In gewisser Weise ähnelt die Evolution ritualisierter Signale aus einfachen Bewegungen der Entwicklung einer Symbolschrift aus einfachen Bildern. Beurteilen Sie die Stichhaltigkeit dieser Aussage, indem Sie beide Vorgänge vergleichen und dabei Gemeinsamkeiten und Unterschiede herausarbeiten.

1 Ritualisierte Fellpflege bei Affen

2 Mimik beim Menschen

Nutzen und Kosten der Kommunikation

Nutzen. Männchen und Weibchen der Erdkröte finden sich im zeitigen Frühjahr während der Laichwanderung. Trifft ein Krötenmännchen auf ein Weibchen, umklammert es dieses und lässt sich rittlings zum Laichgewässer tragen. Das Männchen lässt das Weibchen normalerweise bis zum Ende der Laichzeit nicht mehr los. Allerdings versuchen andere Erdkrötenmännchen, die noch kein Weibchen erobern konnten, bestehende Paare zu trennen, indem sie die Männchen vom Rücken der Weibchen reißen. In solchen Fällen stößt das verpaarte Männchen heftige Rufe aus. Dabei hat man beobachtet, dass Männchen umso seltener attackiert werden, je tiefer die Frequenz der Rufe ist, die sie ausstoßen (▶ Bild 1).

Tatsächlich hängt die Frequenz der Rufe mit der Körpergröße der Kröten zusammen: Je tiefer der Ruf, desto größer das Männchen. Anhand der Rufe kann ein potenzieller Angreifer also ermessen, wie groß und kräftig das Männchen ist, das er zu verdrängen versucht. So kann der Angreifer im Voraus seine Erfolgsaussichten einschätzen. Indem der Angreifer aussichtslose Kämpfe vermeidet, spart er kostbare Zeit und mindert sein Verletzungsrisiko. In diesem Beispiel ist der *Nutzen* des Informationsaustauschs eindeutig zu benennen.

Kosten. Viele Tiere stoßen laute Warnrufe aus, wenn sie einen Feind nahen sehen. Offenbar wurde das Ausstoßen von Warnrufen gegenüber einer reinen Fluchtreaktion von der Selektion begünstigt. Hinweise auf einen möglichen *Selektionsvorteil* von Warnrufen erhält man, wenn man die Reaktionen auf diesen Ruf beobachtet. Bei Tieren, die in Gruppen leben, ist der Vorteil klar erkennbar: Der Alarmruf löst eine kollektive Reaktion der Gruppe aus. Flüchtet die ganze Gruppe geschlossen, mindert das über den Verwirrungs- und Verdünnungseffekt (▶ S. 102) die Aussichten des Angreifers auf einen erfolgreichen Beutezug.

Aber auch Arten, deren Angehörige einzeln leben wie beispielsweise die Kohlmeise, setzen Alarmrufe ab, sobald sie einen potenziellen Beutegreifer, etwa einen Falken oder Sperber, bemerken. Dieser hohe Ruf, der etwa wie „siiiiet" klingt, kann zwar auch den Geschlechtspartner und die Jungen warnen und somit den eigenen Fortpflanzungserfolg beeinflussen. Aber das Risiko einer Entdeckung bleibt hoch.

Kompromiss zwischen Kosten und Nutzen? Ideal wäre ein Warnruf, den zwar Artgenossen hören können, nicht aber die Feinde. Tatsächlich ist die Frequenz dieses „siiiiet"-Rufs (7–8 kHz) dazu geeignet, dieses Kunststück zumindest teilweise zu vollbringen: Hohe Töne tragen nicht so weit wie tiefe. Ein Greifvogel könnte den Ruf also nur dann orten, wenn er schon sehr nahe ist. Außerdem liegt die Frequenz des Rufs außerhalb des Bereichs, in dem ein Sperber am besten hört. Das Ohr von Meisen ist in diesem Frequenzbereich aber besonders empfindlich (▶ Bild 2). Eine Kohlmeise kann daher 40 m entfernte Familienangehörige mit ihrem Ruf warnen, während ein Sperber diesen Ruf erst aus 10 m Entfernung hört.

Dieses Beispiel zeigt, wie die Selektion *Kosten* und *Nutzen eines Verhaltens* im Lauf der Evolution *optimiert* hat. Ein vergleichbarer Selektionsdruck hat wahrscheinlich bewirkt, dass sich Warnrufe vieler nicht näher verwandter Vogelarten in großer Ähnlichkeit zueinander entwickelt haben (▶ Bild 3).

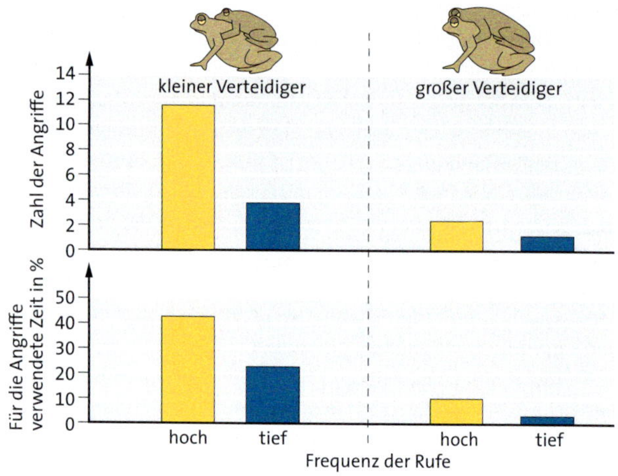

1 Große Krötenmännchen mit tiefer Stimme werden selten attackiert. Die Stimmlage ist ein indirektes Maß für die Kampfstärke.

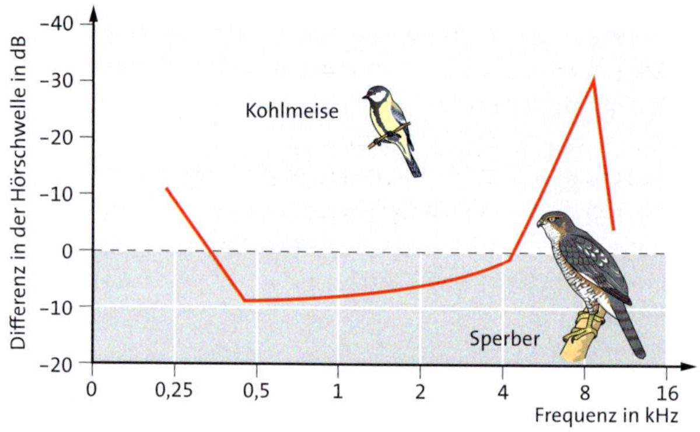

2 Vergleich der Hörschwelle (rote Linie) von Kohlmeise (oberhalb Nullachse) und Sperber (unterhalb Nullachse). Bei 8 kHz hört die Kohlmeise um 30 dB besser als der Sperber.

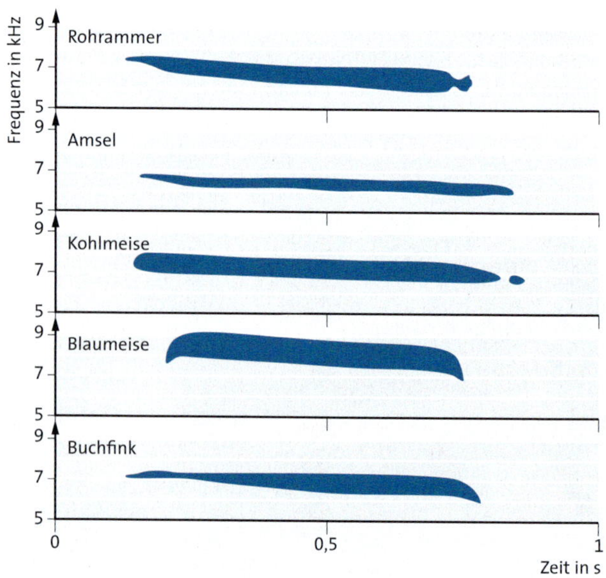

3 Warnrufe verschiedener einheimischer Singvogelarten

Täuschung durch Signalfälschung

Täuschung für Schutz und Abwehr. Wenn Menschen zu allen schwarz-gelb gemusterten Insekten Distanz halten, weil sie wie Wespen aussehen, verhalten sie sich ganz ähnlich wie viele Fressfeinde der Insekten: Sie lassen sich durch Signale täuschen. Mit diesen Signalen ahmen harmlose Tiere die Warntracht giftiger oder wehrhafter Arten bzw. deren Warnsignale nach. Beispiele solcher ***Mimikry*** (► S. 32) sind ausgesprochen häufig. Diese Art von Täuschung bewährt sich aber nur, wenn die Nachahmer einer Warntracht im Vergleich zu ihren gefährlichen Vorbildern relativ selten sind. Nehmen die harmlosen Nachahmer überhand, verliert sich die abschreckende Wirkung der Warntracht. Mimikry ist besonders wirksam, wenn die Täuschung nicht nur durch Färbung und Gestalt, sondern auch durch das Verhalten zustande kommt. So imitieren manche Schwebfliegen den Flugton von Bienen und die Augenflecken auf den Flügeln von Schmetterlingen schrecken Fressfeinde ab – vor allem, wenn sie plötzlich präsentiert werden.

Täuschung zur Anlockung. Bewirken gefälschte Signale statt einer Abwehr die Anlockung, Nutzung oder Schädigung, spricht man von *Angriffsmimikry*:

- Gestalt und Duft mancher Orchideenblüten ähneln den Sexualsignalen der Weibchen bestimmter Insektenarten. Opfer dieser ***Sexualtäuschung*** sind die Männchen der betreffenden Insekten, die ohne Gegenleistung der Orchideen Zeit und Energie in deren Bestäubung investieren (► S. 46).
- Leuchtkäfer der amerikanischen Gattung *Photinus* senden artspezifische Lichtblitze aus, um Weibchen ihrer Art auf sich aufmerksam zu machen. Die Weibchen antworten mit einem ebenfalls artspezifischen Blitzcode, woraufhin die Männchen zu den Weibchen fliegen. Manchmal endet diese Annäherung allerdings tödlich: Weibchen der im selben Lebensraum vorkommenden Leuchtkäfergattung *Photuris* können die Antwortsignale von drei Photinus-Arten imitieren. Die damit angelockten fremden Männchen werden gefangen und gefressen (► Bild 1).
- Putzerfische befreien als Symbionten größerer Fische diese von Parasiten und Nahrungsresten. Eine Schleimfischart ähnelt den Putzern in Aussehen und Schwimmweise, sodass große Fische auch diese Schleimfische in ihre Nähe lassen (► Bild 2 und 3). Statt die „Kunden" aber zu säubern, beißen die Nachahmer der Putzerfische ihren Opfern Stücke aus den Flossen.

1 Ein Leuchtkäferweibchen der Gattung Photuris verzehrt ein Photinus-Männchen, das sie mit einem Lichtsignal angelockt hat.

2 Ein Putzerlippfisch im Maul eines Zackenbarschs

Können Tiere lügen? Wenn von Nachahmung, Täuschung oder gar Fälschung die Rede ist, setzen wir die bewusste Absicht des Handelnden voraus. Dies gilt natürlich für keines der beschriebenen Beispiele tierischer Kommunikation. Sie sind wie alle Anpassungen ein Ergebnis der bei der Evolution wirksamen Faktoren (► S. 32). Allerdings liegen bei Affen und auch Kolkraben Hinweise vor, dass einzelne Tiere absichtlich falsche Signale aussenden. So hat man bei den in Mittel- und Südamerika lebenden Kapuzineraffen beobachtet, dass einige von Zeit zu Zeit scheinbar unbegründet Warnrufe ausstoßen: Aufgrund dieser Warnrufe fliehen die anderen Gruppenmitglieder, während die Alarmgeber die Gelegenheit nutzen und sich so viel Futter verschaffen wie nur möglich. Dieses Verhalten zeigen rangniedere Tiere vor allem dann, wenn das zur Verfügung stehende Futter nicht für alle Gruppenmitglieder reicht und sie selbst leer ausgehen würden. Ein solches Verhalten lässt auf einen so absichtsvollen Einsatz von Signalen schließen, dass es fast menschlich wirkt.

---

1 Regenpfeifer locken potenzielle Fressfeinde vom eigenen Nest fort, indem sie sich bewegen, als wären sie verletzt. Bewerten Sie dieses Verhalten unter dem Aspekt der Kommunikation. Handelt es sich um absichtliche Täuschung?

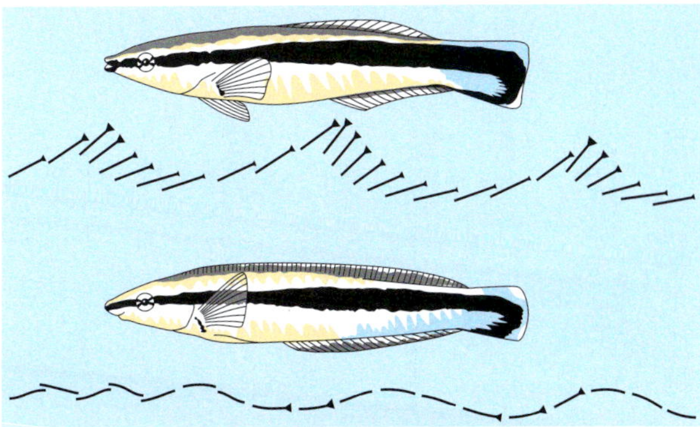

3 Mimikry. Aussehen und „Tanz" des Putzerfisches Labroides (oben) und seine Nachahmung durch den Schleimfisch Aspidontus (unten)

Aggression und Aggressionskontrolle

Männliche Kaffernbüffel zeigen bei Auseinandersetzungen folgendes Verhalten: Die Kontrahenten gehen im Stechschritt mit erhobenem Kopf aufeinander zu, schütteln die Köpfe und stampfen mit den Hufen. In einigen Metern Entfernung voneinander bleiben sie stehen. Dann wendet sich entweder eines der Tiere ab und trottet davon oder beide senken die Hörner und stürmen aufeinander los. Die Tiere rammen die Stirnwülste krachend aneinander, nehmen immer wieder Anlauf und schieben sich gegenseitig hin und her (▶ Bild 1). Schließlich macht einer kehrt und räumt das Feld.

Stehen Tieren nur knappe Ressourcen wie Nahrung, Brutplätze oder Geschlechtspartner zur Verfügung, sind solche *innerartlichen Konfliktsituationen* zu beobachten. Bei den aggressiven Auseinandersetzungen kommt es aber nicht immer zu einem physischen Kampf.

Droh- und Imponierverhalten. In der Regel zeigen die Kontrahenten zunächst Imponierverhalten. Dieses tritt je nach Tierart in unterschiedlicher Ausprägungsform auf.

Bei den Brunftkämpfen des Rothirschs findet zunächst ein *akustischer Wettstreit* statt. Nähert sich ein Herausforderer dem Platzhirsch, fordert er diesen durch Röhren heraus. Es kommt zu einem Wechselröhren zwischen den Rivalen. Zieht sich keiner zurück, zeigen Eindringling und Rudelinhaber das Parallelparadieren. Dabei schreiten beide einige Minuten lang parallel nebeneinander her und mustern sich aus der Nähe. Bei diesem optischen Kräfteabschätzen werden besonders die Körpergröße und das Geweih begutachtet. Bei vielen Begegnungen tritt nach diesem Drohverhalten ein Rivale kampflos den Rückzug an, oft ist es der Herausforderer.

Komment- und Beschädigungskämpfe. Kommt es zwischen Tieren zu kämpferischen Auseinandersetzungen, verlaufen diese oftmals nach einer festen Abfolge. Man spricht dann von einem Turnier- oder Kommentkampf. Dabei verletzen die Kontrahenten einander nicht. So werden die gefährlichen Hornspitzen der Kaffernbüffel bei innerartlichem aggressivem Verhalten nicht wirksam. Bei dem Kräftemessen handelt sich um eine relativ risikoarme Verdrängung des Konkurrenten. Auch das Kampfverhalten der Rothirsche ist darauf abgestimmt, dass beim Aufeinanderprallen der Geweihe kein Spross durch das Geweih des Gegners dringt und diesen verletzt (▶ Bild 2). Trotzdem erleiden etwa 25 % der Tiere eine nachhaltige Verletzung.

1 Kämpfe zwischen Kaffernbüffelbullen führen in der Regel nicht zu Verletzungen.

Bei einigen Tierarten sind Beschädigungskämpfe dagegen häufig zu beobachten. So verletzen sich beispielsweise Ratten gegenseitig durch Bisse, und aggressive Auseinandersetzungen zwischen Wölfen können tödlich enden.

Kämpferische Auseinandersetzungen werden durch Flucht eines Kontrahenten, bei manchen Arten auch durch eine *Beschwichtigungsgebärde* beendet, bei der eine besonders empfindliche Körperstelle dem Gegner zugekehrt wird. Dies trägt zur Vermeidung negativer Auswirkungen innerartlicher Aggression bei.

Die „Kampforgane" werden nicht nur bei innerartlichen Auseinandersetzungen benutzt. Nashörner und Elefanten beispielsweise setzen ihre Hörner beziehungsweise Stoßzähne auch gegen artfremde Konkurrenten und Feinde ein (▶ Bild 3).

2 Kämpfende Rothirsche

3 Elefantenbulle und Breitmaulnashorn in Kampfsituation

1 *Dominanzverhalten eines Alpha-Wolfes gegenüber einem rangniederen Tier*

2 *Relative Paarungshäufigkeit von See-Elefantenbullen in Abhängigkeit von der Rangposition (Zahl) in der Gruppe*

Aggressionskontrolle durch Rangordnung. Markiert man Haushühner, die einander nicht kennen, mit unterschiedlichen Farbtupfern auf dem Rücken und gibt sie in ein Gehege, kann man das individuelle Verhalten in der Gruppe beobachten. Jedes Tier versucht die anderen von der Nahrung wegzujagen, wobei die Hühner auch mit den Schnäbeln aufeinander einhacken. Spätestens nach einigen Tagen tritt Kampfverhalten praktisch nicht mehr auf. Es hat sich eine *Hackordnung* ausgebildet. Aus historischen Gründen bezeichnet man das ranghöchste Tier nach dem griechischen Alphabet als Alpha-Huhn (α-Huhn). Geht dieses zum Futternapf, weichen alle anderen aus. Das Tier steht an der Spitze der Gruppe und kontrolliert das Verhalten aller anderen Gruppenmitglieder. Das β-Huhn unterjocht alle anderen bis auf das α-Huhn. Diese Rangordnung reicht bis zum rangniedrigsten ω-Tier, das vor allen anderen Gruppenmitgliedern ausweicht.

Innerhalb individualisierter Verbände, also innerhalb von Gruppen, in denen sich die Gruppenmitglieder untereinander persönlich kennen, findet man oft eine solche Hierarchie (▶ Bild 1). In dem geschilderten Beispiel der Hühnerschar liegt eine lineare Dominanzbeziehung vor. Daneben gibt es im Tierreich auch Dreiecksbeziehungen, bei denen etwa β über γ, γ über δ, aber δ wieder über β steht. Beide Beziehungsformen setzen voraus, dass sich die Tiere gegenseitig kennen.

Liegen stabile Hierarchien vor, sind kostspielige Kämpfe mehr oder weniger überflüssig, da das Ergebnis einer aggressiven Auseinandersetzung zwischen zwei Tieren mit einem hohen Grad an Wahrscheinlichkeit vorauszusehen ist. Für ein dominantes Individuum reicht häufig Drohverhalten, um respektiert zu werden. Ranghohe Tiere genießen in der Regel gewisse Vorrechte, wie etwa beim Paarungsverhalten (▶ Bild 2), an der Futterstelle oder bei der Nutzung bevorzugter Ruheplätze. Daneben übernehmen sie aber als Anführer oder Wächter auch bestimmte Aufgaben.

Unter den Wölfen eines Rudels bestehen zwei getrenntgeschlechtliche Rangordnungen. Die α-Wölfin kontrolliert das Paarungsverhalten der anderen Weibchen. Ist reichlich Nahrung vorhanden, paart sie sich und gestattet dies auch anderen Wölfinnen. Bei Nahrungsknappheit lässt sie weniger oder keine Paarungen anderer Weibchen zu und sichert so ihren eigenen Jungen eine größere Überlebenschance.

Rangordnungen zeigen trotz ihrer Stabilität eine gewisse Dynamik. Immer wieder kann es zumindest zwischen den Rangnachbarn zu Verschiebungen in der Rangfolge kommen.

---

❶ Vergleichen Sie das Imponierverhalten mit dem Beschädigungskampf unter Kosten-Nutzen-Gesichtspunkten.

❷ Nennen Sie Merkmale, die zum individuellen Status eines in einer Gruppe lebenden Tiers beitragen könnten.

❸ Wie kann sich der Rang eines Jungtiers in einer Gorillagruppe mit der Zeit ändern? Erläutern Sie mithilfe von Bild 3 den Begriff „gleitende Rangordnung“.

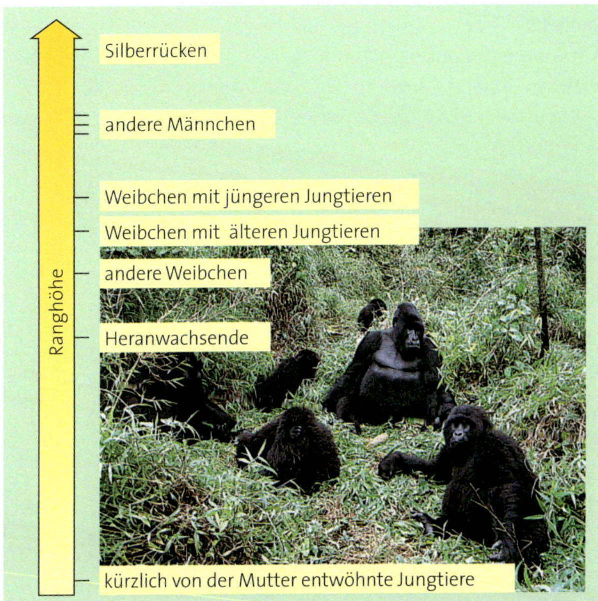

3 *Rangordnung in einer Gorillagruppe*

Aggressionskontrolle durch Territorialität

Ein *Revier* oder *Territorium* ist ein Gebiet, das von Tieren markiert und mittels Droh- und Kampfverhalten meist gegen Artgenossen verteidigt wird. Davon zu unterscheiden ist das *Streifgebiet*, in dem sich Tiere durchaus regelmäßig aufhalten, aus dem Artgenossen aber nicht vertrieben werden. Oft ist dies ein neutraler Raum zwischen Territorien oder ein Gebiet, das eine nur selten vorkommende natürliche Ressource wie eine Wasserstelle enthält und dessen Verteidigung nicht möglich oder zu aufwendig wäre. Territorialität oder Revierverhalten kommt bei Wirbeltieren aller Klassen, bei Insekten und vereinzelt auch bei Spinnen und Krebsen vor.

Bedeutung des Reviers. Der Besitz eines Reviers spielt beim Nahrungserwerb, der Paarung und Jungenaufzucht oder einer Kombination dieser Aktivitäten eine wichtige Rolle. Es sichert seinem Inhaber, also einem Individuum, einem Paar oder einer Gruppe, exklusive Nutzungsmöglichkeiten, ohne dass Artgenossen dauernd stören. Insgesamt gesehen wird die Zahl der kämpferischen Auseinandersetzungen, selbst die Häufigkeit des Drohverhaltens zeitlich eingeschränkt und Aggressionsschäden können vermieden werden. Auch der Fortpflanzungserfolg des Besitzers wird erhöht.

Energetische Aspekte der Territorialität. Obwohl den genannten Vorteilen auch Nachteile wie zum Beispiel ein erhöhter Energieaufwand für Verteidigung gegenüberstehen, ist die Kosten-Nutzen-Bilanz für den Revierinhaber in der Regel positiv.

Quantitativ konnte dies am Sichelnektarvogel nachgewiesen werden. Der in Afrika vorkommende Blütenbesucher eignet sich gut für derartige Betrachtungen, weil sich der Energiegehalt seiner Nahrung sowie sein Energieumsatz bei verschiedenen Tätigkeiten gut ermitteln lässt. So verbrauchen diese Vögel für die Nektarsuche ca. 4 200 J/h, für die Revierverteidigung ca. 12 600 J/h und beim Sitzen ca. 1 680 J/h. Die Tiere sind nicht territorial, wenn die Nektarproduktion in den Blüten überall gleich ist. Ist diese auch nur innerhalb eines Tages an verschiedenen Stellen unterschiedlich hoch, verteidigen die Vögel ein bestimmtes Areal. Berechnungen auf der Grundlage des Energieverbrauchs haben ergeben, dass ein Tier pro Tag acht Stunden für die Nahrungssuche aufwenden muss, um bei einem Nektarangebot von 1 µl pro Blüte seinen Energiebedarf zu decken. Sind es 3 µl, muss der Vogel nur noch 2,7 Stunden aufwenden. Verteidigt der Sichelnektarvogel die Blüten, so steht ihm dadurch ein größeres Nektarvolumen pro Blüte zur Verfügung, da diese nicht von anderen Vögeln ausgebeutet werden. Selbst bei einem Zeitaufwand von über einer Stunde pro Tag für die Revierverteidigung resultiert trotz der erhöhten Kosten ein Energiegewinn.

Reviertypen. *Nahrungs- und Fortpflanzungsreviere* sind die häufigsten Formen. Beide können räumlich identisch, aber auch getrennt sein. In den gemäßigten Breiten sind viele Tierarten nur während einer Jahreszeit territorial. *Dauerreviere* sind hier nur von wenigen Arten wie von Fuchs und Dachs bekannt, kommen in den Tropen aber oft vor.

Reviergröße. Normalerweise sind Territorien ortsfest. Ihre Größe ist bis zu einem gewissen Grad artspezifisch, kann jedoch auch individuell schwanken. So ändern Kornweihen die Reviergröße in Abhängigkeit von der Nahrungsverfügbarkeit (▶ Bild 1). Die Körpergröße und das Ernährungsverhalten des betreffenden Inhabers beeinflussen die Territoriumsgröße ebenfalls. Reine Brut- oder Balzreviere sind kleiner als Nahrungsreviere.

Reviermarkierung. Damit ein Revier seine spezifischen Funktionen erfüllen kann, muss es als solches kenntlich gemacht werden. Das kann auf unterschiedliche Weise und über mehrere Sinnesmodalitäten geschehen (▶ S. 106). Die *akustische Revierkennzeichnung* ist bei Vögeln weit verbreitet, bei Säugetieren eher selten. Zu den wenigen Beispielen gehören das Röhren der Rothirsche, die Rufe der Gibbons oder das Heulen der Wölfe. Säugetiere grenzen ihr Territorium häufig mithilfe von Duftstoffen ab. Für diese *olfaktorische Markierung* verwenden sie entweder vom Körper abgeschiedene Stoffe, wie den Kot bei Flusspferden oder den Harn bei hunde- und katzenartigen Raubtieren, oder in speziellen Duftdrüsen produzierte Substanzen (▶ Bild 2). Da die chemische Zusammensetzung solcher Sekrete individuell variiert, können sich die Tiere einer Gruppe sogar untereinander erkennen. Von manchen Fischarten ist *elektrische Reviermarkierung* bekannt. Einige Tierarten patrouillieren häufig entlang der Reviergrenzen oder zeigen sich wie die Prachtlibellen an exponierter Stelle. Sie demonstrieren *optisch* ihre Territoriumsgrenzen.

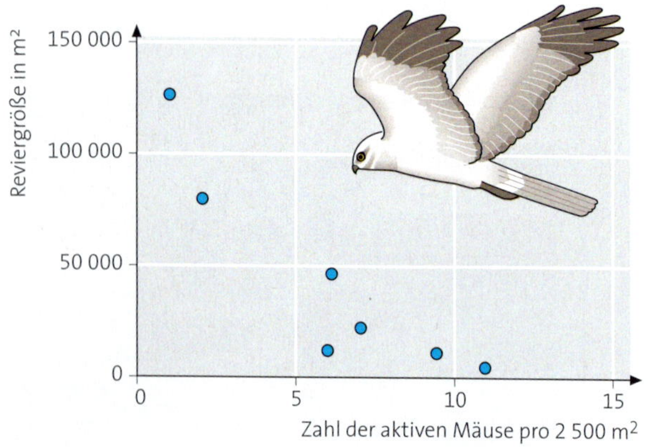

1 Reviergröße in Abhängigkeit vom Nahrungsangebot bei Kornweihen

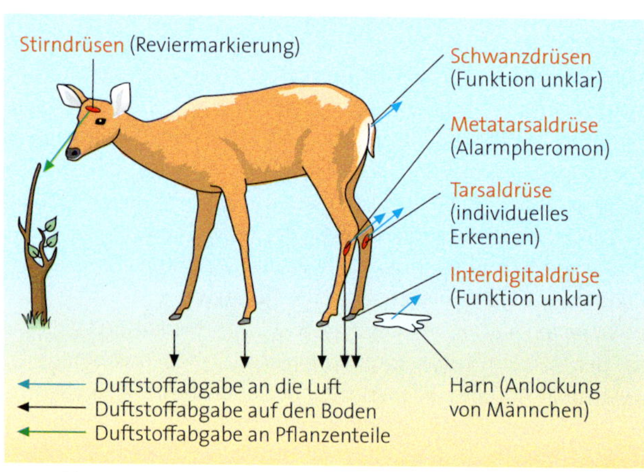

2 Weibliche Großohrhirsche geben über verschiedene Drüsen Duftstoffe an Luft, Boden und Pflanzenteile ab.

Aggression: proximate Ursachen

Es ist keine einzige Tierart bekannt, die sich generell oder auch nur meistens aggressiv verhält. Wie auf den vorangegangenen Seiten bereits gezeigt wurde, geht es bei innerartlichen Konflikten fast immer um Verteilungskämpfe angesichts knapper Ressourcen. Im Fall der Rivalenkämpfe, die zur Fortpflanzungszeit ausgetragen werden, sind paarungsbereite Weibchen die Ressource (► S. 110, Bilder 1 und 2).

Wodurch werden Aggressionen ausgelöst? Wie jede Verhaltensweise werden auch Aggressionen durch *innere* und *äußere Faktoren* ausgelöst: Physiologische Vorgänge im Körper im Zusammenwirken mit bestimmten Reizen aus der Umwelt (► S. 83) gelten auch hier.

Fragt man nach äußeren Faktoren, die aggressives Verhalten auslösen können, wird man verschiedenste Situationen finden, in denen es zu Konflikten kommt: So sind Verteilungskämpfe an frisch geschlagener Beute, wie sie sich unter Geiern oder Wölfen beobachten lassen, sehr häufig (► Bild 1). Bei sozial lebenden Tieren kommt es vor allem auch bei unklaren Rangverhältnissen zu Aggressionen. So kämpfen in Gruppen von Rhesusaffen vor allem junge erwachsene Tiere recht häufig, weil sie sich erst einen Platz in der Rangordnung „erstreiten" müssen. In stabilen Rangordnungen sind Auseinandersetzungen zwischen Rangnachbarn am häufigsten.

Viele Tiere verfügen über eine sogenannte Individualdistanz, also einen Bereich um den eigenen Körper herum, dessen Unterschreitung nicht toleriert wird (► Bild 2). Kommt es zum Beispiel infolge einer Massenvermehrung häufiger zur Unterschreitung der Individualdistanz, häufen sich auch aggressive Auseinandersetzungen. Sie können als dichteabhängige Faktoren das Wachstum einer Population begrenzen. Bei Rivalenkämpfen sind es Merkmale des Gegenübers, die das aggressive Verhalten auslösen (► Bild 3). So zeigten Attrappenversuche bei Buntbarscharten, dass bereits einzelne Merkmale wie Färbung, schwarze Male an Rücken- und Bauchflossen oder Drohverhalten aggressionsauslösend wirken und dass diese Einzelmerkmale sich in ihrer Wirkung summieren. Nicht nur das Vorhandensein, sondern auch die Orientierung bestimmter Merkmale kann von Bedeutung sein.

Endogene Ursachen. Die meisten Tierarten zeigen nur zu bestimmten Zeiten, zum Beispiel während der Balz, eine erhöhte Aggressionsbereitschaft. Als ein endogener Faktor, der die Aggressivität steuert, wurden *hormonelle Veränderungen* identifiziert (► S. 83). So erhöht das in den männlichen Keimdrüsen produzierte Hormon Testosteron die Bereitschaft zu aggressivem Verhalten. Aber auch physiologische Reaktionen, die mit *Stress* in Zusammenhang stehen, können die Aggressionsbereitschaft erhöhen.

Einzelne Beobachtungen legen den Schluss nahe, dass die *Aggressionsbereitschaft* eines Tiers während seiner *Entwicklung* beeinflusst werden kann. So weiß man von australischen Zebrafinken, die gern als Ziervögel gehalten werden, dass Männchen, die von besonders aggressiven Eltern großgezogen wurden, später ebenfalls überdurchschnittlich aggressiv sind. Austauschexperimente zeigen, dass es sich hier nicht um vererbte Eigenschaften handelt: Nachkommen „friedlicher" Männchen, die von „aggressiven" Männchen großgezogen werden, sind später ebenfalls aggressiver.

1 Aggressionen angesichts knapper Ressourcen: Fleischfresser an frisch geschlagener Beute

2 Auch Vögel, die sich im Herbst in Schwärmen sammeln, wahren ihre Individualdistanz.

3 Rivalenkampf bei Stichlingsmännchen

1 Stellen Sie eigene Beobachtungen zur Individualdistanz beim Menschen an. Beobachten Sie z. B., in welcher Reihenfolge die Sitzplätze in öffentlichen Verkehrsmitteln besetzt werden.

2 Überlegen Sie sich eine Versuchsreihe, mit deren Hilfe Sie feststellen können, welche Merkmale bei Stichlingsmännchen aggressionsauslösend wirken.

Aggression: ultimate Ursachen

Aggression: nützlich oder gefährlich? Wer nach den *ultimaten Ursachen von aggressivem Verhalten* fragt, möchte wissen, wie Aggressivität die biologische Fitness eines Tiers verändert. Zunächst entstehen durch agressives Verhalten immer Kosten (► S. 110). So sind zum Beispiel die Brunftkämpfe der Rothirsche sehr energieaufwendig. Bei Beschädigungskämpfen besteht zudem eine Verletzungsgefahr. Und Verletzungen sind in freier Natur lebensgefährlich. Wie kann es zur biologischen Fitness beitragen, solche Risiken einzugehen?

Ein genetisch determiniertes Verhalten hat nur dann Bestand, wenn ein Tier auch Nachkommen zeugt. Besteht beispielsweise eine harte Konkurrenz um Weibchen, wird ein friedfertiges Männchen, das jeder Auseinandersetzung aus dem Weg geht, zwar unverletzt bleiben, es wird seine genetischen Anlagen zur Friedfertigkeit aber nicht an die nächste Generation weitergeben können, weil es keine Chance zur Paarung bekommt.

Spieltheorie und Verhaltensforschung. Diese Vorüberlegungen zeigen, dass sich der ultimate Nutzen aggressiven Verhaltens nur dann abschätzen lässt, wenn es möglich ist, Kosten und Nutzen solcher Verhaltensweisen zu quantifizieren. Genau diesen Ansatz verfolgte der Evolutionsbiologe JOHN MAYNARD SMITH, der das Konzept der *Spieltheorie* zur Bewertung von Verhaltensstrategien bei Tieren eingesetzt hat. Die Spieltheorie bietet mathematische Methoden für die Analyse von Entscheidungen, bei der die optimale Strategie auch vom Verhalten anderer abhängt. Solche Wettbewerbssituationen sind im Sozialverhalten häufig. Am Beispiel von Rivalenkämpfen hat SMITH berechnet, welches Verhalten den höchsten Nutzen erbringt und sich daher im Lauf der Evolution durchsetzen sollte.

Taube oder Falke? Ursprünglich wählte SMITH zwei alternative Verhaltensstrategien, die ein Tier bei einem Kampf zeigen könnte: Die *Falkenstrategie* besteht darin, den Gegner zu verletzen oder zu töten und dabei das Risiko in Kauf zu nehmen, selbst verletzt zu werden. Mithilfe der Spieltheorie kann man den möglichen Ergebnissen einer solchen Auseinandersetzung Zahlenwerte zuordnen, die ein Maß für den Gewinn oder den Verlust biologischer Fitness darstellen. Konkret: Wer einen Kampf gewinnt, erhält 50 Punkte, wer verliert, erhält 0 Punkte und wer verletzt wird, wird mit −100 Punkten gestraft. Treffen zwei Rivalen aufeinander, die nach der Falkenstrategie kämpfen, ist sicher, dass ein Kontrahent verletzt wird und −100 Punkte erhält und dass der andere Rivale gewinnt und dafür 50 Punkte bekommt. Im statistischen Mittel liegt die Chance zu gewinnen bei 50 %. Durchschnittlich können Tiere, die nach der Falkenstrategie kämpfen mit einer Bilanz von −25 Punkten abschließen (► Bild 1). Die Frage ist also berechtigt, ob es nicht noch geeignetere Strategien für Konflikte gibt.

SMITH entwickelte daher die *Taubenstrategie*, bei der die Rivalen einander nur imponieren und bedrohen, jede ernsthafte Auseinandersetzung aber vermeiden. Auch bei diesem Spiel soll der Sieger 50 Punkte, der Verlierer 0 Punkte erhalten. Die energetischen Kosten und der Zeitaufwand für das Drohen sollen mit −10 Punkten zu Buche schlagen. Aus diesen Daten lässt sich berechnen, dass Kämpfer, die die Taubenstrategie verfolgen, durchschnittlich mit einem Zugewinn von 15 Punkten aus den Kämpfen hervorgehen (► Bild 1).

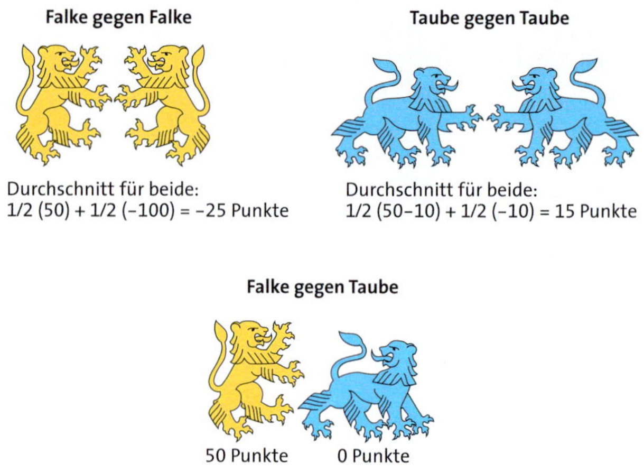

1 Spieltheorie der Aggressionen: Punktezuteilung bei Konfrontationen zwischen Kämpfern nach der Tauben- und Falkenstrategie

Man sollte also davon ausgehen können, dass in der Natur die Taubenstrategie häufiger anzutreffen ist als die Falkenstrategie. Was aber, wenn in einer Population von „Tauben" durch Mutation plötzlich Tiere auftauchen, die nach der Falkenstrategie kämpfen? Laut Spieltheorie geht aus einem Kampf zwischen einer „Taube" und einem „Falken" immer der „Falke" als Sieger hervor, denn „Tauben" gehen ernsthaften Kämpfen aus dem Weg. Im Kampf gegen „Tauben" erhalten „Falken" also einen Fitnessgewinn von 50 Punkten. Das ist deutlich mehr, als die durchschnittlich 15 Punkte, die „Tauben" bei Kämpfen untereinander erzielen. Es ist daher zu erwarten, dass Kämpfer nach der Falkenstrategie sich in einer reinen Taubenpopulation zunächst einmal stark vermehren. Das Rechenmodell sagt aber auch voraus, dass ein stabiles Gleichgewicht zwischen Falken- und Taubenstrategie erreicht wird, nämlich dann, wenn das Risiko eines „Falken", in einem Rivalenkampf auf einen weiteren „Falken" zu treffen, einen bestimmten Wert übersteigt. Mit anderen Worten: Die Falkenstrategie ist nur dann erfolgreich, wenn sie relativ selten vorkommt.

Die Bourgeoisstrategie: eine evolutionsstabile Strategie. Die beiden bis hier vorgestellten Verhaltensstrategien sind völlig unflexibel. Sie gehen davon aus, dass sich die Kontrahenten in jeder Situation gleich verhalten. Eine situationsangepasste Strategie wäre, sich als Revierbesitzer wie ein Falke zu verhalten, als Eindringling in ein fremdes Territorium aber wie eine Taube. SMITH nannte eine solche Strategie *Bourgeoisstrategie*. Bei Kämpfen untereinander besteht hier kein Verletzungsrisiko, weil der Angreifer vorher flieht. Wenn ein Tier, das nach der Bourgeoisstrategie kämpft, in der Hälfte der Fälle der Angreifer ist, beträgt sein durchschnittlicher

Angreifer	Gegner		
	Falke	Taube	Bourgeois
Falke	−25	50	12,5
Taube	0	15	7,5
Bourgeois	−12,5	32,5	25

1 Bourgeoisstrategie beim Waldbrettspiel: kommt es zum Kampf, gewinnt immer der Revierbesitzer.

Fitnessgewinn 25 Punkte. In eine Bourgeoispopulation eindringende Tauben oder Falken könnten gegen die Bourgeois durchschnittlich nur 7,5 bzw. 12,5 Punkte erzielen (▶ Tabelle). Daraus folgt, dass die Bourgeoisstrategie durch keine andere Verhaltensstrategie verbessert werden kann. Tauchen durch Mutation andere Strategien auf, werden sie von der Selektion wieder eliminiert. Eine solche Verhaltensstrategie nennt man daher *evolutionsstabile Strategie*.

Welche Form der Aggression ist die ultimativ beste? Die hier geschilderten Verhaltensstrategien sind grobe Vereinfachungen. Es handelt sich dabei um Rechenmodelle, nicht um die Beschreibung von tatsächlich beobachtbarem Verhalten. Allerdings kommt die Bourgeoisstrategie in einigen Fällen tatsächlich in der Natur vor. Ein Beispiel hierfür ist das Waldbrettspiel. Dieser Tagfalter ist territorial und verteidigt kleine sonnige Flecken an Waldwegen. Revierbesitzer können in kurzen Kämpfen jeden Eindringling vertreiben. Fängt man einen Revierbesitzer weg, wird das Revier bald neu besetzt. Lässt man nun den gefangenen Schmetterling wieder frei, kann dieser ehemalige Revierbesitzer – nun in der Rolle des Angreifers – sein Revier nicht mehr zurückerobern (▶ Bild 1).

Trotz des Modellcharakters der Spieltheorie hat sie große Fortschritte für die Verhaltensbiologie gebracht. Sie liefert ein Denkmodell, mit dessen Hilfe Kosten und Nutzen einer Verhaltensweise gegeneinander abgewogen werden können. So kann man beispielsweise davon ausgehen, dass Verletzungskämpfe (also die Falkenstrategie) bei Tierarten, die potenziell gefährliche Waffen tragen, eher nicht vorkommt, weil das Verletzungsrisiko hier unverhältnismäßig hoch ist. Beispielsweise setzen Oryxantilopen ihre spießartigen Hörner niemals in Rivalenkämpfen ein (▶ Bild 2) und auch Klapperschlangen tragen ihre Rangkämpfe ritualisiert und ohne ihre Giftzähne aus. Bei Arten dagegen, bei denen die Weibchen nicht leicht oder jeweils nur für kurze Zeit zugänglich sind, sollte man Kämpfe nach der Falkenstrategie erwarten. Denn hier muss man den möglichen Gewinn extrem hoch ansetzen: Schließlich könnte sich für ein Männchen nur einmal im Leben die Chance bieten, sein Genmaterial in die nächste Generation einzubringen. Männliche Feigenwespen beispielsweise kämpfen bis auf den Tod um eine Gelegenheit, sich mit den Weibchen im Innern einer unreifen Feige zu paaren. In einer Feige fand man 15 Weibchen, 42 tote Männchen und 12 überlebende Männchen.

Die Frage nach der ultimaten Ursache aggressiven Verhaltens lässt sich also so beantworten: Es geht in aggressiven Auseinandersetzungen immer wieder um innerartliche Konkurrenz im Wettbewerb um knappe Ressourcen. Mit welchen Mitteln diese Auseinandersetzungen ausgefochten werden, ist artspezifisch verschieden, es handelt sich aber immer um Verhaltensstrategien, die im Lauf der Evolution optimiert wurden.

---

1 Recherchieren Sie zum Begriff „Gefangenendilemma". Erläutern Sie an diesem Beispiel die wesentlichen Charakteristika der Spieltheorie. Machen Sie deutlich, wo Gemeinsamkeiten zu den hier beschriebenen Rivalenkämpfen bestehen.

2 In seinen Modellen hat SMITH für alle Tierarten dieselben Punktezuteilungen vorgenommen. Bewerten Sie diese Vorgehensweise vor dem Hintergrund der hier geschilderten Beispiele.

2 Beim ritualisierten Kommentkampf der Oryxantilopen kommen die gefährlichen Hörner nicht zum Einsatz.

Geschlechterbeziehungen

Bei der geschlechtlichen Fortpflanzung sind nicht nur die Fitnessinteressen eines Individuums berührt, sondern auch die des Geschlechtspartners. Obwohl prinzipiell jeder Artgenosse ein Konkurrent ist, müssen Angehörige verschiedener Geschlechter bei der Fortpflanzung miteinander kooperieren. Die verschiedenen Aspekte des Fortpflanzungsverhaltens sind soziobiologisch von besonderem Interesse, da sich die Fitness eines Individuums in der Zahl der Nachkommen ausdrückt.

Zusammenführung der Geschlechter. Leben die Geschlechter einer Art nicht paarweise zusammen, müssen sie zur Paarung zusammenfinden. Dabei lockt mit Ausnahme vieler Insektenarten in der Regel das Männchen die Partnerin an. Verschiedene Sinnesmodalitäten werden eingesetzt:

Besonders häufig ist die *optische Anlockung* wie zum Beispiel durch das farbige Gefieder bei Vögeln oder die Lichtsignale bei Glühwürmchen. Der Vogelgesang, die Rufe der Froschlurche oder das Zirpen der Grillen und Zikaden dienen unter anderem der *akustischen Anlockung* eines Geschlechtspartners. Bei vielen Insekten- und manchen Säugetierarten spielt auch die Anlockung *mithilfe von Duftstoffen* eine Rolle.

Im Rahmen des Balzverhaltens ist oft eine Sequenz von Erbkoordinationen als komplexes artspezifisches Balzritual zu beobachten. Dieses gewährleistet den Partnern nicht nur, dass das andere Tier der gleichen Art und dem anderen Geschlecht angehört, sondern auch im richtigen physiologischen Zustand für eine Paarung ist.

Innergeschlechtliche Konkurrenz und Partnerwahl. Männliche Ochsenfrösche konkurrieren durch Rufe und Ringkämpfe um die besten Reviere in Tümpeln und kleinen Seen. Qualitätsmerkmale eines Territoriums sind beispielsweise die Wassertemperatur und die Vegetationsdichte. Beide Faktoren sind für die Entwicklung der Embryonen von Bedeutung. Im warmen Wasser entwickeln sich die Eier schnell und sind somit der Gefährdung durch Egel nur kurze Zeit ausgesetzt. Bei schwachem Pflanzenbewuchs ist der Laich kugelförmig angeordnet, ansonsten in Form einer dünnen Schicht. Im ersten Fall wird er von Egeln nicht so leicht befallen. Die größten und stärksten Männchen erobern die besten Plätze und werden auch von den Weibchen bevorzugt ausgewählt (► Bild 2).

1 *Männliche Fregattvögel blasen ihren roten Kehlsack während der Balz ballonartig auf.*

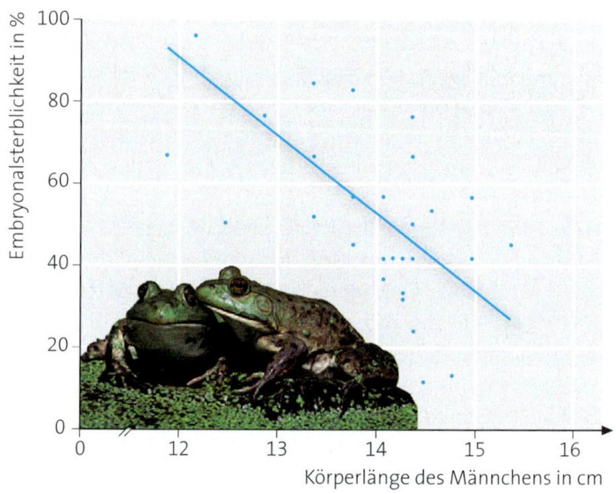

2 *Weibchen bevorzugen große Männchen, in deren Territorium geringe Embryonensterblichkeit herrscht.*

Um sich fortpflanzen zu können, müssen die Männchen ein qualitativ gutes Territorium erobern und dies akustisch anzeigen. Die Kosten, die ein Individuum dafür und damit auch für die Überlebenschancen der eigenen Nachkommen aufwendet, werden als *Investment* bezeichnet. Für die Fitness der Weibchen ist es wichtig, im Sinne der Fortpflanzung eine sorgfältige Partnerwahl zu treffen. Dies ist zum Beispiel über die Anzahl der Rufe eines Männchens, die mit dessen Körpergröße positiv korreliert ist, möglich.

Eine andere Form, väterliches Investmentvermögen zu demonstrieren, ist das Präsentieren von „Geschenken". Bei Mückenhaften, einer Insektenart, fangen die Männchen eine Fliege oder Spinne und bieten sie einem angelockten Weibchen an. Fängt dieses an zu fressen, beginnt das Männchen mit der Kopulation. Ist die Beute groß genug, dauert die Paarung im Mittel 23 Minuten, ansonsten wird sie vom Weibchen innerhalb von 5 Minuten abgebrochen. Da die Zahl der übertragenen Samenzellen von der Kopulationsdauer abhängt (► S. 117, Bild 1), haben die Männchen, die eine große Beute anbieten, einen Fitnessvorteil.

Sexuelle Selektion. Die Fähigkeiten der Männchen, ein Weibchen für sich zu gewinnen, unterliegen einem starken Selektionsdruck. Diese sexuelle Selektion kann auf zweierlei Weise wirksam werden:

- als intrasexuelle Selektion, wenn die Männchen zum Beispiel in Kämpfen direkt miteinander konkurrieren;
- als intersexuelle Selektion, wenn die Weibchen anhand bestimmter Merkmale unter den Männchen auswählen.

In der Regel wirken beide Selektionstypen zusammen. So dienen etwa die Rufe der Ochsenfrösche sowohl zur Revierverteidigung gegenüber anderen Männchen als auch zur Anlockung eines Weibchens.

Die Stärke der sexuellen Selektion kann ganz verschieden sein. Sie ist bei einem ausgeglichenen Geschlechterverhältnis reduziert. Können sich aber wegen zeitversetzter Fortpflanzungsperioden der Weibchen nur wenige Männchen paaren, ist die Paarungskonkurrenz sehr hoch und die Selektion wirkt intensiv. Neben dem Geschlechterverhältnis spielt auch der Umfang der elterlichen Leistungen bei der Jungenaufzucht für die Stärke der sexuellen Selektion eine Rolle.

Paarungssysteme. Art und Dauer des Zusammenschlusses von Männchen und Weibchen sind sehr unterschiedlich (► Bild 2). Man spricht von *Monogamie*, wenn ein Männchen und ein Weibchen dauerhaft – zumindest für eine Fortpflanzungsperiode – sexuelle Beziehungen miteinander haben. Daneben sind verschiedene *polygame Formen* bekannt. Bei der *Polygynie* hat ein Männchen, bei der *Polyandrie* ein Weibchen jeweils zu mehreren Individuen des anderen Geschlechts dauerhafte Beziehungen. Haben sowohl Männchen als auch Weibchen sexuelle Kontakte mit mehreren Partnern, spricht man von *Polygynandrie* oder *Promiskuität*.

Ein wichtiger *ultimater Faktor* für die Evolution der Paarungssysteme sind die Bedürfnisse der Jungen. Vögel, die ihre Jungen nach dem Schlüpfen versorgen, sind oft monogam. In diesem Fall sind beide Elternteile an der Jungenaufzucht beteiligt, wodurch sich die Überlebenschancen der Jungen erhöhen. Bei Säugetieren ist Muttermilch zeitweise die einzige Nahrung der Jungen und die Männchen sind an der Jungenaufzucht häufig kaum beteiligt. Oft schart dann ein Männchen einen Harem von Weibchen um sich und paart sich mit vielen von ihnen. Zusammenhänge zwischen Paarungssystemen, Lebensbedingungen und Lebensweisen sind zwar bekannt, bedürfen aber für eine Verallgemeinerung noch weiterer Forschung.

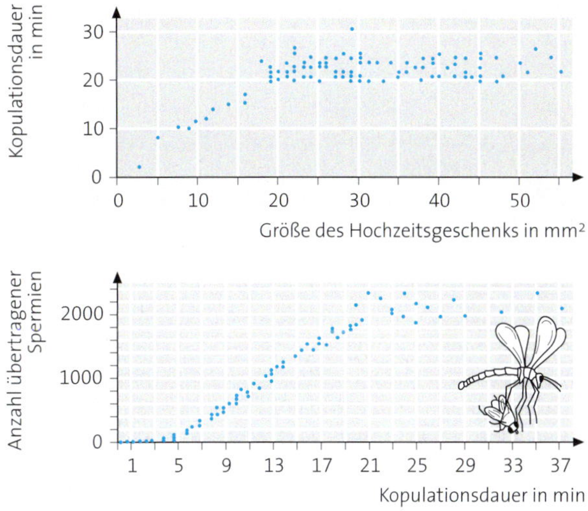

1 Die Größe des Hochzeitsgeschenks beim Mückenhaft beeinflusst die Kopulationsdauer und damit die Anzahl übertragener Spermien.

❶ Erläutern Sie, inwiefern die Investition in die Nachkommen bei Weibchen oft deutlich größer ist als bei Männchen.

❷ Ein Investieren in Balzverhalten und Konkurrenzstreitigkeiten ist mit Kosten und eventuell auch mit Nutzen verbunden. Erläutern Sie dies an einigen Beispielen.

❸ Ein weiterer Faktor, der die Art des Paarungssystems und die elterliche Fürsorge beeinflusst, ist die Gewissheit über die Vaterschaft. Diskutieren Sie diese Hypothese unter soziobiologischen Gesichtspunkten.

2 Paarungssysteme bei Gibbons, Schimpansen und Orang-Utans

Kosten-Nutzen-Analyse des Fortpflanzungsverhaltens

Wenn sich – dem Konzept der Soziobiologie gemäß – der Anpassungswert des Sozialverhaltens vor allem am *Fortpflanzungserfolg* von Individuen und ihrem Genotyp messen lässt, müsste das Fortpflanzungsverhalten dieses Konzept ganz unmittelbar widerspiegeln. Tatsächlich erweisen sich Kosten-Nutzen-Analyse und Optimierungsmodelle als erfolgreiche Instrumente, um beispielsweise für komplexe Paarungssysteme (► S. 117) oder lange Zeit rätselhafte Verhaltensweisen wie das Töten von Jungtieren ultimate Erklärungen zu finden.

Paarungssystem der Heckenbraunelle. Die Heckenbraunelle, ein häufiger heimischer Singvogel (► Bild 1) dichter Gebüsche, verhält sich – wie DNA-Tests belegen – nicht monogam, sondern weist ein *variables Paarungssystem* auf. Indem man für jede Form der Verpaarung die Anzahl erfolgreich erbrüteter Jungen ermittelt (► Tabelle), lässt sich die Wirkung der jeweiligen Partnerbeziehung auf die Fitness beider Geschlechter ermitteln. Monogame Paare ziehen durchschnittlich etwa fünf Junge auf. Verpaart sich ein Weibchen gleichzeitig mit einem zweiten Männchen, kann es im Schnitt mehr Junge aufziehen, als wenn es monogam wäre. Dies trifft aber nur zu, wenn sich das zweite Männchen auch an der Jungenaufzucht beteiligt. Das Weibchen hat bei dieser kooperativen Polyandrie eine höhere Fitness, jedes Männchen aber eine niedrigere als bei monogamem Verhalten. Bei polygynen Gruppen zeigt sich ein umgekehrtes Bild: Weibchen haben im Mittel nur 3,8 flügge Junge, polygyne Männchen dagegen 7,6. Bei Polygynandrie ist der Fortpflanzungserfolg für die Weibchen und die Männchen geringer als bei Monogamie.

Die größte Fitness erzielen die Geschlechter also bei unterschiedlichem Paarungsverhalten. Dies erklärt auch, warum sich beispielsweise die Weibchen sehr aggressiv gegenüber anderen Weibchen verhalten oder die Männchen andere Männchen vertreiben.

Infantizid. Bei einer ganzen Reihe von Vögeln, Nagetieren, Raubtieren und Primaten kommt es vor, dass Neugeborene und junge Tiere von Männchen derselben Art getötet werden. Da die *Tötung von Artgenossen* die Erhaltung der Art gefährden könnte, nahm man früher an, dass es eine angeborene Tötungshemmung gegenüber Artgenossen gibt, und erklärte eine solche *Kindstötung (Infantizid)* mit bestimmten Extremsituationen.

Bei den besonders gut untersuchten Hanuman-Languren (► Bild 2) töten Männchen nach Übernahme einer aus mehreren Weibchen bestehenden Gruppe häufig die vom Vorgänger gezeugten sehr jungen Tiere. Es lässt sich dann beobachten, dass die Mütter der getöteten Jungtiere sehr schnell wieder empfängnisbereit werden. Vaterschaftstests belegen, dass der Täter zu einem hohen Prozentsatz der Vater der nächsten Neugeborenen ist. Da ein Männchen in der Regel nur für kurze Zeit eine Gruppe führt und damit auch die Möglichkeit zur Fortpflanzung hat, erhöht es durch den Infantizid seinen relativen Fortpflanzungserfolg. Diesem Nutzen stehen die Kosten für das Erringen der Dominanz über die Gruppe sowie für deren Verteidigung gegenüber.

Die Weibchen investieren hohe Kosten in das Austragen und Aufziehen der Jungen, haben also von einem Infantizid keinerlei Nutzen. In solchen Fällen ist zu erwarten, dass sich *evolutive Gegenstrategien* entwickeln, um die Verluste zu minimieren. Bei den Languren versucht das einzelne Weibchen sein Junges zu schützen, ist aber allein gegen das Männchen chancenlos.

Bei Löwen kommt es in ähnlichen Situationen ebenfalls zu Infantizid. Löwinnen haben aber eine durchaus wirksame Strategie: Sie leben ebenfalls in Rudeln, ziehen ihre Jungen aber gemeinsam groß und verteidigen diese gegen neue Rudelführer. Außerdem kommt es bei der Übernahme eines Rudels durch ein anderes Männchen zum Absterben von Feten, wodurch die Weibchen ihre Kosten minimieren.

1 Heckenbraunelle

	Anzahl flügger Jungen pro Saison		
	pro Weibchen	pro Erstmännchen	pro Zweitmännchen
Monogamie	5,5	5,5	–
Kooperative Polyandrie	7,8	4,7	3,1
Polygynie	3,8	7,6	–

2 Hanuman-Languren

1 Wird ein Löwenrudel von mehreren Männchen geführt, paaren sich die Löwinnen mit allen. Diskutieren Sie, inwieweit dieses Verhalten das Investment der Männchen in die Jungenaufzucht beeinflussen kann.

Methoden zur Untersuchung menschlicher Verhaltensweisen

1 Schwimmender Markt, Thailand. Vergleiche verschiedener Kulturen liefern wichtige Informationen über menschliche Verhaltensweisen.

Sowohl die körperlichen Merkmale des Menschen als auch sein Verhalten sind Ergebnisse der Evolution. Dies gilt nicht nur für die in verschiedenen Funktionskreisen erkennbaren angeborenen Komponenten, sondern auch für das erlernte Verhalten.

Erkenntnisse der Biologie über das menschliche Verhalten sind für viele Fachbereiche von Bedeutung, beispielsweise für Psychologie, Pädagogik, Soziologie, Rechtswissenschaft, Politik und Philosophie. Zudem stehen viele Aspekte unseres Zusammenlebens damit in unmittelbarem Zusammenhang.

Komplexität des menschlichen Verhaltens. Entscheidende Unterschiede zum Verhalten von Tieren sind vor allem auf die *Größe und Leistungsfähigkeit des menschlichen Gehirns* sowie die Existenz einer kulturellen Evolution zurückzuführen. So ist der Mensch zu sehr komplexem Verhalten befähigt: Er kann seine Reaktionen auf Reize in weitem Maß steuern. Zudem ist er in der Lage, Reize innerlich zu verarbeiten, ohne mit einem nach außen gerichteten Verhalten zu reagieren, und kann mit einer Vielzahl erlernter Verhaltensweisen reflektiert handeln.

Zur Analyse des menschlichen Verhaltens bedarf es vielfältiger spezifischer Methoden der Biologie und der Psychologie. Da selbstverständlich jedes Experiment unterbleiben muss, das zu einer Schädigung der Versuchspersonen führt, sind Untersuchungen methodisch deutlich eingeschränkt. Auch können Fragestellungen zum Verhalten des Menschen oft weniger vollständig beantwortet werden als erwartet, weil dieses sehr komplex ist.

Primatenvergleich. Das Wissen um die stammesgeschichtliche Herkunft und die auf ihr beruhende *abgestufte Ähnlichkeit* der biologischen Merkmale einer Organismengruppe begründen diesen Forschungsansatz.

Man vergleicht hier die Verhaltensweisen verschiedener Primaten mit denen des Menschen. Besonders geeignet für diese Untersuchungen sind die mit dem Menschen am nächsten verwandten Menschenaffen. Mit Methoden der Evolutionsbiologie (▶ S. 14) lassen sich auch Homologien im Verhalten auffinden und einige menschliche Verhaltensweisen auf ihre stammesgeschichtliche Herkunft zurückführen (▶ Bild 2).

Beobachtung der kindlichen Entwicklung. Eine Fülle von Erkenntnissen über die *Anlagen und die Entwicklung* des menschlichen Verhaltens verdanken wir systematischen Untersuchungen der frühkindlichen Entwicklung, besonders zu Wahrnehmung, Lernen, Denken und Spracherwerb. Viele dieser Forschungsarbeiten entstanden aus der uralten Kontroverse um die Bedeutung von Anlage und Umwelt für unser Verhalten. Ihre mit immer mehr verfeinerten Methoden gewonnenen Ergebnisse lassen heute erkennen, dass in der Verhaltensentwicklung des Menschen genetische Faktoren und Umweltfaktoren äußerst kompliziert ineinander verwoben sind.

Kulturenvergleich. Die Erforschung von Naturvölkern sowie der Vergleich zwischen *verschiedenen Kulturen* (▶ Bild 1) *und Gesellschaftsstrukturen* erlauben Aussagen über universale und tradierte Verhaltensmuster, deren Ausprägungsformen und Wirkungen.

Auch die Hypothese, ob sich Änderungen im Lebensstil genetisch manifestieren, scheint überprüfbar. So zeigen beispielsweise Völker, die traditionell von der Jagd leben, keine Lactosetoleranz. Diese ist aber bei den meisten Erwachsenen anderer Völker, die von Milchprodukten leben, vorhanden.

Erhebung von Daten. Viele Beschreibungen von menschlichen Verhaltensweisen basieren auf schriftlich fixierten Beobachtungen oder Auswertungen von Filmaufnahmen. Solche Vorgehensweisen sollten möglichst das *ungestellte Verhalten im normalen Kontext* dokumentieren. Eingesetzt werden auch aus der psychologischen Forschung bekannte multivariante Methoden, bei denen an einem Untersuchungsobjekt gleichzeitig mehrere Variablen erfasst werden.

Häufig kommt es auch zum Einsatz von Fragebögen, da der Mensch hinsichtlich seiner Verhaltensweisen und deren Intentionen befragt werden kann.

2 „Stummes Zähnezeigen" als homologe Ausdrucksform zum menschlichen Lächeln: A Meerkatze, B Makak, C Schimpanse, D Mensch

Angewandte Verhaltensbiologie: angeborene Schemata im menschlichen Verhalten

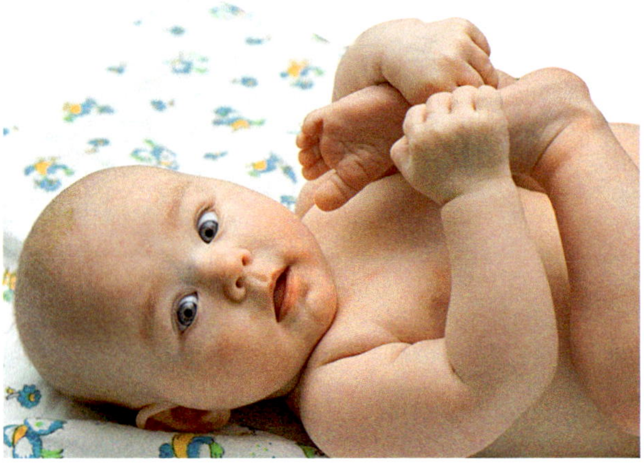

1 *Kindchenschema beim Menschen*

3 *Eisbärbaby im Nürnberger Zoo*

Kindchenschema. Babys werden als „süß" empfunden und lösen bereits bei Kindern ab drei Jahren, besonders aber bei Erwachsenen unabhängig vom Verwandtschaftsgrad ein *Fürsorgeverhalten* aus. Verantwortlich dafür ist eine Kombination an Merkmalen, für die KONRAD LORENZ die Bezeichnung *Kindchenschema* einführte: große Kulleraugen, Pausbacken, Stupsnase, kleines Kinn und im Vergleich zum gesamten Körper großer runder Kopf mit ausgeprägter Stirn (► Bild 1). Ein entsprechendes Aussehen signalisiert Schwäche und Hilfsbedürftigkeit und ist evolutionsbiologisch für die Babys von großer Bedeutung, denn gerade Eltern werden dadurch zum Schutz- und Pflegeverhalten angeregt.

Mithilfe von Attrappenversuchen und dem Einsatz computertomografischer Verfahren konnte nachgewiesen werden, dass die Aktivität einer bestimmten Hirnregion zunimmt, je mehr eine Attrappe dem Kindchenschema ähnelte. Beim Betrachten von Erwachsenenporträts zeigte sich dagegen keine Aktivität. Ändern sich die kindlichen Proportionen mit zunehmendem Alter (► Bild 2), so schwächt sich auch das Fürsorgeverhalten ab.

Kindchenschema in Werbung und Vermarktung. Die über das Kindchenschema assoziierten, positiv bewerteten Gefühle wirken allgemein und auch in Bereichen, die nichts mit der ursprünglichen biologischen Bedeutung zu tun haben. So wird das Kindchenschema in vielen Lebensbereichen zu Marktzwecken ausgenutzt. Bestimmte Produkte verkaufen sich nachweislich besser bei Verwendung eines Babybilds oder wenn sie unter Verwendung der Merkmale des Kindchenschemas gezielt niedlich gestaltet werden. Gleiches gilt auch bei der Verwendung von Bildern mit Tierbabys (► Bild 3).

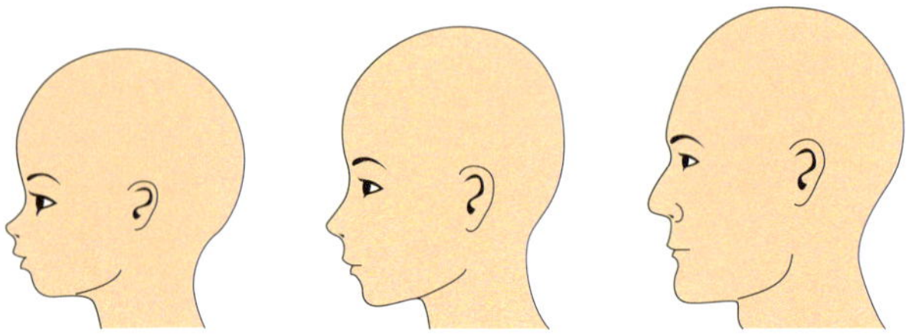

2 *Änderung der Kopfproportionen während der Entwicklung vom Säugling zum Erwachsenen*

Der Teddybär oder auch die Comicfigur Micky Maus wurden ausgehend von einem ursprünglich fast naturgetreuen Abbild eines erwachsenen Tiers immer mehr verjüngt, indem sie ein kleinkindliches Aussehen bekamen. Selbst das Styling mancher Autos wurde entsprechend der Zielgruppe gewählt: So sollen bei typischen „Frauenautos" Merkmale des Kindchenschemas besonders ausgeprägt sein, zum Beispiel große „Kuller"-Scheinwerfer oder runde Kotflügel.

Kindchenschema bei Erwachsenen. Manche Erwachsene zeigen noch ausgeprägte kindliche Gesichtsproportionen. Diese Personen werden attraktiver eingeschätzt als solche mit markanten Gesichtszügen. Sie werden mit positiven Merkmalen wie Freundlichkeit und Unschuld assoziiert.

Menschliches Sexualverhalten. Menschliches Sexualverhalten dient zwar primär der *Fortpflanzung*, ist darüber hinaus aber von großer Bedeutung für die *Bindung der Partner*. Mit Blick auf die für den Menschen entscheidende Weitergabe von tradiertem Wissen, von Normen und Werten ist sie für den Zusammenhalt eines Paars als kleinster sozialer Einheit von großer gesellschaftlicher Bedeutung. Das Sexualverhalten unterliegt daher nicht nur der biologischen, sondern auch der kulturellen Evolution, die in komplexer Weise zusammenwirken.

Beispiel Auslöser. Als Merkmale im sexuellen Kontext, die Auslöser für *angeborene geschlechtsspezifische Verhaltensweisen* sind, können beispielsweise die breiten Schultern bei Männern und die breiten Hüften bei Frauen genannt werden.

Im Rahmen einer Versuchsreihe sollten Jugendliche beiderlei Geschlechts ihre Präferenz für Silhouettenattrappen von Männern und Frauen angeben. Vor dem Einsetzen der Pubertät wurde oft die Silhouette des eigenen Geschlechts bevorzugt. Danach kehrte sich das Wahlverhalten um. Es scheinen entwicklungs- und hormonbedingte Prozesse abzulaufen, die in diesem Fall zu einer anderen Wertung der Reize führen.

In fast allen Kulturen findet man Beispiele für die Betonung *der geschlechtstypischen* Formen etwa durch Schmuck und Kleidung (► S. 121, Bild 1). In manchen Fällen ist aber auch das Gegenteil zu beobachten, nämlich dass diese Merkmale gezielt unterdrückt werden.

1 *Frau- und Mann-Schema können durch Kleidung betont werden.*

2 *Flirtsignal „hair-flip"*

Beispiel Partnerwahl. Jede Partnersuche beginnt mit einer Selbstdarstellung. Dabei ziehen die Partner durch ihr Aussehen und Verhalten Aufmerksamkeit auf sich und geben den Beobachtern die Möglichkeit einer ersten Einschätzung. Für eine erste Beurteilung der Attraktivität des anderen werden meist nur etwa fünf bis acht Sekunden benötigt. Wer weiterhin Interesse hat, muss jetzt Kontakt aufnehmen und überprüfen, ob der entstandene Eindruck dem eigenen Wunschbild von einem Partner standhält. Ein Flirt kann beginnen. Dabei spielt man sich durch den Austausch von Worten und Gesten gegenseitig Informationen zu. Beispielsweise kann eine Frau die Aktivitäten des um sie werbenden Mannes verstärken (▶ Bild 2).

Männer und Frauen zeigen bei der Partnersuche und -wahl hinsichtlich des *bevorzugten Alters* in den unterschiedlichsten Ländern weltweit Übereinstimmungen. So belegt eine in über 30 Ländern aller Erdteile durchgeführte Studie Folgendes: Männer bevorzugen in der Regel Ehefrauen, die jünger als sie sind. Frauen wünschen sich dagegen durchweg Ehemänner, die ein höheres Alter als sie selbst aufweisen (▶ Bild 3). Aus Sicht der Männer spielt die *Fruchtbarkeit der Frau* eine wichtige Rolle. Diese nimmt mit zunehmendem Alter der Frau ab. Deshalb sollten Männer aus soziobiologischer Sicht jüngere Frauen bevorzugen, die ihnen noch viele Kinder gebären können. Aus Sicht der Frauen ist das *väterliche Investment* für das Überleben der Nachkommen von Bedeutung. Sie achten deshalb besonders auf hohen Sozialstatus bei den Männern. Dieser kann unterschiedlich begründet sein. Bei Eingeborenen in Paraguay erreichen die Kinder guter Jäger häufiger das fortpflanzungsfähige Alter als diejenigen, deren Vater weniger Wild erbeuten. Bei Eingeborenenstämmen in Kenia ist die Überlebensrate der Kinder einer Frau positiv korreliert mit dem Landbesitz des Mannes. Ein solcher Zusammenhang zwischen Reichtum und Fortpflanzungserfolg findet sich in vielen Gesellschaftsformen. Auch die in den verschiedenen menschlichen Kulturen herrschenden Eheformen sind auf der Grundlage solcher Zusammenhänge im Sinne einer *Fitnessmaximierung* verständlich. In den meisten ist Polygynie erlaubt, das heißt, ein Mann hat dauerhaft Bindungen zu mehreren Frauen. Der umgekehrte Fall, also Polyandrie, ist dagegen äußerst selten.

❶ Deuten Sie folgende Beobachtungen unter soziobiologischen Gesichtspunkten:
- In vielen Gesellschaften sorgen Männer für die Kinder ihrer Schwestern.
- Eine Studie ergab, dass Eltern mit ihren eigenen Kindern seltener Auseinandersetzungen haben als mit Stiefkindern.
- Männer in modernen Industriegesellschaften, die über ein hohes Einkommen verfügen, zeugen entgegen soziobiologischer Vermutungen keine besonders große Zahl von Kindern.

❷ Erläutern Sie, wie man Attrappen gestalten und einsetzen könnte, um die Wirkung des Kindchenschemas bei verschieden alten Personen überprüfen zu können.

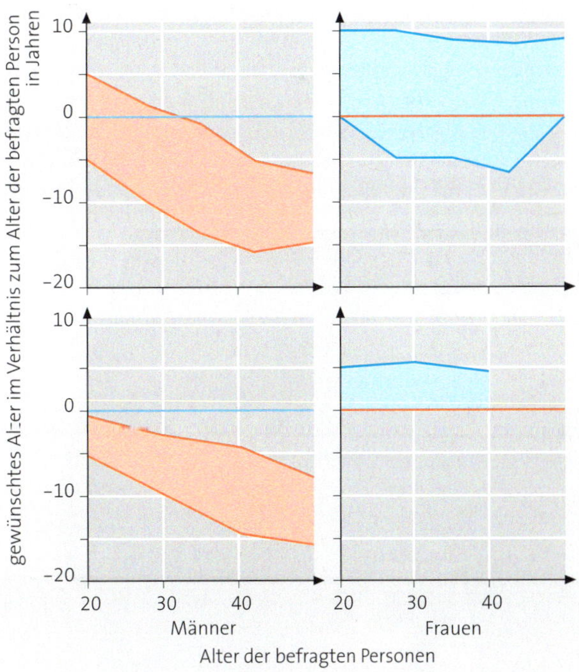

3 *Bevorzugtes Alter eines Partners bei Männern und Frauen (oben: Arizona; unten: Indien)*

Biologische Muster im zwischenmenschlichen Verhalten: Aggression und Erziehung

Die Vielfalt menschlicher Verhaltensweisen ist kaum zu überblicken. Beim Umgang miteinander lassen sich jedoch in allen Kulturen und Gesellschaften ähnliche oder übereinstimmende, mit großer Beständigkeit *wiederkehrende Muster* feststellen. Zum großen Teil sind entsprechende Verhaltensweisen auch bei nicht menschlichen Primaten zu beobachten. Sie gehören sehr wahrscheinlich zu unserer stammesgeschichtlich erworbenen biologischen Grundausstattung.

Aus der Feststellung solcher Verhaltensmuster dürfen allerdings – was als „naturalistischer Fehlschluss" immer wieder geschieht – keine Normen für das menschliche Verhalten abgeleitet werden: Grundsätzlich gilt in der Ethik, dass aus dem, was ist, nicht folgt, was sein soll. Die Fähigkeit zu bewusstem, reflektiertem Handeln als Grundlage unseres freien Willens fordert jeweils unsere individuelle Entscheidung.

Bindung. Bei einigen hoch entwickelten Tierarten konnte eine enge Bindung einzelner Individuen an Artgenossen, meist nahe Verwandte oder Geschlechtspartner, beobachtet werden. Bezüglich Umfang, Dauer und Intensität der *persönlichen Bindungen* an anderen Individuen übertrifft aber der Mensch jede andere Art. Zwar sind auch bei ihm die Beziehungen zu Partner bzw. Partnerin und den weiteren Familienmitgliedern besonders intensiv, doch reichen sie weit darüber hinaus. Die Entstehung von Verbundenheit setzt allerdings *persönliche Vertrautheit* voraus, Fremden gegenüber bildet sie sich gewöhnlich nicht oder erst nach einer gewissen Zeit des Kennenlernens aus.

Fremdenscheu. Haben Kleinkinder Blickkontakt zu Fremden, steigt ihre Pulsfrequenz, beim Wegschauen nimmt diese wieder ab. Aber nicht nur während der kurzen Entwicklungsphase, in der ein kleines Kind die vertrauten von fremden Menschen zu unterscheiden lernt, neigen wir zum „Fremdeln": Zurückhaltung, Vorsicht, Scheu, zumindest aber ein Gefühl geringerer Verbundenheit kennzeichnet das Verhalten gegenüber fremden Mitmenschen.

Nähert sich eine fremde Person, fühlt man sich „eingeengt" oder gar bedroht (► Bild 1). Wird der sogenannte *Individualraum* verletzt, also eine bestimmte Distanz unterschritten, führt das zu einer physiologischen Erregung, die anhand einer veränderten

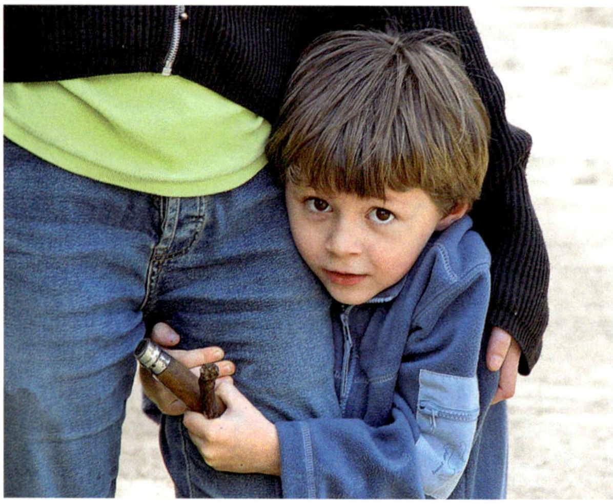

1 Ein fremdelndes Kind sucht Schutz bei einer vertrauten Person.

2 Deutsche Fußballfans

elektrischen Leitfähigkeit der Haut messbar ist. Dabei zeigt sich, dass die Individualdistanz keinen konstanten Wert aufweist, sondern davon abhängt, wie vertraut man mit einer sich nähernden Person ist.

Auch wenn unsere weltweite Mobilität und die modernen Kommunikationsmittel in jüngster Zeit dazu beitragen, die *Distanziertheit gegenüber Fremden* abzubauen, bleibt sie im Grundsatz bestehen.

Gruppenabgrenzung. Ein äußerst stabiles Muster menschlichen Verhaltens ist die Bildung von Gruppen, die sich gegenüber anderen abgrenzen. Diese Neigung zeigt sich auf allen Ebenen menschlichen Zusammenlebens, von der Kindergruppe bis zu Nationen und Ethnien. Mit den Angehörigen der eigenen Gruppe identifizieren wir uns eher unkritisch, ihnen gilt unsere Loyalität. Angehörigen von Fremdgruppen begegnen wir meist ablehnend, misstrauisch oder gar diskriminierend. *Symbole* und *Embleme* (► Bild 2), besonders aber eine gemeinsame *Gruppensprache* dienen als Zeichen der Gruppenzugehörigkeit.

Viele Beispiele aus Geschichte und Gegenwart lehren, welch unheilvolles Potenzial die Abgrenzung von Menschengruppen besitzt, besonders aber ihre manipulative Nutzung zur Erzeugung von Feindbildern, Hass und Aggression.

Territoriales Verhalten. Wir errichten Zäune und Mauern, bewachen unsere Grenzen, legen einen persönlichen Gegenstand als Platzhalter auf den Tisch und kennzeichnen beanspruchte Gebiete – ob als Einzelner oder Staat (► S. 123, Bild 1). In der Regel werden diese *Markierungszeichen* respektiert.

Lange Zeit hielt sich die Vorstellung, die Neigung zu territorialem Verhalten sei durch die Zivilisation bedingt und im „Naturzustand" unbekannt. Von vielen Jäger- und Sammlervölkern, wie den !Ko-Buschleuten in Afrika, sind jedoch differenzierte territoriale Verhaltensweisen bekannt:

Eine aus mehreren Familien bestehende Horde lebt in einem eindeutig begrenzten und beanspruchten Gebiet. Innerhalb dieses für die gemeinsame Jagd oder das Sammeln genutzten Areals gibt es Bereiche, die jeweils von einer einzelnen Familie bean-

1 Territoriales Strandleben

spruch und von den anderen auch respektiert werden. Ein einzelner Jäger hält sich in der Regel nur in diesem Bereich auf, ohne dass es aber einen territorialen Anspruch der Familie gibt. Will eine Horde auch nur vorübergehend das Gebiet einer anderen betreten, muss um Erlaubnis gefragt werden. Enge verwandtschaftliche und sprachliche Beziehungen bestehen zwischen räumlich benachbarten Horden. Sie bilden einen Nexus, der von einem anderen Nexus-Territorium durch eine Art Niemandsland getrennt ist.

Territoriales Verhalten findet kulturell mannigfache Ausprägungen und ist nicht immer an aggressives Verhalten gekoppelt. Vielmehr ist es oft von speziellen *ökologischen* und *historischen Bedingungen* abhängig. Stämme der australischen Ureinwohner beispielsweise betreiben einen Ahnenkult. Danach stammen sie von einem Totemahn ab, von dem sie das Land erhielten und der über dieses wacht. Dieser Ahnenschutz ist gegenüber anderen Stämmen ein wirksames Mittel der Territoriumsverteidigung.

Aggressives Verhalten. Der Mensch verfügt über ein breites Repertoire aggressiv motivierter Verhaltensweisen, die er zur Erreichung unterschiedlichster Ziele einsetzt. Dies reicht von *verbalem* oder *gestischem Drohen* bis zum schlimmsten Fall, den *kriegerischen Auseinandersetzungen*. Solche Verhaltensweisen sind bereits von Frühzeitmenschen über Höhlenmalereien, von heute lebenden Naturvölkern und auch von sogenannten zivilisierten Gesellschaften bekannt (► Bild 2).

Auch im Bereich aggressiver Verhaltensweisen gibt es deutliche Hinweise auf angeborene Komponenten. Die Ausdrucksbewegungen in diesem Kontext sind bei taub und blind geborenen Kindern in gleicher Weise zu beobachten wie bei gesunden Kindern. So werden die Fäuste geballt, mit dem Fuß aufgestampft oder der Drohblick gezeigt. Gleiche oder ähnliche Verhaltensmuster sind in fast allen Kulturkreisen und bei verschiedenen Affenarten zu beobachten.

Das jeweilige Verhalten kann eine *Reaktion auf bedrohlich empfundene Außenreize* sein, aber auch von dem Individuum selbst ausgehen. So versuchen Kinder und Jugendliche, durch *explorative Aggression* ihren sozialen Handlungsspielraum zu erkunden. Sie nehmen beispielsweise anderen Kindern einen Gegenstand weg oder werden tätlich. Dies erfordert eine entsprechende Reaktion der Erwachsenen oder Erzieher. Auch von gesellschaftlichen Gruppierungen oder Staaten wird zuweilen bewusst dieser Weg eingeschlagen, um zum Beispiel eigene Vorstellungen durchzusetzen oder bestimmte Ressourcen zu erlangen.

Es gibt keine Aggressionstheorie, mit der die entsprechenden Verhaltensweisen alle erklärt werden könnten. Nach dem motivationspsychologischen Modell liegt im Menschen eine *Disposition für Aggression* vor. Das Motiv und seine Stärke für die Auslösung eines solchen Verhaltens variieren aber und hängen entscheidend von den *individuellen Erfahrungen* ab, die im Laufe der Entwicklung bei der Interaktion mit der Umwelt gemacht wurden. Dementsprechend schwierig ist auch die Ermittlung von Ursachen für das Auftreten aggressiver Verhaltensweisen.

Lösung von Konflikten. Dialoge im Kontext aggressiven Verhaltens bieten eine sehr gute Möglichkeit der *Deeskalation*. Wichtig ist dabei, dass man dem Partner und damit sich selbst Möglichkeiten zu alternativem Handeln offenhält, also keine ultimativen Strategien verwendet.

So sind beispielsweise aus dem Bereich der Psychologie *kommunikative Verfahrensweisen* bekannt, die zur Konfliktlösung dienen. Dabei formulieren zunächst beide Parteien ihre Sicht der Dinge. In einem zweiten Schritt werden gemeinsam Kompromisse gefunden und Zielvereinbarungen festgelegt. Diese werden nach einer gewissen Zeit überprüft. Entsprechend wird auch bei Mediationsverfahren vorgegangen, die unter der Leitung einer neutralen Person ablaufen. Voraussetzung für den Erfolg solcher Verfahren ist die *Kompromissbereitschaft* der beteiligten Parteien und das Bemühen um eine sachliche Auseinandersetzung.

---

1 Kriminalitätsstatistiken zeigen einen Zusammenhang zwischen der Bevölkerungsdichte und der Zahl der Straftaten. Diese sind umso häufiger, je mehr Menschen auf einer bestimmten Fläche leben. Diskutieren Sie den Befund unter der Annahme, dass der Mensch stammesgeschichtlich ein Kleingruppenwesen ist.

2 Ein Streit zwischen Jugendlichen

[Z*] Verhalten des Menschen im Blick von Philosophie und Soziobiologie

Philosophie und menschliches Handeln. Seit der Antike beschäftigen sich Philosophen mit Fragen, die die Natur des Menschen betreffen. Wie verhalten sich Menschen untereinander und wie sollten sie sich verhalten? Folgen Menschen in ihrem Verhalten biologischen Vorgaben oder sind Verhaltensregeln, wie sie allen Gesellschaften zu eigen sind, Produkte des Verstandes?

Zu allen Zeiten sind Philosophen zu dem Schluss gekommen, dass der Geist die Natur des Menschen beherrschen müsse. Unter dem Einfluss von Philosophie und Religion entwickelte sich so ein komplexes System menschlicher Verhaltensnormen. Im europäischen Kulturkreis haben vor allem IMMANUEL KANT und die *Philosophie der Aufklärung* großen Einfluss ausgeübt. Nach ihm sollte die reine Vernunft unser Handeln bestimmen. Nur dann handelten wir moralisch einwandfrei. Leider seien Menschen aber auch sinnlichen, vom Körper ausgehenden Trieben unterworfen. Daher kann moralisches Verhalten bei Menschen nie ganz verwirklicht werden, es besteht nur als Anspruch, als Imperativ. Kant formulierte seinen berühmten *kategorischen Imperativ* wie folgt: „Handle so, dass die Maxime deines Willens jederzeit zugleich als Prinzip einer allgemeinen Gesetzgebung gelten könne". Ist der Mensch also von Natur aus so unmoralisch und unzivilisiert, dass er nur durch seine Vernunft davon abgehalten werden kann, Böses zu tun?

Menschliches Verhalten und Soziobiologie. Heute steht außer Zweifel, dass die biologische Evolution des Menschen auch sein Verhalten geformt hat (► S. 119). Allerdings wird kontrovers diskutiert, inwieweit stammesgeschichtliche Anpassungen im Verhalten auch die *Evolution der Kultur* mitbestimmen. Dazu kann die Soziobiologie Interpretationen liefern (► Tabelle) und Hypothesen aufstellen, mit denen sich prüfen lässt, ob kulturelle Normen und Werte selektionsneutral sind oder ob sich gerade solche Normen durchsetzen, die die biologische Fitness des Einzelnen erhöhen. Dies geschieht völlig unabhängig davon, ob das betreffende Verhalten moralisch wünschenswert ist.

Beispiel Töten. Jede Kultur kennt Sanktionen für Menschen, die ein Mitglied der Gesellschaft schädigen, verletzen oder gar töten. Der soziobiologische Nutzen solcher Regelungen liegt auf der Hand: Da in der weit überwiegenden Zeit der kulturellen Entwicklung des Menschen die Gesellschaft aus *Kleingruppen* bestand, deren Mitglieder mehr oder weniger eng miteinander verwandt waren, hätten aggressive Konflikte innerhalb der Gruppe mit hoher Wahrscheinlichkeit zwischen Trägern der gleichen Gene stattgefunden. Solche Konflikte mindern sogar die biologische Fitness des Siegers (► S. 114). Dieser Logik folgend, ist zu erwarten, dass Aggressionen zwischen verschiedenen Stämmen oder Nationen weniger stark sanktioniert werden. Tatsächlich wird das Töten von Menschen im Krieg ausdrücklich gefordert, während es im Zivilrecht immer unter Strafe steht.

Beispiel Paarbindung. Kein anderer Funktionskreis des Verhaltens wirkt sich direkter auf die biologische Fitness aus als das Fortpflanzungsverhalten. Hier sollte daher auch beim Menschen ein starker Selektionsdruck auf Fitnessmaximierung liegen. Da Frau-

	Zitate aus der Tragödie	Soziobiologische Interpretation
Warum sucht sich Faust Gretchen aus?	Beim Himmel dieses Kind ist schön! So etwas hab ich nie gesehen. Sie ist so sitt- und tugendreich.	Das Äußere einer schönen jungen Frau verspricht einem Mann Fruchtbarkeit; ihre Jungfräulichkeit garantiert ihm die eigene Vaterschaft.
Warum lässt sich Gretchen auf Fausts Werbung ein?	Er sah gewiss recht wacker aus und ist aus einem guten Haus; Das konnt ich ihm an der Stirne lesen – Er wär auch sonst nicht so keck gewesen. [......] Ein Schmuck! Mit dem könnt eine Edelfrau Am höchsten Feiertage gehen.	Ein edel wirkender, gestandener Mann mit weltläufigem Verhalten ist aus Sicht einer Frau wahrscheinlich sozioökonomisch gut gestellt.
Warum heiratet Faust Gretchen nicht?	(Mephisto): Wie kanns euch in die Länge freuen? Es ist wohl gut, dass mans einmal probiert; Dann aber wieder zu was Neuem!	Ein Mann in Fausts Situation kann durch Beziehungen zu anderen jungen Frauen seine Fortpflanzungschancen steigern, anstatt gleich eine verpflichtende Verbindung mit einem armen Mädchen einzugehen.
Warum hofft Gretchen weiter auf die Verbindung mit Faust?	Ich habe schon so viel für dich getan, Dass mir zu tun fast nichts mehr übrig bleibt.	Eine Frau ist auf Investitionen eines Mannes für ihr Kind angewiesen, Gretchen hat aber vor Fausts ehelicher Verpflichtung schon zu viel für ihn getan.
Warum kommt es zum Duell zwischen Faust und Gretchens Bruder Valentin?	Ich seh wahrhaftig schon die Zeit, Dass alle braven Bürgersleut Wie von einer angesteckten Leichen Von dir, du Metze! seitab weichen.	Brüder steigern die Ausbreitung ihrer Gene auch durch Kinder ihrer Schwestern, müssen dann aber auch am Investment des Kindsvaters interessiert sein. Bekommt die Schwester ein uneheliches Kind, wird sie gesellschaftlich geächtet und ihre Chance auf Heirat und Versorgung sinkt erheblich.
Warum tötet Gretchen ihr Kind?	(Valentin:) Wenn erst die Schande wird geboren, Wird sie heimlich zur Welt gebracht [.....] Ja, man möchte sie gern ermorden.	Ohne väterlichen Schutz und Investition hat auch das Kind schlechte Lebenschancen. Seine frühe Tötung vermeidet mögliche Fehlinvestitionen der Frau und steigert ihren Reproduktionswert wieder.

„Sie ist die Erste nicht!" – Soziobiologie der Gretchen-Tragödie aus J. W. GOETHES „Faust" (nach Ch. Vogel, verändert)

en aufgrund von Schwangerschaft und Stillzeit sehr viel Zeit und Energie in den Nachwuchs investieren (► S. 118), ist anzunehmen, dass sie Partner bevorzugen, die in der Lage sind, sie beim Großziehen ihrer Kinder zu unterstützen, und die durch ihr Verhalten anzeigen, dass sie tatsächlich eine dauerhafte Bindung eingehen wollen. Daher wäre es für eine Frau biologisch vorteilhaft, erst nach längerem Werben eine Beziehung mit einem ökonomisch oder sozial gut gestellten Mann einzugehen. Ist es also Zufall, dass reiche und angesehene Männer oft viel jüngere und auffallend attraktive Frauen ehelichen (► S. 121)?

Männer müssen – rein physiologisch – nur wenig in ihre Nachkommen investieren. Sie können allerdings nie ganz sicher sein, dass sie tatsächlich Vater der Kinder ihrer Frauen sind. Rein soziobiologisch wäre es für Männer also die beste Strategie, eine möglichst junge und fruchtbare Frau zu heiraten und sie dann dauerhaft an sich zu binden. Für den Mann wäre außerdem wichtig, dass seine Frau keine Beziehungen zu anderen Männern eingeht, weil er sonst Gefahr läuft, in fremde Kinder zu investieren. Tugendhafte Frauen sollten daher bei Männern besonders begehrt sein. Aus Sicht dieser soziobiologischen Hypothesen ist auffällig, dass in vielen traditionellen Gesellschaften Ehen oft von den Eltern geschlossen werden und die sexuelle Unberührtheit unverheirateter Frauen einen hohen Wert darstellt.

Beispiel Selbstlosigkeit. Gegen soziobiologische Interpretationen menschlichen Verhaltens ist oft eingewendet worden, dass Menschen auch viele Verhaltensweisen zeigen, die evolutionsbiologisch nicht erklärbar sind. Worin sollte beispielsweise der Selektionsvorteil für Menschen bestehen, die sich selbst aufopfern, um anderen zu helfen (► Bild 1)? Soziobiologen mahnen hier zur Vorsicht: Auch Verhaltensweisen, die selbstlos scheinen, können Fitnessgewinne mit sich bringen. Dies gilt in erster Linie für den alle menschlichen Gesellschaften kennzeichnenden abgestuften *Verwandten-Altruismus*, der nicht selten zur „Vetternwirtschaft" führt. Aber auch der *reziproke Altruismus* (► S. 104) nach dem Motto: „Helfe ich dir heute, hilfst du mir morgen!" kann – wenngleich nicht leicht durchschaubar – die biologische Fitness der Beteiligten steigern. Er ist ein durchgängiges Muster in überschaubaren, auf persönlicher Bekanntheit beruhenden Gesellschaften. Gewinnt der Altruist an Ansehen in der Gesellschaft, können auch seine nächsten Verwandten Prestigegewinne verbuchen. So steigt die Wahrscheinlichkeit, dass Selbstlosigkeit zu einer stabilen Verhaltensstrategie wird. Moralisch einwandfreies Verhalten und biologische Fitnessmaximierung müssen einander also nicht grundsätzlich ausschließen.

Kann Soziobiologie zur Begründung von Verhaltensnormen beitragen? Ob menschliches Verhalten der Vernunft folgt oder der Fitnessmaximierung dient – dies wird sich nicht in jedem Einzelfall klären lassen. Wie immer die Antwort auch aussehen mag: Die Existenz fitnessmaximierter Verhaltensprogramme kann niemals dazu herangezogen werden, das betreffende Verhalten zu rechtfertigen. Dies erkannte der englische Philosoph DAVID HUME bereits 1741 als *„Sein-Sollens-Schranke"*, wonach es logisch nicht möglich ist, aus Tatsachen – also auch aus der Natur selbst – Normen abzuleiten („naturalistischer Fehlschluss" ► S. 122). Aus dem Zustand der Welt, wie sie ist, lassen sich nicht notwendigerweise

1 *Mutter Theresa. Ihre Arbeit in indischen Slums ist zum Symbol der Selbstlosigkeit geworden.*

Forderungen ableiten, wie sie sein sollte. Moral ist keine Dimension der Natur, daher kann und will auch die Soziobiologie die Normen unseres Handelns nicht begründen.

Dennoch sind soziobiologische Erkenntnisse auch für den Menschen von hoher Relevanz, indem sie aufzeigen,

- welche Verhaltensdispositionen der Mensch aufgrund seiner Evolution besitzt,
- mit welchen Verhaltensneigungen besonders zu rechnen ist
- und wo moralische Ziele die menschliche Natur überfordern können.

Es bleibt abzuwarten, ob es der Menschheit gelingen wird, sich von solchen Programmen ihres biologischen Erbes zu lösen, die durch Maximieren der eigenen Vorteile auf Kosten anderer die Ausbeutung natürlicher Ressourcen und Überbevölkerung zur Folge haben. Auf Dauer wird die Menschheit nur Bestand haben, wenn alle – auch auf Kosten der eigenen biologischen Fitness – zu einer nachhaltigen Nutzung der Natur übergehen. Internationale Vereinigungen und Konferenzen (► Bild 2), die für alle bindende Regeln durchsetzen wollen, haben bislang noch zu wenig Erfolg.

2 *Im Rahmen der IPCC-Klimakonferenz wird versucht, die globalen CO_2-Emissionen durch internationale Zusammenarbeit zu senken.*

[Z*] Angewandte Verhaltensbiologie in der Tierhaltung

Menschen nutzen Tiere schon seit mehreren Tausend Jahren. In einem langen Selektionsprozess wurden aus Wildtieren domestizierte Formen gezüchtet, die sich entsprechend dem gewünschten Zweck in Körperbau, Physiologie und Verhalten zum Teil sehr von der Stammart unterscheiden. Der Mensch profitiert von den Leistungen und Produkten seiner Zuchttiere, diese sind aber auf die ständige Versorgung durch ihren Halter angewiesen. Dadurch entsteht naturgemäß ein Konflikt zwischen den ökonomischen Interessen der Tierhalter und den ethologischen und ökologischen Bedürfnissen der Tiere. Dies gilt in gleicher Weise für die Haltung von Wildtieren im Zoo sowie für Heimtiere.

Tierschutzgesetz. § 1 verlangt, aus Verantwortung des Menschen für das Tier als Mitgeschöpf dessen Leben und Wohlbefinden zu schützen. Niemand darf einem Tier ohne vernünftigen Grund Schmerzen, Leiden oder Schäden zufügen. Dazu gehört laut § 2 nicht nur die angemessene Pflege und Ernährung, sondern auch die *verhaltensgerechte Unterbringung*, die eine artgemäße Bewegung ermöglicht. Seit 2002 ist der Tierschutz sogar als Staatsziel im Grundgesetz verankert.

Artgemäße Tierhaltung? Besonders bei Tieren in Großställen mit *Intensivhaltung* kommt es zu *auffällig verändertem Verhalten*: Ohr- und Schwanzabbeißen bei Schweinen, verletzendes Picken bei Legehennen, Harnsaufen bei Rindern. Zootiere wie Tiger und Eisbären zeigen häufig immer gleiche, *stereotype Bewegungen*. Wenn Verhaltensweisen zu Verletzungen führen, ist dem Tierschutzgesetz ohne Zweifel nicht Genüge getan. Ob jedoch Verhaltensänderungen immer als Zeichen für das Leiden der Tiere angesehen werden dürfen, ist unklar.

Normalverhalten – Verhaltensstörung. Untersuchungen zeigen, dass Wild- und Zuchtformen einer Art grundsätzlich über dieselben Erbkoordinationen (► S. 88) verfügen, reaktionsauslösende Reize und Handlungsbereitschaft durch Domestikation jedoch verändert sein können. Bei komplexen Verhaltensabläufen können einzelne Elemente verloren gegangen sein. Als *normal* gilt Verhalten, das Tiere einer Art, Rasse und Altersgruppe *unter natürlichen oder naturnahen Haltungsbedingungen* zeigen. Eine *Verhaltensstörung* liegt vor, wenn es in Ablauf, Häufigkeit oder Intensität zu erheblichen und andauernden Abweichungen kommt. Dazu gehören Ausfall oder Reduktion von Körperpflege, Erkundungs- und Spielverhalten sowie gesteigerte Unruhe.

Angewandte Ethologie befasst sich wissenschaftlich mit Lebensweise und Verhalten domestizierter und gehaltener Tiere, einschließlich der physiologischen und morphologischen Grundlagen des Verhaltens. Mit ihren Erkenntnissen lassen sich Normalverhalten, Verhaltensstörungen und artgerechte Haltung von Tieren objektiv beurteilen. Werden aufgrund verhaltensbiologischer Erkenntnisse Haltungsbedingungen optimiert und Verhaltensstörungen vermieden, profitiert oft auch der Halter durch Einsparung bei teuren Medikamenten und Tierarztbesuchen.

Beispiel Rinder. Die heutigen Hausrinder stammen vom *Ur* oder *Auerochsen* ab. Dieses Urrind bildete in Wäldern und Steppen Eurasiens und Nordafrikas Herden von 20 bis 30 Tieren mit strenger Rangordnung. Kommunikation durch Körperhaltungen und Laute und gegenseitige Fellpflege durch Belecken gehörten zum Verhalten in der Herde. Zur Nahrungssuche legten die Herden täglich viele Kilometer zurück. Heute leben in Deutschland ca. 13 Mio. Rinder unter verschiedenen *Haltungsformen*. Bei der *Anbindehaltung* sind die Tiere einzeln angebunden, stehen direkt nebeneinander und sind daher in ihren Bewegungen stark eingeschränkt. Bei der *Haltung in Laufställen* stehen den Tieren Laufgänge, Futter- und Tränkeplätze sowie eigene Abteilungen zum Abkalben zur Verfügung. Empfohlen werden genügend große Bereiche, die auch rangniederen Tieren der Herde ausreichend Platz bieten, Nahrung mit hohem Rohfasergehalt, weiche Einstreu auf den Liegeflächen und freier Auslauf an mindestens 90 Tagen im Jahr.

Beispiel Delfine. *Delfine* schwimmen täglich bis zu 100 km und tauchen bis 300 m tief. Sie bilden starke Sozialverbände, in denen sie enge Beziehungen aufbauen und sich durch vielfältige Laute und Körperkontakt verständigen. In Zoos zeigen sie häufig Unruhe und stereotype Bewegungen, Rangordnungskämpfe enden oft tödlich. Nachzuchten sind bisher nur bis zur 2. Generation gelungen. Durch Dressuren versucht man, die gelehrigen Tiere zu beschäftigen. Durch die *Lagunenhaltung* mit großen und unterschiedlich tiefen Wasserbereichen, die 2009 im Zoo Nürnberg eingeführt wurde, soll die Sterberate der Delfine herabgesetzt werden. Einige Zoos wollen die Delfinhaltung aufgeben.

1 Begründen Sie die empfohlenen Haltungsbedingungen unter dem Aspekt der artgemäßen Tierhaltung.

2 Recherchieren Sie Beispiele für Heim- und Nutztierhaltung.

1 Rinder in verschiedenen Haltungsformen: Anbindehaltung (links) und Haltung in Laufställen (rechts)

Mithilfe dieses Kapitels können Sie

- wichtige Konzepte der Verhaltensbiologie und Soziobiologie wiedergeben
- Vor- und Nachteile des Zusammenlebens und der Kooperation in Gruppen erläutern
- uneigennütziges Verhalten an Beispielen beschreiben und seine Entstehung mithilfe soziobiologischer Fitnessmodelle erklären
- Kommunikation zwischen Lebewesen auf Grundlage des Sender-Empfänger-Modells in ihrer Passung zur Umwelt darstellen
- Kosten und Nutzen der biologischen Kommunikation analysieren
- Beispiele für Signalfälschung und Täuschung im Verhalten von Tieren nennen und evolutionsbiologisch erklären
- Formen und Intensitätsstufen aggressiven Verhaltens beschreiben
- verschiedene Strategien der Aggressionskontrolle darstellen
- Ursachen von Aggression nach proximaten und ultimaten Ursachen unterscheiden und letztere evolutionsbiologisch deuten
- Verhaltensweisen der Fortpflanzung und ihren Anpassungswert auf der Grundlage ökologischer und soziobiologischer Konzepte analysieren
- Methoden zur Untersuchung menschlichen Verhaltens nennen
- Erkenntnisse der Verhaltensbiologie auf Verhaltensweisen des Menschen anwenden und sachgerecht erörtern

Testen Sie Ihre Kompetenzen

Die unter anderem in Afrika lebenden Gelbbauchnektarvögel (▶ Bild rechts) decken ihren Nahrungsbedarf durch Blütennektar und Arthropoden. Im Labor wurde eine Versuchsreihe mit zweistündigen Laborversuchen durchgeführt, bei denen den Vögeln in einer Futterquelle jeweils eine Saccharoselösung bestimmter Konzentration angeboten wurde. Die Zuckerlösung und zusätzlich angebotene Arthropoden (Drosophila-Fliegen) standen dabei stets in ausreichender Menge zur Verfügung. Bei den Versuchen wurden pro Vogel die in der folgenden Tabelle angegebenen Durchschnittswerte ermittelt.

Konzentration der Saccharoselösung in mol/l	An der Futterquelle aufgenommene Zuckerlösung pro Besuch in µl	Zahl der Besuche an der Futterquelle	Zahl der gefressenen Fliegen
2	72	9	29
1	112	11	28
0,5	192	13	28
0,25	230	22	29
0,125	148	37	42
0,06	13	39	57
0,03	3	46	59
0,015	3	3	60

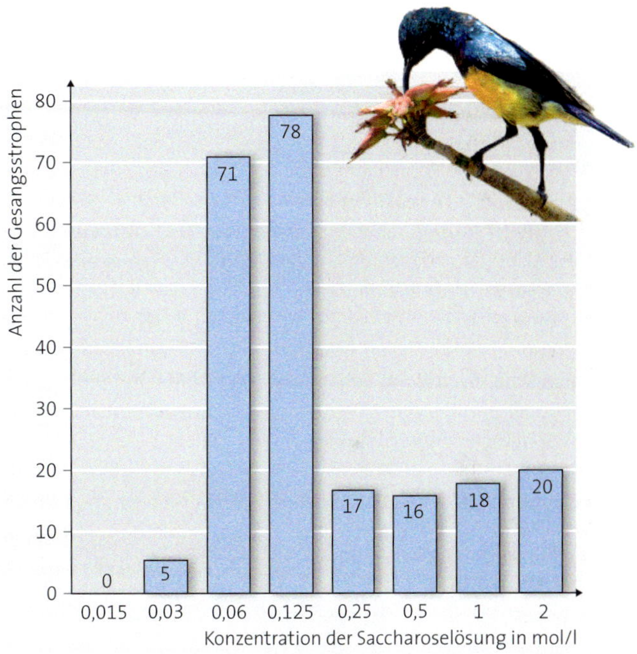

❶ Erläutern Sie, wieso man bei der Beziehung zwischen Vogelblume und Blüten besuchendem Vogel von einer Symbiose spricht.

❷ Mithilfe der beschriebenen Versuchsreihe sollte geklärt werden, welchen Einfluss das Zuckerangebot im Nektar auf die aufgenommenen Nahrungsbestandteile hat. Stellen Sie dazu die oben angegebenen Messwerte in geeigneten Grafiken dar. Diskutieren Sie die Ergebnisse mit Blick auf die energetischen Erfordernisse des Vogels. Die aus einer Fliege gewonnene Energie beträgt 5,2 Joule. Beim Verzehr von 1 µl einer 1-molaren Saccharoselösung stehen dem Vogel 5,4 Joule zur Verfügung.

❸ Bei den Experimenten wurde auch das Gesangsverhalten der einzelnen Vögel registriert (▶ Bild oben). Interpretieren Sie dieses unter der Annahme, dass es der Verteidigung eines Nahrungsreviers dient. Wenden Sie das Kosten-Nutzen-Modell an.

❹ Beim Beobachten von Bienen, Hummeln oder anderen Blüten besuchenden Tieren kann man feststellen, dass diese oft nacheinander die Blüten einer Pflanzenart aufsuchen. Dieses blütenstete Verhalten ist Voraussetzung für die Bestäubung einer Pflanze. Planen Sie ein Experiment, das Aussagen über den Einfluss des Nektarangebots auf die Blütenstetigkeit des Nektarvogels ermöglicht.

❺ Das Nektarangebot der verschiedenen Pflanzenarten ändert sich relativ schnell. Diskutieren Sie, inwieweit dies seitens des Nektarvogels eine besondere Lernfähigkeit voraussetzt.

Grundwissen

EVOLUTION

adaptive Radiation: Aufspaltung einer Stammart in zahlreiche neue Arten durch Einnischung und Anpassung innerhalb eines evolutiv kurzen Zeitraums. Voraussetzung dafür ist ein breites Angebot ökologischer Lizenzen und geringe Konkurrenz.

Analogie: Ähnlichkeit biologischer Strukturen durch ähnliche Funktion (Funktionsähnlichkeit) und nicht aufgrund gemeinsamer Abstammung wie bei ▶ Homologie. Sie lässt sich nicht von Erbinformation oder Bauplan eines gemeinsamen Vorfahren ableiten und beruht meist darauf, dass die für eine Funktion notwendigen Anpassungen unter dem Selektionsdruck ähnlicher Umweltbedingungen entwickelt wurden, also ▶ Konvergenzen sind.

Angepasstheit (Anpassung): lebenserhaltend zweckmäßige Übereinstimmung eines Lebewesens mit seiner Umwelt in Bau, Entwicklung, Funktion und Verhalten. Dem als Anpassung bezeichneten Prozess der Entstehung von Angepasstheit liegt eine über viele Generationen anhaltende ▶ Selektion zugrunde, durch die sich eine entsprechende genetische Information im ▶ Genpool anhäuft.

Art: Gruppe von Populationen, die sich tatsächlich oder potenziell kreuzen und von anderen solchen Gruppen durch ▶ Isolation in der Fortpflanzung isoliert sind (biologischer Artbegriff oder Biospezies) und deren Individuen daher in allen wesentlichen Merkmalen übereinstimmen (morphologischer Artbegriff oder Morphospezies).

chemische Evolution: Entstehung und Umbildung biologisch wichtiger Stoffe auf der Urerde auf abiogenem Weg, also vor der Entstehung lebender Systeme.

Evolution: Gesamtheit aller auf biologischer Information und ihrer Weitergabe beruhender Prozesse der Entstehung, Umwandlung und Weiterentwicklung des Lebens auf der Erde, durch die es zu seiner heutigen Form und Vielfalt gelangt ist.

Evolutionstheorie: theoretisches Fundament der Biologie, das die gemeinsame Abstammung der Organismen begründet, ihre Ursachen erklärt und ihren Ablauf rekonstruiert. Sie fußt auf der Evolutionstheorie DARWINS, die inzwischen zur ▶ synthetischen Evolutionstheorie erweitert wurde.

Fossilien: in Gestein und anderem Material durch geologische Prozesse der Fossilisation erhaltene Reste und Spuren vorzeitlicher Lebewesen. Als Dokumente der ▶ Evolution geben sie wichtige Hinweise auf das stammesgeschichtliche Alter und die Verwandtschaft rezenter Lebewesen, mit denen sie sich aufgrund von ▶ Homologien in das biologische System einordnen lassen.

Fitness: auch als Anpassungswert oder Selektionswert bezeichneter Beitrag eines Individuums (Individualfitness, direkte Fitness) zum ▶ Genpool der nächsten Generation. Sie wird als Fortpflanzungserfolg im Vergleich mit anderen Individuen gemessen. Sind auch nahe Verwandte, also Träger gemeinsamer Gene, am Fortpflanzungserfolg beteiligt (indirekte Fitness), schließt die Gesamtfitness auch deren Beitrag ein (Verhaltensbiologie ▶ Hamilton-Regel).

Gendrift: Änderung der Allelfrequenz im ▶ Genpool, die durch rein zufällige Ereignisse bedingt ist und nicht durch ▶ Selektion, also aufgrund unterschiedlicher biologischer ▶ Fitness, bewirkt wird. Gendrift wirkt sich umso stärker auf den Genpool aus, je kleiner dieser ist.

Genpool: Gesamtheit der Gene einer Population.

Hominiden: Verwandtschaftsgruppe der ▶ Primaten, zu der auch der Mensch gehört. Nach traditioneller Systematik, die vor allem Merkmale im Körperbau heranzieht, umfasst sie nur die aufrecht gehenden Menschen und Menschenvorfahren. Mit größerem Gewicht genetischer Daten zählt die moderne Systematik auch die Menschenaffen dazu.

Homologie: Ähnlichkeit biologischer Strukturen bei verschiedenen Arten, die auf die Übernahme eines Merkmals von gemeinsamen Vorfahren zurückgeht (Abstammungs- oder Ursprungsähnlichkeit) und im Verlauf der Evolution unterschiedlich abgewandelt wurde. Homologe Organe können daher äußerlich und funktionell wenig übereinstimmen, aber bei Vorhandensein definierter Kriterien erkannt und auf denselben gemeinsamen Bauplan zurückgeführt werden.

Isolation: Verhinderung des Genaustauschs zwischen Individuen und Populationen durch Fortpflanzungsbarrieren (Isolationsmechanismen). Diese genetische oder reproduktive Isolation ist Voraussetzung dafür, dass es zur Aufspaltung von Arten kommen kann. In der Regel geht der genetischen Isolation eine geografische Isolation voraus.

Koevolution: sich wechselseitig beeinflussende ▶ Evolution verschiedener Arten, wie sie die Beziehung zwischen Parasit und Wirt, Fressfeind und Beute oder Bestäuber und Blütenpflanze auszeichnet.

Konvergenz: Ähnlichkeit von Merkmalen, die sich unabhängig von stammesgeschichtlicher Verwandtschaft als Anpassung an ähnliche Umweltbedingungen entwickelt hat (Anpassungsähnlichkeit).

kulturelle Evolution: auf erworbener Information und ihrer Weitergabe durch ▶ Tradition beruhende Prozesse, die nur bei Menschen und ihren unmittelbaren Vorfahren vorkommen. Die kulturelle Evolution bestimmt die Weiterentwicklung der Menschheit in viel höherem Maß als die biologische Evolution.

Mutation: zufällige und sprunghafte, nicht durch Vererbung bedingte Veränderung der Erbinformation auf allen Ebenen, von der

DNA bis zum Chromosomensatz. Da durch Mutation neue genetische Information entsteht, gilt sie als der grundlegende, Neues schaffende Faktor der Evolution.

Phylogenese (Stammesgeschichte): evolutive Veränderung von Arten und höheren Taxa in der Zeit.

Population: Gesamtheit der Individuen einer Art, die zur gleichen Zeit im gleichen Gebiet leben und sich daher ohne Einschränkungen fortpflanzen, also Gene austauschen können. Aus Sicht der ► synthetischen Evolutionstheorie stehen Populationen und deren ► Genpool im Zentrum des Evolutionsgeschehens.

Primaten: Verwandtschaftsgruppe (Ordnung) der Säugetiere im biologischen System, zu der Affen und Menschen gehören.

Rasse (Unterart): ► Populationen einer ► Art, die sich in ihrem Genbestand deutlich von anderen Populationen derselben Art unterscheiden. Rassen zeichnen sich daher durch eine Reihe typischer Merkmale aus, in denen die meisten ihrer Individuen einheitlich und von denjenigen anderer Populationen unterscheidbar sind. Diese Rassenmerkmale können durch umweltbedingte Anpassungen, aber auch durch ► Gendrift entstanden sein. Meist kann die Bildung von Rassen auf ► Seperation zurückgeführt werden und eine Vorstufe zur Bildung neuer Arten sein.

Rekombination: Neukombination genetischer Information bei Meiose und sexueller Fortpflanzung. Rekombination kann die Evolutionsgeschwindigkeit im ► Genpool verglichen mit der Wirkung von ► Mutationen erheblich steigern.

rezent: in der geologischen Gegenwart lebend; Gegensatz: fossil.

Selektion (natürliche Auslese): unterschiedliche Überlebenschancen und damit verbundener Fortpflanzungserfolg von Individuen in einer ► Population, die unter der Wirkung von ► Selektionsfaktoren nicht zufällig sind, sondern auf der Ausstattung mit Allelen bestimmter Gene beruhen. Der durch Selektion bedingte Fortpflanzungsbeitrag eines Individuums zum ► Genpool entspricht seiner ► Fitness. Über viele Generationen wirkende Selektion führt zu ► Angepasstheit.

Selektionsfaktor: ► Selektion bewirkender Umwelteinfluss der unbelebten (abiotischen) oder belebten (biotischen) Umwelt.

Separation: räumliche Trennung (geografische ► Isolation) von Populationen mit Behinderung des Genaustauschs. Separation geht fast immer einer Artaufspaltung voraus.

Stammesgeschichte: ► Phylogenese.

synthetische Evolutionstheorie: eine alle biologischen Teilgebiete verbindende Evolutionstheorie, die DARWINS Evolutionstheorie vor allem durch die Erkenntnisse der Populationsgenetik erweitert (erweiterte Evolutionstheorie).

Systematik: Teilgebiet der Biologie, das sich mit der Abgrenzung von Organismengruppen und deren Ordnung im biologischen Ordnungssystem (natürliches System) auf Grundlage phylogenetischer Verwandtschaft befasst.

UMWELTFAKTOR MENSCH – POPULATIONSDYNAMIK UND BIODIVERSITÄT

Artenschutz: Maßnahmen zum Erhalt der Artenvielfalt (► Biodiversität), insbesondere zum Schutz gefährdeter und bedrohter Arten; Teilbereich des ► Umweltmanagements.

Biodiversität: Vielfalt des Lebens auf der Erde, speziell Artenvielfalt. Sie ist untrennbarer Teil des Lebens und ein Ergebnis der Evolution. Ihre zunehmende Bedrohung durch den Ressourcenbedarf des Menschen ist inzwischen als so schwerwiegendes ökologisch-ökonomisches Problem erkannt, dass ihr Schutz als globale Aufgabe zum Ziel internationaler Abkommen wurde.

Bioindikator (Zeigerart): Art, deren Vorkommen eng an eine bestimmte Ausprägung von ► Ökofaktoren gebunden ist und einen Rückschluss auf diese ermöglicht.

Biotop: Lebensraum für Lebewesen eines ► Ökosystems mit allen seinen abiotischen ► Ökofaktoren.

Biozönose: Lebensgemeinschaft aller Arten eines ► Ökosystems, die durch biotische ► Ökofaktoren verbunden sind.

Emissionen: in die Umwelt gelangende Stoffe und Wirkungen technischer Prozesse.

Erbgang: Art und Weise der Vererbung von Merkmalen von Vorfahren auf Nachkommen. Erbgänge werden durch Kreuzungsexperimente (► mendelsche Regeln), beim Menschen durch ► Stammbaumanalyse ermittelt und nach der Zahl analysierter Merkmale (monohybrid, dihybrid), nach der Genwirkung (dominant-rezessiv, intermediär) oder nach beteiligten Chromosomen (autosomal, gonosomal) unterschieden.

Eutrophierung: Zufuhr von Nährstoffen in Gewässer mit der Folge übermäßiger Produktion und unvollständiger Zersetzung durch O_2-Mangel.

Fortpflanzungsstrategie: in Anpassung an bestimmte Umweltbedingungen selektierter Merkmalskomplex der Fortpflanzung: Man unterscheidet die auf hohe Wachstumsrate (*r*) der Populationsentwicklung selektierte *r*-Strategie (unter schnell wechselnder, kurzzeitig günstiger Umwelt) und die auf optimale Nutzung der Umweltkapazität (*K*) selektierte *K*-Strategie (in relativ beständiger Umwelt). „Strategie" bedeutet keine erlernte oder bewusste Entscheidung, sondern eine genetisch festgelegte Angepasstheit.

Immissionen: belastende Einflüsse der Umwelt auf Lebewesen, besonders in urban-industriellen Ökosystemen.

Klimawandel: Veränderung des globalen Klimas aufgrund des durch menschliche Einflüsse, vor allem durch Emission von Spurengasen wie CO_2 verstärkten Treibhauseffekts.

Nachhaltigkeit: Entwicklung, die die heutigen Bedürfnisse nach intakter Umwelt, sozialer Gerechtigkeit und wirtschaftlichem Wohlstand decken kann, ohne die natürlichen Lebensgrundlagen zu gefährden und die Möglichkeiten zukünftiger Generationen zu beschränken.

Ökobilanz: Summe aller Aufwendungen an Stoffen und Energie für ein Produkt samt deren ökologischen Wirkungen. Mithilfe von Ökobilanzen lassen sich Produkte nach Ressourcenbedarf und ökologischen Lasten bewerten und vergleichen.

Ökofaktor (Umweltfaktor, Lebensbedingung): physikalisch-chemischer (abiotischer) oder durch andere Lebewesen bewirkter (biotischer) Einfluss auf Lebewesen.

Ökosystem: Struktur- und Funktionseinheit aus ► Biozönose und ► Biotop.

Populationsdynamik: Veränderung der Größe, Dichte und Zusammensetzung von Populationen in Abhängigkeit von der Zeit. Sie kann – meist durch ► Ökofaktoren bedingt – in unregelmäßigen Fluktuationen oder zyklisch-regelhaften Oszillationen verlaufen, wobei Wachstumsphasen, stationäre Phasen und Phasen der Populationsabnahme abwechseln.

Ressource: lebenswichtiger, begrenzt vorhandener ► Ökofaktor, der von Lebewesen der Umwelt entnommen wird und dessen Verfügbarkeit dadurch für andere Lebewesen eingeschränkt ist.

Umweltmanagement: Gesamtheit der umweltrelevanten Aufgaben und Aktivitäten einer Behörde, Organisation oder Firma. Ziele sind die Verringerung oder Vermeidung von Umweltbelastungen auf der Basis von ► Ökobilanzen, das Einhalten gesetzlicher Bestimmungen und internationaler Abkommen im Natur- und Artenschutz sowie die Verbesserung der ► Nachhaltigkeit.

VERHALTENSBIOLOGIE

Aggression: Auseinandersetzung zwischen Tieren oder Menschen meist im Konflikt unter Artgenossen (innerartliche Aggression). Aggression steht mit mehreren Verhaltensbereichen in Zusammenhang, kann sich in verschiedenen Intensitätsstufen äußern und wird durch eine Reihe von Mechanismen kontrolliert, beispielsweise durch Bildung von ► Rangordnungen und die Abgrenzung von ► Revieren.

Altruismus: uneigennützig erscheinendes Verhalten zum Vorteil anderer Individuen einer Gruppe meist nahe verwandter Tiere. Bei Betrachtung der Gesamtfitness ist das Verhalten wahrscheinlich immer auch für das altruistische Individuum vorteilhaft (► Fitness, ► Hamilton-Regel).

angeborenes Verhalten: Verhalten, das vollständig oder überwiegend genetisch bedingt ist. Hinweise auf angeborene Verhaltensweisen ergeben sich aus ► Kaspar-Hauser-Experimenten.

Appetenzverhalten: ungerichtetes Suchen nach reaktionsauslösenden Reizen als Teil einer ► Instinkthandlung. Voraussetzung dafür ist eine durch innere Faktoren bewirkte Motivation.

Attrappe: Nachbildung eines natürlichen Objekts zur experimentellen Prüfung von Verhalten auslösenden Reizen.

Balz: Verhaltensweise der Paarungseinleitung bei Tieren zur Steigerung und Abstimmung ihrer Paarungsbereitschaft.

Erbkoordination: relativ formstarrer Bewegungsablauf einer ► angeborenen Verhaltensweise, in einfacher Form als ► Reflex oder als komplexe Erbkoordination einer ► Instinkthandlung.

Ethogramm: Verzeichnis aller Verhaltensweisen einer Art.

Ethologie: als Verhaltensbiologie bezeichnetes Teilgebiet der Biologie, gegründet auf Methoden und Ergebnissen der vergleichenden Verhaltensforschung (klassische Ethologie), erweitert durch die Konzepte der Verhaltensökologie und ► Soziobiologie.

Eusozialität: Form des Zusammenschlusses artgleicher, meist sehr eng verwandter Individuen, die durch kooperative Brutpflege, Arbeitsteilung bei der Fortpflanzung und überlappende Generationen gekennzeichnet ist. Beispiele sind vor allem die „Staaten“ bildenden sozialen Insekten Ameisen, Termiten, Bienen und Wespen, aber auch einige Säugetiere wie die Nacktmulle.

Filtermechanismen: neurosensorische Systeme, die selektiv auf ganz bestimmte Reize ansprechen und Reaktionen auslösen; im Sprachgebrauch der klassischen ► Ethologie Auslösemechanismen, die auf Schlüsselreize reagieren.

Hamilton-Regel: formelhafter Kosten-Nutzen-Vergleich für uneigennütziges Verhalten (► Altruismus). Nach der Hamilton-Regel setzt sich altruistisches Verhalten in der Evolution nur durch, wenn die Kosten (d.h. der Verlust an Individualfitness) geringer sind als der Nutzen (d.h. der Gewinn an indirekter Fitness). Dieser ergibt sich aus dem Produkt von Verwandtschaftsgrad und den Vorteilen für das unterstützte Individuum. Voraussetzung für Altruismus ist demnach, dass die Gesamtfitness (► Fitness) eines Individuums durch sein altruistisches Verhalten zunimmt.

Hospitalismus: Verhaltensstörung, die bei Menschen und anderen ► Primaten auftritt, die in der frühen Kindheit unter sozialem Erfahrungsentzug aufwuchsen und keine feste Bindung zur Mutter oder einer festen Bezugsperson ausbilden konnten.

Instinkthandlung: komplexe ► Erbkoordinationen, für deren Zustandekommen neben spezifischen reaktionsauslösenden Reizen auch bestimmte innere Faktoren Voraussetzung sind. Ihr Ablauf besteht im typischen Fall aus ► Appetenzverhalten, ► Taxis und Endhandlung.

Kaspar-Hauser-Experiment: Kaspar-Hauser-Experimente tragen dazu bei, ► angeborene und erlernte Anteile im Verhalten zu unterscheiden. Dabei wachsen Tiere – von Artgenossen isoliert – so auf, dass sie während ihrer Entwicklung bestimmte Erfahrungen nicht machen können.

Kommentkampf: innerartliche Aggression, die turnierartig, nach artspezifischen, durch ► Ritualisierung entstandenen Regeln verläuft und nicht zur Beschädigung des Gegners führt.

Kommunikation: Austausch von Information mit Signalcharakter; auf verschiedenen Organisationsebene des Lebendigen wird dabei stets ein Signal von einem Sender über einen Kanal an einen Empfänger übertragen (Sender-Empfänger-Modell). Bei der Kommunikation zwischen Tieren werden in Anpassung an die Umwelt unterschiedliche Sinneskanäle genutzt.

Konditionierung: Form des ► Lernens, bei der zwei Ereignisse neuronal miteinander zu einem neuen Reiz-Reaktions-Muster verknüpft werden. Bei der klassischen Konditionierung wird ein ursprünglich neutraler Reiz durch Verknüpfung mit einem unbedingten Reiz zum bedingten Reiz. Bei der operanten Konditionierung wird eine bestimmte Handlung durch häufige Verstärkung (Belohnung bzw. Bestrafung) erlernt bzw. unterdrückt.

Kosten-Nutzen-Analyse: Konzept der ► Soziobiologie, um zu ermitteln, ob und unter welchen Umständen ein bestimmtes Verhalten einen Gewinn an ► Fitness bewirkt.

Lerndisposition: biologisch gegebener Rahmen für das Lernen bei Arten oder Individuen, der weitgehend genetisch festgelegt ist.

Lernen: erfahrungsbedingte individuelle Veränderung des Verhaltens, durch die es bestimmten Situationen spezifisch angepasst werden kann.

Paarungssystem: Art und Dauer des Zusammenschlusses der Geschlechtspartner einer Art für die Fortpflanzung.

Pheromon: Signalstoff zur ► Kommunikation zwischen Artgenossen.

Prägung: Form des Lernens, bei der in einer kurzen, genetisch festgelegten sensiblen Phase während der Individualentwicklung Erfahrungen schnell und weitgehend unveränderlich in erbliche Verhaltensprogramme eingefügt werden. Ausbleibende Prägung oder Fehlprägung führt meist zu Verhaltensstörungen.

proximat: umittelbar ursächlich; Gegensatz: ► ultimat.

Rangordnung: hierarchische Struktur individualisierter Sozialverbände, die Kämpfe und Stress innerhalb der Gruppen minimiert. Für das einzelne Gruppenmitglied sind je nach Rang unterschiedliche Vor- und Nachteile mit der Rangordnung verbunden.

Reflex: weitgehend genetisch bedingte Reaktion, die auf bestimmte ► Reize hin auf festgelegter Nervenbahn in meist gleicher Weise abläuft.

Reiz: auf einen Organismus von außen oder innen wirkende Zustandsänderung; bei Tier und Mensch durch spezialisierte Rezeptoren aufgenommene Information, die eine bestimmte Verhaltensreaktion zur Folge haben kann.

Revier (Territorium): gegen Artgenossen – oft durch spezielle Markierung – abgegrenztes und aggressiv verteidigtes Gebiet. Es sichert einem Individuum, Paar oder einer Gruppe Ressourcen, meist für Ernährung oder Fortpflanzung.

Ritualisierung: Funktionswechsel von Verhaltensweisen, die ihre ursprüngliche Funktion verloren und sich in der Evolution im Dienst effektiver ► Kommunikation zu sozialen Signalen entwickelten.

Sozialverhalten: Gesamtheit der Verhaltensweisen, die sich zwischen Artgenossen abspielen.

Soziobiologie: Wissenschaft von der biologischen Angepasstheit des ► Sozialverhaltens von Tier und Mensch. Sie erforscht die evolutionsbiologischen, ► ultimaten Ursachen, die zu einem bestimmten Sozialverhalten geführt haben.

Spielverhalten: Verhalten ohne Ernstbezug, das außer beim Menschen vor allem bei jungen Säugetieren und einigen Vögeln vorkommt. Es fördert das Erlernen und Einüben von Verhaltensweisen und steigert die Plastizität genetisch bedingten Verhaltens.

Spieltheorie: Simulation des Verhaltens von Individuen in spielähnlichen Wettbewerbssituationen. Ziel ist es, mit mathematisch modellierten Kosten-Nutzen-Analysen optimale Verhaltensstrategien für gegebene Bedingungen zu ermitteln.

Taxis: Orientierungsreaktion auf einen reaktionsauslösenden Reiz hin als Bestandteil einer ► Instinkthandlung.

Tradition: generationsübergreifende Weitergabe von erlerntem Verhalten, Erfahrung und Wissen im Sozialverband, besonders des Menschen. Sie ist Grundlage für die Entstehung von Kultur.

ultimat: letztlich (z. B. evolutionsbedingt) ursächlich; Gegensatz: ► proximat.

Verhalten: Gesamtheit der Bewegungen, Lautäußerungen, Farb- und Formänderungen von Tier und Mensch. Es kann sich dabei um Reaktionen auf Umweltreize oder vom Organismus selbst ausgehende Aktionen handeln. Meist kommt Verhalten durch Zusammenwirken innerer und äußerer Faktoren zustande.

Register

Bildverzeichnis

Fotos

A1 PIX/WKO: 20.3.1 | Agentur Focus/E. Ferorelli: 57.1, 97.3, /SPL: 9.1, 58.1 re., 58.2.4 | AKG-Images: 10.1–4, 70.1, 91.1 | Angermayer, Holzkirchen: 67.3, /Pfletschinger:102.1.1+2 | Arco Images/ Delpho: 98.1, /NPL: 84.2, 105.3, /TUNS: 98.2 | Behnke, C., Eschborn: 19.2 | Berns, W./Wikipedia/CC-2.0-BY-SA: 21.3 | Bilderberg/ Ernsting/Rekonstruktion Schnaubelt & Kieser, Wild Life Art: 58.2.3, 59.2.1+4, 60.2.1 | blickwinkel/Flohe: 63.1 r. | Hjelm: 81 o., / König: 13.2.2, /Layer: 53.1 | Bräuner, G., Institut für Humanbiologie, Hamburg: 58.1 li. | Breuer, T., MPI - EVA/WCS: 56.2 | Bruce Colemann Collection, Uxbridge /G. Ziesler: 6.1 | Corbis/Baldev: 125.1, /Jones: 93.2 li., /Prezant: 121.2, /Reuter/Kishore: 62.1 | Digitalstock: 75.1 | Esposito, Luigi: 36.2 | Fotolia.com/A. Auge: 21.2, /A. Hess: 113.2, /Fotolyse: 126.2, /Herbie: 79.2, /Kerry: 89.2 li., /Markus: 49.2, 50.1, /M. Berg: 71.1, /Oliv: 122.1, /P. Schinck: 20.2.2, /Podfoto: 120.1, /R. Stansich: 81 u. l., /shadow: 76.1, 81 u. r./ Webgalerist: 118.2 | Frei, H., Pforzheim: 20.2.1 | Getty Images/ National Geographic: 84.1 | Greenpeace/Langrock: 78.1, /Rathje: 73.3 | Hecker, F., Panten-Hammer: 83.1, 84.3, /Sauer: 20.1.1, 93.2 r., 99 o. | Hillewaert, H./Wikimedia/CC-3.0-BY-SA: hint. Vorsatz (Bienenragwurz violett) | IFA, Ottobrunn/Köpfle: 103.3 Hintergrund | Immelmann, Prof. K., Bielefeld, aus „Verhalten" (1980): 92.2 | iStockphoto.com/Brasil2: 74.1, /K. Takahase Segundo: hint. Vorsatz (Kolobri), /L. Gagne: 94.1, /M. Goddard: 86.1, /R. Rodvold: 104.3, /T. Pickard: 75.2, /webphotographer: 107.1 | Juniors Bildarchiv: 118.1, /Weiss: 94.2 | Kalas, S., Pöndorf/Austria: 92.1 | Kleesattel, W., Schwäbisch Gmünd: 9.2+3, 32.2+6, 117.2 u. l. + r. | LAIF/Hoa-Qui: hint. Vorsatz (Schwarzer Raucher) | Landesmuseum Bonn: hint. Vorsatz (Schädel) | LAWA, Bundesumweltamt: 73.1+2 | Lethmate, J., Ibbenbüren: 97.2 li. + r. | Lloyd, J. E.: 109.1 | Lobo Press International/Wulff: 74.2 | Lüder, R./Wikimedia/GNU License: hint. Vorsatz (Bienenragwurz weiß) | Lupus, Moos-Weiler/M. Rügner: 110.2 | mauritius images/ACE: 121.1, /Alamy: 113.3, 46.2, /imagebroker/Meyer zur Capellen: 126.1, /Keyphotos Intern.: 67.1, /Wittek: 113.1 | Mission Paléoanthropologique Franco-Tchadienne (M.P.F.T.): 58.2.1 | Museum für Naturkunde, Paläonthologie, Berlin: 22.1 | Nygaard, Stig/Wikimedia/CC-2.0-BY: 127 r. | Okapia/A. Visage/P. Arnold, Inc.: 97.1, /Cattlin: hint. Vorsatz (Seidenspinner), /Doug/OSF: 72.1 | E. Pott: 28.1 | E. Thielscher: 102.2 Hintergrund, /Foerster: 20.3.2, /H. Arndt: 32.5, /H. Reinhard: 71.2, 100.1, /H. Schweiger: 103.1, /Hilgert: 109.2, /J. McDonald: 116.2, /Meul: 26.1, /NAS/M. Tweedie: 30.1, /NAS/S. Berth: Einband, 3.1, 116.1, /NAS/T. Mc Hugh: 111.2 innen, /Roth: 82.1, / St. Osolinski/OSF: 96.1 li + r. | Paul, A., Göttingen: 96.2 | Picture Press/Minden Pictures/Imamori: 46.1 | picture-alliance/Golden Pixels LLC: 107.2, /dpa: 9.4, 93.2, 120.3, 122.2, 123.2, 125.2, / Okapia/Wothe: 80.1 | PIXELIO.de: 13.2.3, /M.E.: 49.1 | Project Photos: 54.1, 68–69, 119.1 | Regional Primate Res Center, Wisconsin: 94.3 li. + r. | Reinhard, Heiligkreuzsteinach: 71.3 | Russel, Michael, University of Glasgow: hint. Vorsatz (Schwarzer Raucher, klein) | Schauer, J.: 8.2 | Silvestris: 22 o. r., /Bühler: 72.2, / Fleetham: 40.1, /G. Roland: 89.1 o., /Lacz: 67.5, /Lane: 96.3, /Lenz: 32.3, /N. Pelka: 20.1.2, /O. Willner: 32.4, /Skibbe: 32.1, /W. Layer: 104.2 Hintergrund, /W. Wisniewski: 56.1 | Studio TV-Film, Schriesheim: 59.2.2 o., 60.2.2 | Visum/Aufwind-Luftbilder: 123.1 | Weber, U., Süßen: hint. Vorsatz (Birkensamen) | Wellnhofer, P., Fürstenfeldbruck: 24.1 | Wikimedia/public domain: 12.2, 47.2, hint. Vorsatz (Saugnapf), /public domain/A. Whittome: 21.4, / Virisimilus/CC-BY-2.5: 8.1 | Wildlife/A. Shah: 110.1, /D. J. Cox: 102.3, 111.1, /Harms: 89.2 r., /HPH: 76.2, 115.3, /K. Ammann: 110.3, /M. Harvey: 54.2, 111.3 li., 117.2 o. l., /Usher: 13.2.1 | www.luchserleben.de: 64.2, /A. Rummel: 64.1 | Ziesler, G., Füssen: 104.1 | Zippelius, H. M., aus: „Die Karawanenbildung bei Feld- und Hausspitzmaus", Zeitschrift für Tierpsychologie (1972): 93.1

Die nicht aufgeführten Bilder entstammen dem Archiv des Verlags.

Grafiken

Bundesamt für Naturschutz, Bonn: 80.2; Haydin, H., Bensheim: 24.2; Krischke, K., Marbach: 13.1, 15.1; Mair, J., München: 4.1+2, 7.1, 9.5, 11.1, 14.1–3, 15.2+3, 16.1+2, 17.2, 18.1+2, 19.1, 22 o. r., 23.1, 24.3, 25.1+2, 28.2, 29.1, 30.2, 31.1, 33.1, 34.1, 35.1, 36.1, 37.1+2, 38.1, 39 m. r. + u., , 41.1, 42.1, 42.2, 43.1, 44.1, 45.2, 47.1, 48.1, 51.1, 52.1, 53.2, 55.1, 57.2, 59.1+2.3+2.5, 60.2.3, 63.1 li., 63.2, 64.3, 65.1+2, 66.1–4, 67.2, 68.2, 69.2, 70.3, 74.3, 77.3 li., 77.4, 81 m., 91.2, 106.1+2,108.1–3, 109.3, 114.1, 115.2, 120.2; Mall, K., Berlin: 5.1+2, 12.1, 21.1, 54.3, 61 li.+ r., 68.1, 69.1, 70.2, 71.4, 72.3, 78.2, 79.1, 83.2, 85.1–3, 86.2, 87 u. l., 88.1–3, 89.1 u., 90 m.l. + u.l.+ u. r., 91.3, 92.3, 95.1–3, 99 m.+u., 101.1+2, 102.2, 103.2+3, 104.2, 105.1, 111.2 außen, 111.3 r., 112.1+2, 116.2, 117.1+2. m., 121.3, hint. Vorsatz; Möller, H., Rödental: 27.1, 119.2

Prinzipien des Lebendigen

STRUKTUR UND FUNKTION

Lebewesen und Lebensvorgänge sind an Strukturen gebunden; es gibt einen Zusammenhang von Struktur und Funktion.

ORGANISATIONSEBENEN

Lebensphänomene lassen sich auf verschiedenen Organisationsebenen erklären.

STOFF- UND ENERGIEUMWANDLUNG

Lebewesen sind offene Systeme und an Stoff- und Energieumwandlungen gebunden.

STEUERUNG UND REGELUNG

Lebende Systeme halten bestimmte Zustände durch Regulation aufrecht und reagieren auf Veränderungen.

INFORMATION UND KOMMUNIKATION

Lebewesen nehmen Informationen auf, speichern und verarbeiten sie und kommunizieren.

REPRODUKTION

Lebewesen sind fähig zur Reproduktion (Fortpflanzung); damit verbunden ist die Weitergabe von Erbinformationen.

VARIABILITÄT UND ANGEPASSTHEIT

Lebewesen sind bezüglich Bau und Funktion an ihre Umwelt angepasst. Angepasstheit wird durch Variabilität ermöglicht. Grundlage dieser Variabilität sind Mutation, Rekombination und Modifikation.

ENTWICKLUNG

Lebendige Systeme verändern sich mit der Zeit. Man unterscheidet die Individualentwicklung und die evolutionäre Entwicklung.

STRUKTUR UND FUNKTION

Alle Strukturen von Lebewesen und ihre Angepasstheit an bestimmte Funktionen sind Ergebnisse der Evolution. Nach einer Jahrmillionen dauernden „Umweltprüfung" (Selektion ► S. 30) erscheinen sie uns meist perfekt, obgleich ihnen letztlich immer Kompromisse zwischen verschiedenen Zwängen zugrunde liegen.
Die Ähnlichkeit homologer, also auf gleicher Erbinformation beruhender Strukturen verschiedener Lebewesen lässt auf gemeinsame Abstammung schließen, funktionelle Übereinstimmung auf ähnliche Umweltwirkungen (► S. 20).

Saugnapf am Vorderbein des Gelbrandkäfers zum Festhalten bei der Paarung

ORGANISATIONSEBENEN

Evolutionsvorgänge sind auf allen Organisationsebenen des Lebendigen mit der Aufteilung und Trennung von Räumen verbunden:

- Abgegrenzte Reaktionsräume waren in der frühen Evolution Voraussetzung für die abiogene Entstehung von Biomolekülen und Protobionten (► S. 42).
- Die Eucyte entwickelte sich nach der Endosymbiontentheorie letztlich durch Kompartimentierung ursprünglich wenig untergliederter prokaryotischer Zellen (► S. 43).
- Die Entstehung neuer Arten setzt in der Regel eine räumliche Trennung (Separation) von Populationen voraus, die sich dann genetisch isoliert weiterentwickeln (► S. 37).

Schwarzer Raucher und Kammern aus seinem Kamin. In diesen winzigen Kompartimenten könnten die ersten Biomoleküle und Protobionten entstanden sein.

STOFF- UND ENERGIEUMWANDLUNG

Der Energiebedarf für den Schwirrflug der Kolibris übertrifft die Werte aller flugfähigen Wirbeltiere.

Die Gewinnung von Nährstoffen und damit von Energie zur Abdeckung des eigenen Bedarfs ist für jedes Lebewesen sehr wichtig. Bei der Suche und Verteidigung geeigneter Nahrungsquellen spielen Kosten-Nutzen-Abwägungen eine große Rolle (► S. 101, 112). Darüber hinaus gibt es verhaltensbiologische Anpassungen zur Regulierung des Energiebedarfs, zum Beispiel als Reaktion auf eisige Winter (► S. 103).
Auch die Investition von Zeit und Energie in den Nachwuchs ist für jedes Elternteil von großer Bedeutung. So können beide in gleichen Anteilen Energie in ihre Nachkommen investieren oder die Brutfürsorge wird von einem Partner allein übernommen. Verglichen damit ist bei Brutschmarotzern ihr Energieaufwand für die Aufzucht der Jungen erheblich reduziert.